纺织服装“十四五”部委级规划教材

服装设计基础

主　编　李冰艳
副主编　李益婧
参　编　毕翠玉　崔建华　刘秀梅　汤　斌　王朱珠
（以姓氏拼音排序）

東華大學出版社
·上海·

内容提要

本书是服装设计与工艺专业教材，主要内容包括三个模块。模块一为理论知识，是基础概论部分；模块二为服装基础绘画部分，包括美术基础绘画、服装款式图绘画、服装与人体造型绘画、服装画技法；模块三是服装设计理论和方法部分，包括形式美法则运用、服装色彩构成设计、服装款式造型设计、服饰图案设计。按照技能培养的规律模块和知识的递进性，本书分为8个项目和29项任务，操作性强。

本书由浅入深、注重实践、图文并茂、内容丰富、通俗易懂，既可作为专业教材，还可作为服装爱好者的参考书籍和服装从业人员岗位培训教材。

图书在版编目（CIP）数据

服装设计基础/ 李冰艳主编. – 上海：东华大学出版社，2019.10

ISBN 978-7-5669-1661-7

I. ①服… II. ①李… III.①服装设计 – 中等专业学校-教材 IV. ①TS941.2

中国版本图书馆CIP数据核字(2019)第233541号

责任编辑　吴川灵
封面设计　雅　风

服装设计基础

FUZHUANG SHEJI JICHU

李冰艳 主编

东华大学出版社出版
（上海延安西路1882号　邮政编码：200051）
新华书店上海发行所发行　上海颛辉印刷厂有限公司印刷
出版社官网：http://dhupress.dhu.edu.cn/
出版社邮箱：dhupress@dhu.edu.cn
发行电话：021-62373056
开本: 889 mm×1194 mm　1/16　印张: 16.5　字数: 584千字
2022年8月第1版　2022年8月第1次印刷
ISBN 978-7-5669-1661-7
定　价：88.00元

序

为进一步贯彻落实教育部中职服装类专业——服装设计与工艺、服装制作与生产管理、服装表演专业三个教学标准，促进中职服装专业教学的发展，教育部全国纺织服装职业教育教学指导委员会中等职业教育服装专业教学指导委员会和东华大学出版社共同发起，组织中职服装类三个专业教学标准制定单位的专家以及国内有一定影响力的中职学校服装专业骨干教师编写了中职服装类专业系列教材。

本系列教材的编写立足于服装类三个专业——服装设计与工艺、服装制作与生产管理、服装表演专业的教学标准，在贯彻各专业的人才培养规格、职业素养、专业知识与技能的同时，更注重从中职学校教学和学生特点出发，贴近实际，更充分渗透当今服装行业的发展趋势等内容。

本系列教材编写以专业技能方向课程和专业核心课程为着力点，充分体现"做中学，学中乐 "和"工作过程导向"的设计思路，围绕课程的核心技能，让学生在专业活动中学习知识，分析问题，增强课程与职业岗位能力要求的相关性，以提高学生的学习积极性和主动性。

本系列教材编写过程中，得到了中国纺织服装教育学会、教育部全国纺织服装职业教育教学指导委员会中等职业教育服装专业教学指导委员会、东华大学、东华大学出版社领导的关心和指导，更得到了杭州市服装职业高级中学、烟台经济学校、江苏省南通中等专业学校、上海群益职业学校、北京国际职业教育学校、合肥工业学校、广州纺织服装职业学校、四川省服装艺术学校、绍兴市柯桥区职业教育中心、长春第一中等学校等学校的服装专业骨干教师积极响应。在此，致以诚挚的谢意。

相信经过大家的共同努力，本系列教材一定会成为既符合当前职业教育人才培养模式又体现中职服装专业特色，在国内具有一定影响力的中职服装类专业教材。

编写内容中不足之处在所难免，希望大家在使用过程中提出宝贵意见，以便于今后修订、完善。

倪阳生

前　言

本书是中等职业学校服装类规划教材，依据国家《中等职业学校服装设计与工艺专业教学标准》编写而成。

为了适应我国现代职业教育的飞速发展，满足社会就业市场对于人才的培养需求，以中职学校教学和学生特点为出发点，贴近教学实际，同时反映现代服装前沿趋势，培养学生熟练动手能力为原则，编写了本教材。

《服装设计基础》教材的特点是，执行新课程标准，贯彻“做中学，学中乐”、理论与实践一体化，构建以岗位能力为本位的专业课程体系。基于市场工作过程进行任务化设计，以专业知识为核心，有效组织内容。精编理论，深入浅出，摒弃陈旧知识，体现新内容、新技术、新方法，精炼实用，突出操作练习，体现学生的主体作用。

在教材内容上遵循以实践问题解决为纽带，实现知识、技能与情感态度的有机整合为原则，以项目、任务、案例等为载体组织教学单元，体现模块化、系列化，对于每个阶段的教授和实训都有明确的目的性。运用简洁易懂的语言和大量的图例对专业知识和设计实训实践进行详细的解读，实用性强、案例丰富、深入浅出、重点难点突出。呈现形式图文并茂，形象生动，直观鲜明。按照技能培养的规律模块和知识的递进性分为 8 个项目和 29 项任务，内容包括三个模块，模块一为理论知识，是基础概论部分；模块二为服装基础绘画部分，包括美术基础绘画、服装款式图绘画、服装与人体造型绘画、服装画技法；模块三是服装设计理论和方法部分，包括形式美法则运用、服装色彩构成设计、服装款式造型设计、服饰图案设计。每个项目都有项目透视、任务目标 、任务实施、任务评价、任务拓展等内容，使得在教和学的过程中更易于操作，突出实践；详尽的任务训练和案例分析，使学生在完成任务教学的同时，自然而然地掌握理论知识；任务拓展教学环节可使学生实现专业能力的提升。在整个任务设计和任务实施、任务拓展、思考与练习中都充分体现了以学生的动手能力为主的理念。在模块二服装基础绘画部分，为学生提供了很多范本，供临摹学习之用，因此，本教材既适合教学使用同时也适合学生自主学习使用。

本书是多所中等职业学校教师多年教学实践与科研成果的结晶，参编人员都是各校本专业的骨干教师，具有丰厚的教学经验，所以，本书具有较强的实用性。

本教材模块一由崔建华老师编写，项目一由汤斌老师编写，项目二和项目七由李益婧老师编写，项目三和项目四由李冰艳老师编写，项目五由刘秀梅老师编写，项目六由王朱珠老师编写，项目八由毕翠玉老师编写，全书由李冰艳老师统稿完成。

本书在编写过程中，参考、借鉴和引用了很多专家、学者和同行的观点，编者在此表示最诚挚的谢意！

由于编写水平有限，本书难以做到尽善尽美，在内容组织和材料搜集方面难免会有很多不足之处，恳请专家和广大的读者给我们提出宝贵意见与建议，以便我们改进，共同进步。

对于本教材的课时安排，根据中等职业学校服装设计与工艺专业教学标准，设定课时为 153 学时，具体教学时间安排建议见下表。

编者

2022 年 5 月

学时分配建议

项目内容	任务内容	理论讲授	实践训练	小计
模块一 基础概论	任务一 服装基础知识	1		1
	任务二 服装设计与服装产品	1		1
	任务三 服装设计师应具备的基本素质	1		1
模块二 服装基础绘画 项目一 美术基础绘画	任务一 几何形体与静物素描实训	2	10	12
	任务二 色彩写生绘画实训	2	8	10
	任务三 时装速写实训	1	6	7
项目二 服装款式图绘画	任务一 了解、认识服装款式图	1	1	2
	任务二 服装款式图的局部细节实训	1	6	7
	任务三 服装款式图的绘画实训	1	10	11
项目三 服装与人体造型绘画	任务一 了解、认识人体的基本结构	1	1	2
	任务二 服装人体局部绘画实训	1	5	6
	任务三 服装人体绘画实训	1	10	11
	任务四 人体着装绘画实训	1	8	9
项目四 服装画技法	任务一 服装画表现实训	1	8	9
	任务二 服装人物面部特写实训		3	3
	任务三 服装面料的绘画方法实训	1	7	8
	任务四 服装画的勾线技巧实训		3	3
	任务五 服装画的背景处理实训		2	2
模块三 服装设计理论和方法 项目五 形式美法则应用	任务一 服装中形式美法则构成的基本要素应用实训	1	3	4
	任务二 形式美基本原理和法则在服装设计中的应用实训	1	3	4
项目六 服装色彩构成设计	任务一 色彩的对比与调和实训	1	6	7
	任务二 服装色彩与视觉心理实训	1	2	3
	任务三 服装配色规律实训	1	3	4
	任务四 服装流行色运用实训	1	1	2
项目七 服装款式造型设计	任务一 服装廓形设计实训	1	3	4
	任务二 服装部件款式设计实训		5	5
项目八 服饰图案设计	任务一 图案的纹样与造型实训	1	3	4
	任务二 图案的组织形式实训	2	6	8
	任务三 服装纹样设计实训		3	3
合 计		27	126	153

目 录

模块一

基础概论

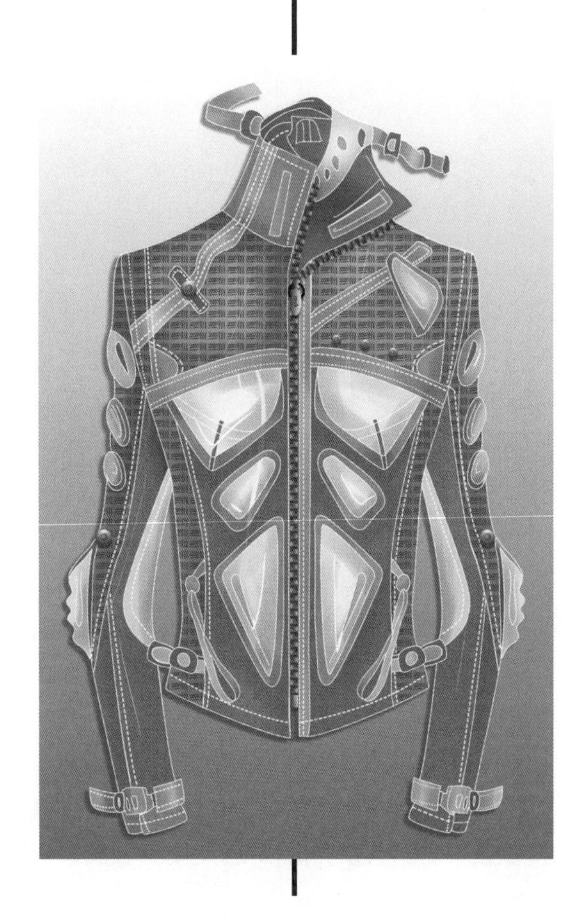

项目透视

从总的角度认识和研究服装是学好服装设计的第一步。本教学模块侧重讲解服装的基本知识，主要从了解服装名词、概念、术语、服装的分类、基本特征、服装设计师的工作内容和工作特点、性质等，从而引导学生掌握服装设计的程序，并熟知作为一名服装设计师应该具备的素质，让我们进一步明确应该如何学习服装设计这一课程。

项目目标

技能目标：服装产品的分类以及服装设计的基本程序。

知识目标：服装名词、概念、基本特征、分类。

项目导读

服装基础知识 ⟹ 服装设计与服装产品 ⟹ 服装设计师应具备的基本素质

项目开发总学时：3学时

任务一　服装基础知识

任务描述

本教学任务从服装的基本概念入手，了解服装设计的特征、时尚与流行以及服装产品的分类等基础理论知识。学习掌握这些概念和理论，是为了学习服装设计课程有一个稳定而厚实的基础。

任务目标

1.了解关于服装的基本概念、术语和特征。

2.掌握服装设计的基本特征。

3.掌握时尚与流行的概念特征。

4.掌握服装产品是如何分类的。

任务导入

衣、食、住、行中“衣”是首位，衣是人们生活的重要部分。服装理论的研究在我国起步较晚，学习服装设计必须有必要的理论支撑。服装的理论知识首先要了解服装方面的常用术语，明确服装的基本概念。

任务准备

学具：教材、笔记本、素材资料、多媒体、课件等。

必备知识

一、服装的概念

服装：生活中“服装”一词被广泛应用，服装是人体装束的总称，包括衣服、鞋帽、饰品等。服装首先具有实用功能，遮掩人体、御寒隔热、保护皮肤清洁、保护人体受外界的伤害，这些都是最基本的功能，基于人的生理需求而存在。服装发展到现在，除了防风、遮雨、蔽体、防寒、保温的功能外，还要抵御社会进步所带来的伤害，比如劳动防护服装，运用特殊面料防辐射、防火、防尘、防弹等。一直以来服装功能性材料的研发与使用，是满足消费者着装需求不断深入的课题。服装还具有艺术性，通过设计语言传递给消费者美的视觉感受。不同的色彩、不同的造型和装饰风格的服装能突出美化着装者的魅力，修饰人体体型，弥补体型缺陷，反应时代的审美趣味。服装是否给人以美的享受，是衡量服装设计作品是否成功的重要标准。服装还具有标识性，服装可以彰显身份和地位，代表社会群体的形象，象征人在社会的阶级地位，比如各种职业制服，能够清楚地体现所从事的工作，代表的企业形象等。

服饰品：是用来搭配衣服的配件，如：鞋帽、腰带、手套、包袋、首饰等。

时装：是指在一定时期、一定地域范围内，广泛引起社会共鸣并穿着的流行服装，是最富时代感的流行潮流服装，特点是时间性、时尚性、流行性和新颖性。

衣服：是指上衣和下裳，包裹人体躯干部分的衣物。包括外套、衬衫、裤子、裙子、连衣裙等。

成衣：是指有标准的号型系列和规格的，大批量生产的成品服装。泛指在商场里售卖的商品服装。

量体裁衣：测量身体各部位的尺寸，通过测量的尺寸进行裁剪制作，这样制作出来的服装更合体、舒适。

高级成衣：比成衣在版型和规格上更多一些，面料考究，在细节的制作上会有一定量的手工。重视品牌理念和风格，批量小也可能是限量版，加工成本高，价格比成衣要贵。

高级定制：是时尚界金字塔的顶尖位置，以设计师服务为重点，量身定制专属个性化的高级时装。其精髓是设计独特、面料考究、精确的立体裁剪和精细的手工艺、独有性的专属一个人，一件衣服耗时在一个月以上，顾客亲自试穿3次以上，必须让顾客百分之百的满意，价格昂贵，世界上只有很少一部分人能够承受。

二、服装设计

服装设计是一门综合性的实用艺术学科，是通过人的思维形式、美的规律及设计的程序，以面料为素材，运用色彩搭配、造型设计和制作工艺等手段，将时尚潮流、设计主题、品牌形象、设计师的情感与个性融合在一起，对服装的设计构思以绘画的手段表现出来，通过相应的裁剪方法和缝制工艺，进而以物化的形式塑造出美的作品的过程。它的艺术形式主要体现在装饰和实用相结合，是人们在生活中追求美的情感和愿望的一种体现。

服装是人的第二层皮肤，是装扮人体的，服装的设计紧紧围绕人来进行，以人为本。人体是设计的依据，服装受制于人体。设计者要熟悉各年龄段、不同性别人体的基本结构和形体差异，抓住穿衣人的个性特征、审美特征、目的性、社会性和文化性，通过服装外在造型和内在结构的设计，突出人体穿着的舒适性和美观性，从而达到服装设计的目的。工业化的服装成衣设计要产生一定的经济利益和社会效益，设计工作贯穿于生产、销售和消费的全过程。

服装设计应具备的基本要点：

1.设计结构的合理性

设计的合理性包括面料的运用要很好地表现服装的特点和人体的舒适性；服装款式造型处理要恰到好处，实现服装的服用功能；整体和细节的设计要便于制作工序等。

2.成本的经济性

以最小的成本获得最佳的经济利益是每一个设计师要考虑的基本原则。

3.设计的创新性

设计的灵魂是创新，设计的魅力在于它的原创性，这是设计师赖以生存的关键。

4.设计的审美性和流行性

服装设计是属于实用艺术的范畴，设计的目的是给穿着者塑造具有时代气息和美的、舒适的服装，服装设计师的职责就是将美感和时尚带给消费者。

三、服装的构成要素

从服装设计的角度，服装的最基本要素包括：

1.款式造型

服装的款式也称为服装的样式，具体指服装的领子、袖子、门襟、衣袋、分割等具体的式样。服装的款式设计要考虑布局的合理性、实现服装的功能性和符合服装的审美性。

服装的造型指服装的外轮廓，决定服装的主要特征。服装的造型有多种分类方法，常见的有字母分类和几何造型分类。服装的造型设计要注意比例的和谐美观。

2.色彩

服装的色彩是最有视觉冲击力的元素，一件服装给人第一印象首先是服装的色彩。服装的美感很大比重由服装的色彩决定。不同的色彩及其搭配会使人产生不同的视觉和心理感受，从而引起不同的情绪和联想。

3.材质

面料材质是服装构成最基本的物质基础。服装设计的构想必须由服装的面料来实现。随着科技的发展，服装面料的品种和花色越来越丰富，这也为服装设计提供了良好的素材基础。服装设计不仅要考虑面料本身的功能性，还要和审美性相结合，提升服装的品质。

四、时尚与流行

时尚作为现代社会不可缺少的词汇，其核心含义是指当时的风尚，是在一定时代社会背景下，被推崇的生活方式、文化理念、思想意识，表现在人们生活的衣、食、住、行各个方面，以各种物质形式表达。表现在服装方面的时尚是最直观的、最容易捕捉的。

服装的流行是服装的文化倾向，通过具体的服装款式形式、色彩倾向主题、造型的组合形式而风行一时形成潮流。服装的流行受社会经济政治、文化、时代变化的更替等因素影响，有时间性和周期性的变化，都要经历萌芽、盛行、衰退的过程，衰退之后经过一些年还可能以新的形式重新流行。

流行与时尚总是在不断地发生变化，在服装的产业中，服装的流行有专门的流行预测机构、研究中心、行业协会发布，对未来服装流行的款式、色彩、面料、图案进行预测，一般每年或每季通过媒体出版报告，预测未来一年的时尚信息。而这种发布往往只代表一种主导的倾向，并不是一成不变的，也不具有约束性，太相同会给市场造成千篇一律的现象。设计师会根据趋势发布和预测明确流行概念因素，再进行个性化的创作成为新的流行形象，满足人们追求个性化、差异性的需求。

五、服装产品的分类

1.依据消费者的生理性别状态可分为：男装、女装。

2.依据穿着年龄可分为：童装、青年装、成人装、中老年装。

3.依据服装产品用途可分为：创意装、休闲装、职业装、运动装、礼服等。

4.依据服装材料属性可分为：牛仔服装、针织服装、皮草服装、羽绒服等。

5.依据服装款式品类可分为：衬衫、裙子、裤子、大衣、外套、夹克、西服、马甲等。

6.依据季节差异可分为：春装、夏装、秋装、冬装。

7.依据生产方式可分为：成衣、定制服装。

8.依据目标受众可分为：销售型服装、发布会服装、比赛服装和特殊需求服装等。

9.依据服装风格可分为：朋克风格、嬉皮风格、波西米亚风格、古典风格、波普风格、巴洛克风格、洛可可风格、街头风格、暗黑风格、民族风格、中性风格、田园风格、前卫风格等。

知识测试

1.论述服装的概念?

2.试论服装的功能?

3.服装实用性的含义是什么?

4.什么是服装的艺术性,表现在哪些方面?

5.服装的构成要素包括哪些?

6.服装设计应具备的基本要点有哪些?

7.服装、成衣、时装在概念上的区别是什么?

任务二　服装设计与服装产品

任务描述

服装企业要想在市场上立于不败之地,就必须有源源不断的适合消费者需求的新产品被开发出来,而新产品是服装设计师开发出来的。本教学任务就是明确服装设计岗位的职业角色以及服装设计新产品开发的过程,掌握今后要从事设计工作的具体内容。

任务目标

1.了解服装设计岗位的职业角色。

2.掌握服装产品的设计方法。

3.掌握服装产品设计的工作流程。

任务导入

服装设计是当今世界上潮流改变最快的设计行业之一。现代人对于服饰的要求不仅局限于御寒遮体,还要注重时尚与美,因此服饰融合了众多的时尚元素。中国人口众多,为服装企业开辟了巨大的市场,而服装设计无疑成为了服装企业立于不败之地的核心竞争力。

任务准备

学具:教材、笔记本、多媒体、素材资料、课件等。

必备知识

一、服装设计岗位的职业角色

服装对于设计师来讲是作品,对于服装企业来讲是产品,对于商场来讲是商品,对于消费者来讲是消费品,好的服装设计师体现自身价值的最好方式就是将作品变成消费品。

服装设计师是企业产品形象定位的决策者,是生产过程的指导者。服装设计涉猎的知识结构是多元化的,其中包括服装本身的款式、造型、面料、色彩、图案、配件等元素,还包括流行信息、绘画、人文、社会等条件,所以,要求设计师具备广泛的能力。

好的设计师首先要具备良好的职业道德,有团队合作精神,善于沟通,有良好的心理素质,有不断学习、不断进取的敬业精神。其次要具备创新能力,这是设计的本质能力,创意来源于想象和感悟,是来源于生活,它不能脱离生活实际去天马行空,只有为生活而设计才会有根基,才会永不枯竭。

服装设计岗位的分工和岗位职责:

1.服装设计总监

明确品牌的理念；把握整个品牌和整盘货品的风格、定位；为品牌做一个长期而切实可行的计划；准确预测下一季的流行趋势；对时尚保持敏锐的触感；熟悉市场，充分了解消费者心理；明确品牌的销售业绩；良好的领导能力，合理安排任务，把握每一个设计人员的风格和特点；参与公司的行政工作。

2.首席设计师

注重市场调查，了解消费对象和销售业绩；开发应时产品；绘制服装效果图，填写报告单；指导生产及组织产品会审；团结团队人员，密切合作；参与品牌销售宣传。

3.服装设计师

收集流行资讯；市场调查；联系面料厂商；参与制作任务计划书；绘制效果图和款式图；确定面辅料；与版师沟通，控制版型式样和进度；协调样衣工作；参与调整修改样衣；参与订货会，听取意见，为下一次开发做准备。

4.服装设计师助理

配合设计师，做辅助设计相关的工作；做资料的编辑和整理工作。

二、服装产品设计方法与工作程序

服装企业的产品也就是成衣，它必须具有标准的号型、批量的生产和产品定位市场化的特征。成衣的设计是以普通消费者为根本，更多的消费者穿着的是成衣类的服装，这是一个庞大的群体。所以，要以实用为前提，站在消费者的视角为他们设计出贴近市场的，能让消费者认可的生活装。

服装设计的过程，就是由一个理念开始转化为成品的过程。简单表述就是根据设计对象进行构思，绘出效果图和平面图，根据图纸进行制作，完成设计的过程。

1.设计调研、准备阶段

准备阶段首先进行流行信息的采集。服装的流行是按照一定规律循环交替，按照地域性、季节性、社会背景文化、市场以及服装专业大领域等因素决定的。在服装设计的初级阶段要进行信息的采集，通过媒体（专业杂志、时尚媒体等）关注巴黎、纽约、米兰、伦敦四大世界时装中心的趋势发布和时尚权威机构(国内外著名时装节、纺织品情报库、流行趋势服务机构等）的趋势预测，以及百货公司新品展示等各种专业渠道。这些信息是决定世界服装流行的整体风向标。收集各种情报和资料，并对潮流进行归纳和总结。

服装产品最终是要经得住市场考验的，所以成衣设计必须要考虑全面周到，要考虑消费者的生活方式、品牌如何定位、成本核算、系列搭配、服装结构与人体的合理化关系、加工的工艺等，还要靠经验的积累以及对消费市场的充分了解。

要进行市场调研，了解市场、认识市场、分析市场，做好市场的预测，还要了解社会思潮、社会环境、时代的精神风貌、历史传承和地域风格等方面的因素。现代社会，人们的生活节奏加快，追求时尚，社会角色不停转换，服装可以使人自信、彰显品味、展示个人魅力，服装设计师必须满足人们多样化的需要，为生活而设计。

信息搜集之后进行产品定位，产品定位是设计的基础。首先确立消费人群。品牌为不同的阶层服务，明确消费人群的定位就是确立设计的主体对象，即使用者的年龄、性别。消费人群决定了层次、气质、审美、职业、经济情况和文化程度。其次确立穿衣时间。季节的交替时令性很强，四季差异明显，对季节的细分十分有必要。再次要确定穿衣的地点。不同的使用场合适合不同的设计风格，满足消费者身份的转变。最后要明确服装穿用的目的和用途。这些都是设计的前提条件。产品定位还包括风格定位、设计的品类和价位。品牌具有自己的风格特征和企业文化，服装风格是指服装外观样式与精神内涵结合的表现形式，反映了品牌独特的设计理念与目标消费群体的个性需求。它是品牌的灵魂，渗透在每一件设计作品的骨子里，体现在形式上，具有很强的视觉感染力，能够给人以心灵上的共鸣，是稳定顾客品牌忠诚度的有力保障，也是品牌价值的基石。设计的品类包括所要设计本季的主题、色系规划、波段规划、面料规划、大类规划、成本规划等。而产品的价格定位原则是以最合理的消耗实现最大的效益和丰厚的利润。

2.构思和设计阶段

这个工作环节是以设计师为主体的程序。结合收集的各种信息进行分析整理，提出下一季的设计概念，包括设计的主题、款式、造型、面料、色彩、图案和附属品的特征。

在设计概念的基础上围绕主题展开具体服装造型全方位的构思。在创作过程中会有很多灵感闪现，这时可以根据设计的概念来勾画草图。服装设计草图是以简略为特征，快速记录设计者起始阶段瞬间灵感和设计构思的一种绘画表现方式，以速写的形式表现服装大概的样貌。首先画基形，然后再画出变形款，可以更换色彩、面料或在保持大的外形感觉的基础上，变化其局部造型，形成系列设计，这样能满足不同消费者的需求。在大量的草图中选择最佳的设计方案，为绘制服装款式图和服装效果图提供可靠的依据。

3.设计的表达阶段

服装绘画是服装设计师表达设计灵感构思的首要表现形式。它既能体现设计者在服装设计中的创作风格，又能表现服装设计的实际效果。设计的表达是将构思成熟的服装形象用严谨、规范的绘画形式画出款式图、效果图，必要时候可以配以文字说明。配合宣传销售还可以绘制时装画和时装插画。

服装款式图：是以工艺性为特征，用于指导生产用的服装图解，着重于表现服装外观形式的设计图稿，以实用性为主，艺术性为辅，真实地记录服装的款式。它包括具体的各部位详细比例，服装内结构设计或特别的装饰。平面结构图应准确工整，各部位比例形态要符合服装的尺寸规格，一般以单色线勾勒，线条流畅整洁，以利于服装结构的表达。它是服装设计与生产最快捷的表现方式。

服装效果图：是以示意性为特征，直接体现设计师构思，展现服装在人体上的穿着效果，反映的是人与服装的关系和注重工艺的效果。绘制服装效果图是表达设计构思的重要手段，因此，服装设计者需要有良好的美术基础，通过各种绘画手法来体现人体的着装效果。服装效果图被看作是衡量服装设计师创作能力、设计水平和艺术修养的重要标志，越来越多地引起设计者的普遍关注和重视。服装效果图细节部分要仔细刻画，模特采用的姿态以最利于体现设计构思和穿着效果的角度和动态为标准。整体上要求人物造型轮廓清晰、动态优美、用笔简炼、色彩明朗、绘画技巧娴熟流畅，能充分体现设计意图，给人以艺术的感染力。

时装画：是以宣传为特征，主要目的是为了展示和销售。时装画比服装效果图更具有艺术感染力和更强的商业目的性，强调绘画技巧，突出整体的艺术气氛与视觉效果。

时装插画：是供艺术欣赏、以表现性为特征，浓缩了的时装文化视觉形象，艺术地再现服装与人的相互关系，依托写实、写意、夸张、装饰等风格，以服装产业为背景的一种绘画种类。它多见于杂志报刊，是活跃版面艺术效果、配合文字内容的一种视觉效果形式，强调某种时尚印象的艺术性和欣赏性。

4.样衣试制

服装的主要构成之一是该服装的原材料，选择优质、合适的面料才能更好地体现设计，满足消费者的需求，相反品质较差的面料会毁掉设计。了解服装纺织产业面料和技术的发展是很有必要的。

样衣是在批量生产之前制作的样品。样衣制版是指将服装款式的各个部位设计成平面的衣片纸样，打版师依据设计师的设计意图，准确地制出标准的样衣版型。样衣师再根据打版师的要求试制出样衣，创造出立体的产品。这个过程是将款式图变成成衣的过程。

5.整理阶段

样衣制作完成后，对试制样品进行合理性的评估，由样衣模特进行试穿，企划主管、设计总监、设计师、打版师、样衣师、营销主管、外聘专家等相关人员进行研讨评审，判断试制样品是否符合本季度新品企划与产品风格的要求，确定调整和改进方案，最后由设计师和打版师结合大家的意见对样衣进行修改，最后整理完成新产品样式，投入批量生产。

知识测试

1.服装设计表现的方法有哪些？

2.服装款式图和服装效果图绘画的主要区别有哪些？

3.服装设计岗位的职业分工和岗位职责有哪些？

4.服装产品设计的岗位流程有哪些？

5.服装设计师在新产品开发中起到什么作用？

任务三　服装设计师应具备的基本素质

任务描述

服装设计是一项传播美和时尚的工作，以人为服务对象，赋予服装艺术、实用和商业价值。服装设计师是这项充满挑战性与创造性工作的主导者，所以服装设计师的职业素质对于设计的成功与否具有决定性的作用。明确服装设计工作应掌握的知识结构、技能水平和职业道德是进行学习的关键，培养良好的职业素质才能在将来的行业竞争中占有一席之地。

任务目标

1.了解服装设计师应具备的基本素质。

2.明确如何学好服装设计课程。

任务导入

优秀的设计作品源于优秀的设计师，优秀的设计师在服装企业产品开发中起到关键的作用，产品能否被市场接受直接决定着企业的成败。服装设计师的基本任务就是把握市场需求，设计出消费者接受的美的服装。

我国有几万家服装企业，随着市场竞争的加剧，原创设计对产品的生命力具有重要作用，因此，企业对于服装设计师的需求可谓求贤若渴。具有独特的设计理念，高素质的原创优秀设计师十分紧缺。服装设计师是潮流的带领者，也是美的创造者。创造出符合时代脉搏的服装产品，是服装设计师的追求所在。

任务准备

学具：教材、笔记本、多媒体、素材资料、课件等。

必备知识

一、服装设计师应具备的基本素质

要想成为一名好的服装设计师不是一件容易的事。服装设计离不开生活的积累，它是美学与科学的结合体，是艺术与技术的交融。服装设计师应具备多领域的知识结构和技能，包括人体的基本知识、服装的制作工艺、服装绘画的表达技能、色彩搭配的基本知识、服装材料的基本知识、服装史、服装概论、服装心理学、服装营销知识、电脑运用能力等相关的知识结构，还要在建筑、雕塑、音乐、舞蹈、文学等艺术领域汲取营养，产生创作灵感，并具备超前的、敏锐的洞察力和个性，良好的团队协作精神和出色的敬业精神，不断学习，不断充实提高自己，付出辛苦的努力才能成为一名合格的服装设计师。

服装设计师还必须了解服装制版和服装工艺、服装面料等与服装相关学科的知识与技能，这样通过画笔对服装外形、结构款式、分割线进行综合构思与创作，统筹规划各个创作环节，从而使服装达到最完美的表现效果。优秀的设计师应具有深厚的艺术造诣、全面扎实的服装专业素养、良好的心态、丰富的生活、冷静的思考和深厚的文化，综合性的服装专业技能是走向成功的基石。

二、如何学好服装设计

想要学好服装设计，首先必须学好必备的专业知识，包括服装的绘画、服装人体的基本知识、服装色彩的搭配、服装材料的基本知识、服装制作的工艺、服装概论、服装心理学等专业基础课，还要在以下方面进行培养。

1.热爱服装专业

兴趣是人们活动强有力的动机之一，它能调动起人的生命力，使大家热衷于自己的事业而乐此不疲。专业的选择首先是兴趣，兴趣是最好的老师。

2.树立理想

使自己的学习不偏离方向的方法就是确立专业理想，理想才是奋斗的目标与动力。

3.要有毅力

做任何事情，想要做得好必须有吃苦的精神，持久的恒心和坚韧的忍耐力。服装设计工作不是想象的那样华丽与浪漫，而是一项寂寞而枯燥的工作。设计不是一朝一夕就能成功的，只有做久了才能拥有出色的设计水平和宝贵的设计经验。

既然选择了设计师这个职业，就要有耐心，努力做得出色。虽然会遇到很多辛酸苦累，困难挫折，但不要退缩与放弃。没有这些，你的设计能力如何提高，你的经验如何获得？所以你需要做的是忘掉它们，朝前看，自信地坚持走下去，你的脚步总有一天会踏上平坦的道路，到那时，成功就在你面前向你招手。

4.培养敏锐的观察力

服装设计是为生活而创造的工作，培养敏锐的观察力，发现生活中的点点滴滴，这是服装创作的源泉。

5.开拓大胆的创新思维

服装设计是艺术创作，所有的艺术创作都必须需要创新，我们要不断开拓自己的灵感，要与众不同，要敢做敢想。

6.把握时尚潮流

服装设计师要有充沛的精力和体力，练就把握市场的能力，真正地为生活时尚而设计。

7.不断提高审美能力

服装设计是美的艺术，因此审美能力的提高对于创作作品的好坏有直接的关系。

8.学会沟通与合作

服装设计的过程是由一个团队共同完成的，在工作中需要与人沟通进行思维的碰撞，交流合作，树立团队精神，这需要在学习中有意识地锻炼和培养，学会交流，不懂就问，形成一种良好的学习和工作习惯，为今后的工作打下基础。

9.掌握计算机设计软件应用的能力

现代社会，计算机技术在各个领域不断渗透，在设计创作过程中，电脑已经成为最有效、最快捷的工具。要熟练掌握和运用Photoshop、CorelDraw、Illustrator和Painter等绘图软件，它可以编辑、修改、绘制图形，拓宽表现手段，加快设计速度，效果更加逼真而富有表现力。

10.要多练

设计师并不是一个轻松的职业，需要勤奋自学，优秀设计师大部分都是“自学成才”。如果平时没有抽时间主动去自我提高的话，那你的设计水平很难提高，甚至不进则退。只有不断地练习，反复地练习，才能迅速提高设计能力，做得越多，提高得越快，这是没有什么捷径可走的，必须踏踏实实地来。当然如果练习的时候不思考只会事倍功半，就像学画一样，不光要用笔画，更需要动脑。

知识测试

1.要成为一名合格的服装设计师应具备哪些素质？

2.研讨如何学习服装设计，并做好自己的职业生涯规划。

模块二

服装基础绘画

项目一　美术基础绘画

项目透视

服装绘画能力的提升是从造型基础开始的，研究与把握好物象的形体、结构、比例、位置、运动、线条、质感、空间、明暗和虚实等，培养正确的观察方法、思维方式、理解方法、表现方法以及审美判断能力，为后期的服装造型打下坚实的基础。本项目分为几何形体与静物素描实训、色彩写生绘画实训、时装速写实训三个部分，注重理性观察、客观分析物象的形体结构与空间关系，对于服装绘画的初学者而言，基础训练是必不可少的。

项目目标

技能目标：掌握几何形体与静物素描、色彩写生、服装人物速写的基本画法。

知识目标：能准确把握物象的形体结构与空间关系、光影关系、比例关系、构图、透视关系、色彩关系、人物速写的比例关系、动势等。

项目导读

几何形体与静物素描 ⟹ 色彩写生 ⟹ 服装人物速写

项目开发总学时：29学时

任务一　几何形体与静物素描实训

任务描述

对石膏几何形体与静物的造型训练，使学生初步掌握空间几何形态、人工形态、自然形态的基本表现方法，了解形体结构的本质以及造型规律。

任务目标

1.让学生掌握石膏几何形体与静物素描的画法。

2.使学生能够从空间的视角认识与理解物象。

3.能准确描绘物象的形态特征，把握物象的基本比例关系与结构关系、形体关系、空间关系、光影关系。

任务导入

基础几何形体与静物素描训练的目的是为了培养学生扎实的造型能力，通过严格而规范的素描基础训练，使学生能够掌握正确的观察方法和熟练的表现手法。以结构为主、明暗为辅，纠正错误的观察方法和作画习惯，使学生都能够比较准确地表达物体的比例、透视、结构关系，构图关系和空间感、体积感、质感与量感。

任务准备

绘画工具：

（1）铅笔

铅笔分为普通铅笔与绘画铅笔，绘画铅笔按照笔芯的硬度可分为13个等级，以H、B区别为硬铅笔与软铅笔。硬铅笔按照从硬到软依次为6H~H；软铅笔按照从硬到软依次为B~6B，也有10B、12B等更软的铅笔;普通铅笔只有HB级,表示软硬适中。

(2)橡皮

橡皮是用于画面擦拭、涂抹的工具,也可用于作画。素描一般选用软一点的橡皮,便于将画面擦拭干净,同时不容易损害纸张。

(3)纸张

素描画纸一般表面附着力比较强,便于绘画,现在的画材商店都有不同质量的画纸,一般选择纸较厚、硬度较高的纸作画。

(4)画板

画板一般为木质,两面贴胶合板,分大小不同规格,如4开画板、2开画板、1开画板等。

(5)画架

画架样式很多,用于将画板固定在架子上,画材商店都有销售,但选择画架要注意画架的牢固程度、稳定程度。

(6)按钉、胶带

用于将画纸固定在画板上。

资料:

教师搜集准备相关的图片、教学课件等。

必备知识

一、素描的基本概念

素描是由木炭、铅笔等,以线条或调子来画出物象,用一种颜色画的画,也叫单色绘画。它基本分为结构素描和全因素素描。素描是一种正式的艺术创作,以单色线条来表现直观世界中的事物,亦可以表达思想、概念、态度、感情、幻想、象征甚至抽象形式。它不像带色彩的绘画那样重视总体和彩色,而是着重结构和形式。

(一)形体结构

所谓形体结构,是指物体组成部分的搭配、排列、组合、连接及构造方式。在自然界中,凡有形的物体都具有各自的结构,其自身结构方式决定了它们的大小、比例、外观和相貌特征。法国印象主义画家塞尚发现,一切物象的形态无论结构多么复杂,都可以概括为几种基本的几何形体,即立方体、圆柱体、圆球体和圆锥体的结构形式,或者几种基本几何形体组合的结构方式。将这种客观物象归纳、概括为基本几何形体的方法,我们将其称为几何化归纳法。这种方法将客观物象还原为基本几何体,使我们能够从物象各种繁杂、琐碎、表象的细节中摆脱出来,紧紧抓住决定物象形体特征最本质的东西,即形体的结构。

1.几何形体的结构

几何形体结构是指构成物象基本特征的几何结构,几何形体结构相对简单,如方体结构、球体结构、柱体结构等。

2.透体结构

用穿透性的观察方式观察物象,将物象的结构像透明玻璃一样去刻画,研究结构与空间内在的关系。

（二）布局与空间位置关系

1.石膏几何形体布局

石膏几何形体组合与石膏单体不同，石膏单体研究的是单一物象空间形态，而石膏几何形体组合是研究多个物象之间的整体关系，相较于单体更为复杂，起稿阶段就要将物象空间位置安排好。

2.空间位置关系

物象在空间方位上的纵深关系与上下关系在画面上需要合理的安排，准确的表达。一般刻画群组的物象，在安排位置上需要注意前后上下位置的错落有致，空间位置的合理，疏密关系的恰当。在画面形成的视觉感应该是富有节奏变化的。

二、全因素静物素描定义与要点

全因素静物素描是素描最基本的一种造型方法，强调尊重客观物象，分析物象自身的形体关系、结构关系与光影关系、空间关系来表现对象，画面具有较强的立体感、空间感、深度感。全因素静物素描强调再现对象在特定光线下的真实效果。

（一）全因素静物素描的作画方式

整体进行，整体结束。如果素描是从暗部画起，则无论画面有多少物象，都要先将所有明暗交界线同时画，然后同时画暗部，再同时画灰部，最后画亮部。一个过程完成后再重新从明暗交界线开始画第二遍，这样一遍一遍地不断加深，直到形成最后完整的效果（图1-1-1）。

（二）深入分析客观物象

全因素静物素描顾名思义是要考虑到很多的客观因素，分析的主要对象是物象的光影关系、自身形体结构、空间位置关系、体量感与质感等（图1-1-2）。

图 1-1-1　全因素静物素描效果

图 1-1-2　全因素静物素描中的客观因素表现

全因素静物素描的分析是全方位的，也是有先后顺序的，第一步首先要在起大型阶段分析形体的大小与空间位置，确定好位置后针对每一个物象的造型特征勾好轮廓与结构。第二步要对光线来源、物象自身结构与光线的关系进行认真细致的分析，确定好亮面、暗面与明暗交界线，高光点与暗面的反光区，仔细分析物象表面光影的变化，做到胸有成竹再将光影关系逐步地表现出来。第三步是深入分析物象的体量感与质感，分析光在物象表面所形成的反射状态，分析物象自身的质感（图1-1-3），细微部分与特征部分的表现是否充分等（图1-1-4）。最后一步是调整，从大处着眼，先要分析整个画面是否均衡、协调、统一，画面的空间关系是否正确而富有表现力，形体关系是否正确，主体是否突出等，这种分析要考虑的因素还有很多，需要我们多方位地思考。

图 1-1-3　全因素静物素描中不同质感的体现

图 1-1-4　全因素静物素描中的细节表现

（三）三大面五大调子

三大面指的是物体受光后一般可分为三个大的明暗区域:亮面、灰面、暗面。简单来说就是黑、白、灰。素描中所描绘的人物及其他对象,其明暗变化往往要比一个六面体复杂得多,为了把握对象的基本形体,一般都把它概括为三个基本的大面。把握这三大面的明暗基本规律,就能比较准确地分析和表现对象细部的复杂形体变化,使画面显出立体感和空间感。五大调子指的是高光、中间调、明暗交界线、反光、投影。高光和中间调为亮部,明暗交界线、反光、投影属于暗部。这就是明暗两大面。反光一般情况下比中间调暗。

（四）全因素静物素描作画流程

1.在充分观察的基础上,用概括的线条大致画出物体的基本形状、透视及比例关系。注意构图不可顶出画外或过小!

2.从暗面入手,大体涂出暗面色调,需要强调前面物体的明暗交界线,背景不宜画得太多、太杂!

3.进一步调整各个物体结构的准确性,注意各个物体暗面不同的变化、灰面与暗面的衔接关系,背景要紧密结合物体进行描绘。

4.在调整大关系的前提下,进一步加强物体在空间环境中的明暗虚实关系,强化体积感和质感的表现,注意细节的刻画要符合整体关系。

三、素描头像与石膏头像

素描头像与石膏头像是研究人物头、颈、胸关系的重要基础,对头像的刻画有助于深入理解头部的解剖结构与空间形态。素描头像的研究重点是头部的大空间关系,头、颈、胸的动势、头的骨骼肌肉结构。

素描头像按照性别与年龄可分为男青年素描头像、女青年素描头像、老年素描头像、儿童头像等。其中相对画得比较多的是男青年头像，男性的头像特征一般比较硬朗，棱角鲜明，骨骼肌肉的大体块感相对较强，如图1-1-5所示。

素描女青年头像画得相对也比较多，女性素描头像的画法更注重表现女性柔美的一面，棱角感也比较弱，在额头、颧骨、下颌与下颌角等部分比较圆润，没有强烈的棱角感，如图1-1-6所示。

图 1-1-5 素描男青年头像

图 1-1-6 素描女青年头像

老年素描头像更注重体现岁月侵蚀的痕迹，在额头的皱纹、稀松的眉毛、耷拉的眼角、松弛的皮肤上，都要刻画出老人面部的特征，如图1-1-7所示。

素描头像按照观察模特的角度可分为纯侧面、斜侧面、正面几个角度，比较来说斜侧面的角度比较利于塑造空间关系，纯侧面和正面的空间关系相对难于塑造，因为纵向空间的面压缩得很窄，对于初学者来说是相对较难的。素描头像男青年正面头像如图1-1-8所示。

（一）素描头像与石膏头像的画法简述

对于无论是素描头像还是石膏头像而言，其画法都是从起大型开始的，起稿阶段先要分析动势，也就是我们常说的头、颈、胸的关系与朝向，定好位置，朝向线可以利用两个眼睛之间的连线与面部中心线交叉所形成的十字来确定，将头部理解为一个长方体块，将颈部理解为一个圆柱体快，利用大体块之间的穿插来确定动势关系。

确定好大体块关系，勾勒出基本大型，区分好面部大的正侧面，认真分析头、颈、胸的比例关系是否恰当。在准确的前提下，将面部五官的位置逐步确定出来，这里不是要具体刻画，而是要准确地找准位置。

接下来是将面部与五官的形与体的关系具体铺出来，刻画要建立在整体大关系基础上，围绕体面结构与光影关系逐步刻画。

最后是深入调整，从整体入手，仔细分析物象是否表现得准确、生动，结构关系是否正确，光影关系是否客观等。

（二）五官简述

眼睛是个球体，置于眼窝中，外有眼睑包着，故我们看到的眼睛，只是眼球外露的那一部分。眼从眉弓到下眼睑，形成一个下降的阶梯状，而眼的横向又呈现一半圆球面。眼睛上方是眉弓，内侧是鼻梁，外侧下方是颧骨。

鼻子上部由鼻骨和鼻软骨构成鼻梁，下部鼻头由一球体和两个呈锥体的鼻翼构成，下面由鼻中隔和鼻翼合围成鼻孔。鼻的形体上窄下宽。整个鼻子可概括为四大面，鼻梁到鼻头的中间为一大面，两侧各为一大面，鼻底为一大面。

嘴部由上、下嘴唇构成，覆盖在上、下颌骨的弧形面上。上唇面稍长，向下倾斜，唇锋分明；下唇稍短，呈台形体，边缘柔和，嘴角在口轮匝肌的包裹下往往形成两个三角窝。

耳朵形体由外耳轮、对耳轮、耳垂、耳屏构成，耳朵外形上宽下窄，像个问号，造型生动而极富特点。由对耳轮和耳屏围成的半圆形耳腔，在中间衬托出内、外耳轮起伏强烈、穿插变化的生动形体。

（三）头部骨骼肌肉

要画好头像，首先要深入了解头部的基本骨骼肌肉，比较基本的骨骼部分有顶骨、顶盖、额丘、眉弓骨、鼻骨、鼻软骨、颧骨、颞骨、下颌骨、下颌角、枕骨、乳突等；比较基本的肌肉有额肌、颧肌、咬肌、眼轮匝肌、口轮匝肌、皱眉肌、鼻肌、提上唇方肌、胸锁乳突肌等。只有深刻理解这些骨骼肌肉的位置与空间形态，才能更好地刻画头像。

图 1-1-7　素描老年头像

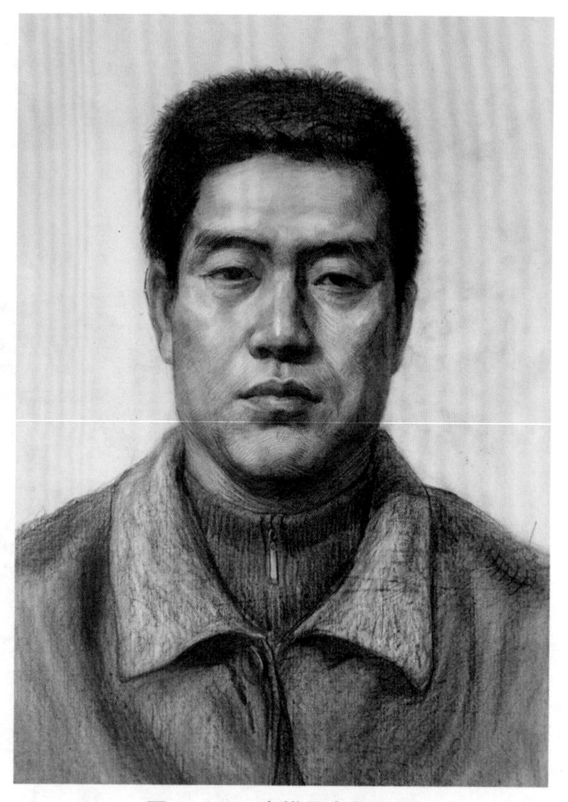

图 1-1-8　素描男青年正面

（四）石膏头像的光影效果

为了能够更好地表现石膏头像的光影效果，需要理解石膏本身的材质质感，石膏本身对光的反射并不是很强，所以在表现光影效果时也尽可能体现一种相对柔和的石膏的质感。另外，影子的表现一定要认真刻画，轻重虚实拿捏好，影子的效果更能体现石膏像的魅力（图1-1-9）。

图 1-1-9 石膏头像阿古利巴的光影表现

任务实施实训内容

实训一：素描石膏几何形体组合

实训任务指导：素描石膏几何形体组合要求各几何形体位置准确，各形体自身造型与结构要严谨，要考虑好各形体之间的空间关系、光影关系、明暗对比、主次关系等多方面因素，同时要兼顾好画面关系的协调（图1-1-10）。

图 1-1-10 石膏静物组合

实训二:素描静物写生

实训任务指导:素描静物写生要遵循静物写生的基本步骤,先起大型,铺大关系,尊重客观物象的真实结构与体量感,再深入刻画,最后调整,务必使整幅画面体现出空间感、层次感与质感(图1-1-11)。

图 1-1-11 全因素静物素描

实训三:素描头像(石膏头像)

实训任务指导:素描头像的刻画是严谨的,是要遵循人物头部骨骼肌肉的客观形态特征和人物自身的造型特征的,所以在起稿阶段就马虎不得,只有在确定好准确的大体块关系的前提下,才能继续深入刻画。

在深入阶段更是要紧密围绕形体结构与空间关系去刻画,反复地审视,调整,观察每一个细节的刻画是否准确,同时要兼顾好整体的协调(图1-1-12)。

图 1-1-12 素描头像的统一与协调

任务拓展

1.绘画伏尔泰石膏头像

案例：

伏尔泰像由于其造型特征生动而富有特点，是广大初学者学习绘画石膏头像的重要内容。在起稿阶段切忌深入过早，而是应该建立在大的空间关系上，找准比例，找准头、颈、肩的动势关系，为下一步的铺大关系打好基础。在形体结构都找准后，铺大的光影关系，区分大的受光面与背光面，也就是大的明暗关系，一切先要从整体入手，突出空间感与石膏像本身的体量感。在大关系基本铺好以后，再深入调整一些细节部分，最后再细致观察，调整。素描伏尔泰像如图1-1-13所示。

图 1-1-13　素描伏尔泰像例图

图 1-1-14　正面女性头像例图

2.绘画女性正面素描头像(图1-1-14)。

3.绘画石膏头像罗马青年。

4.绘画石膏头像美第奇。

任务评价

表 1-1-1　任务评价表

<table>
<tr><td colspan="2">学习领域</td><td colspan="9">服装设计基础</td></tr>
<tr><td colspan="2">学习情境</td><td colspan="9">美术基础绘画</td></tr>
<tr><td colspan="2">任务名称</td><td colspan="6">几何形体与静物素描</td><td>任务完成时间</td><td colspan="2"></td></tr>
<tr><td colspan="2">评价项目</td><td colspan="4">评价内容</td><td colspan="2">标准分值</td><td>实得分</td><td colspan="2">扣分原因</td></tr>
<tr><td rowspan="10">任务分解完成评价</td><td rowspan="7">任务实施能力评价</td><td colspan="4">比例准确</td><td colspan="2">10</td><td></td><td colspan="2"></td></tr>
<tr><td colspan="4">形体结构准确</td><td colspan="2">10</td><td></td><td colspan="2"></td></tr>
<tr><td colspan="4">光影关系客观</td><td colspan="2">10</td><td></td><td colspan="2"></td></tr>
<tr><td colspan="4">具有一定的空间感</td><td colspan="2">10</td><td></td><td colspan="2"></td></tr>
<tr><td colspan="4">细节刻画细致</td><td colspan="2">10</td><td></td><td colspan="2"></td></tr>
<tr><td colspan="4">画面统一协调</td><td colspan="2">10</td><td></td><td colspan="2"></td></tr>
<tr><td colspan="4">画面构图美观合理</td><td colspan="2">10</td><td></td><td colspan="2"></td></tr>
<tr><td rowspan="3">任务实施态度评价</td><td colspan="4">任务完成数量</td><td colspan="2">10</td><td></td><td colspan="2"></td></tr>
<tr><td colspan="4">学习纪律与学习态度</td><td colspan="2">10</td><td></td><td colspan="2"></td></tr>
<tr><td colspan="4">团结合作与敬业精神</td><td colspan="2">10</td><td></td><td colspan="2"></td></tr>
<tr><td rowspan="3">评价结论</td><td>班级</td><td></td><td>姓名</td><td></td><td>学号</td><td></td><td>组别</td><td></td><td>合计分数</td><td></td></tr>
<tr><td>评语</td><td colspan="9"></td></tr>
<tr><td>评价等级</td><td colspan="2"></td><td colspan="2">教师评价人签字</td><td colspan="2"></td><td>评价日期</td><td colspan="2"></td></tr>
</table>

知识测试

1.什么是形体结构?

2.素描中的“三大面、五大调子”指的是什么?

3.什么是全因素素描?

4.素描头像的五官指的是什么?

5.素描头像中重要的骨骼名称有哪些?

6.素描头像中重要的肌肉名称有哪些?

任务二　色彩写生绘画实训

任务描述

对绘画基础色彩的训练和学习,使学生了解色彩的基本规律及原理,培养学生正确的观察方法及色彩感知能力,多角度、多层面地培养学生的认识能力和主观表现意识,使学生逐步掌握色彩造型和色彩表现的基本规律。

任务目标

1.让学生掌握静物色彩写生的画法。

2.使学生能够掌握基本色彩原理与色彩知识。

3.能准确描绘物象的色彩关系，理解物象的光源色、固有色、环境色之间的关系，认识色调的作用。

任务导入

色彩写生训练的目的是为了培养学生色彩的驾驭能力与感知能力，通过严格而规范的色彩基础训练，使学生能够掌握正确的观察方法和熟练的表现手法。色彩写生是认识与应用色彩的基础，使学生能够认识色彩关系，理解色彩对比与调和，丰富色彩的感知。色彩静物写生通过深入观察物象，利用色彩为主导营造画面，增强色彩的表现张力，锻炼学生的色彩应用能力。

任务准备

绘画工具：

水粉笔：水粉笔尽量挑选吸水性好的，笔毛整齐的，弹性好的。型号由小到大要多备几支。

调色盘：调和颜色的工具，一般选择白色的调色盘。

颜料盒：一般选择能装颜色较多，密封性好的颜料盒。

水粉纸：水粉纸尽量选择吸水性好，材质较厚的。

小水桶：推荐选择中间有隔层的水桶。

水粉颜料：现在水粉颜料的牌子较多，一般玛丽的、马头的都可以。

资料：教师搜集准备相关的图片、教学课件等。

必备知识

一、认识色彩

（一）色彩的产生

色彩是光照射到物体上产生的一种视觉效应。当光线照射到物体上时，由于物体本身的材质关系，决定了其对光线中的某些色光吸收、反射或穿透，反射回来的色光作用于人的视觉，便产生了某种色彩感觉。

（二）三原色

1.原色

也叫基色。是无法用颜色调和出来的，能调和成各种颜色的基本颜色。颜色中的原色是红、黄、蓝。

2.间色

由三原色等量调配而成的颜色，我们把它们叫做间色，间色也叫第二次色。当我们把三原色中的红色与黄色等量调配就可以得出橙色，把红色与蓝色等量调配可以得出紫色，而黄色与蓝色等量调配则可以得出绿色。

3.复色

复色，在间色的基础上产生，是两种间色或三原色的适当混合。复色也称为再间色或三次色。如橙与绿混合成橙绿，呈黄灰色；橙与紫混合成橙紫，呈红灰色；绿与紫混合成绿紫，即蓝灰色。凡是复色都含有三原色的成份，都呈灰性色。三原色的等量混合即呈中性灰色。三原色的各种不同比例的混合能产生千变万化的色彩。

色彩的混合见图1-2-1。

（三）色彩三要素

有彩色系的颜色具有三个基本特征，色相、纯度、明度。熟悉和掌握色彩的三个特征，对于认识色彩和表现色彩是极为重要的。

1.色相

是色彩的最大特征。所谓色相是指色彩的相貌，区别各种不同色彩的名称，也就是辨别色彩的差异，指不同波长的光给人的不同的色彩感受。

2.明度

明度是指色彩的明暗程度，或称素描关系。

3.纯度

所谓纯度就是色彩鲜浊、饱和和纯净的程度，也称饱和度。同一种颜色，当加入其他的颜色调和后，其纯度就会较原来的颜色低。

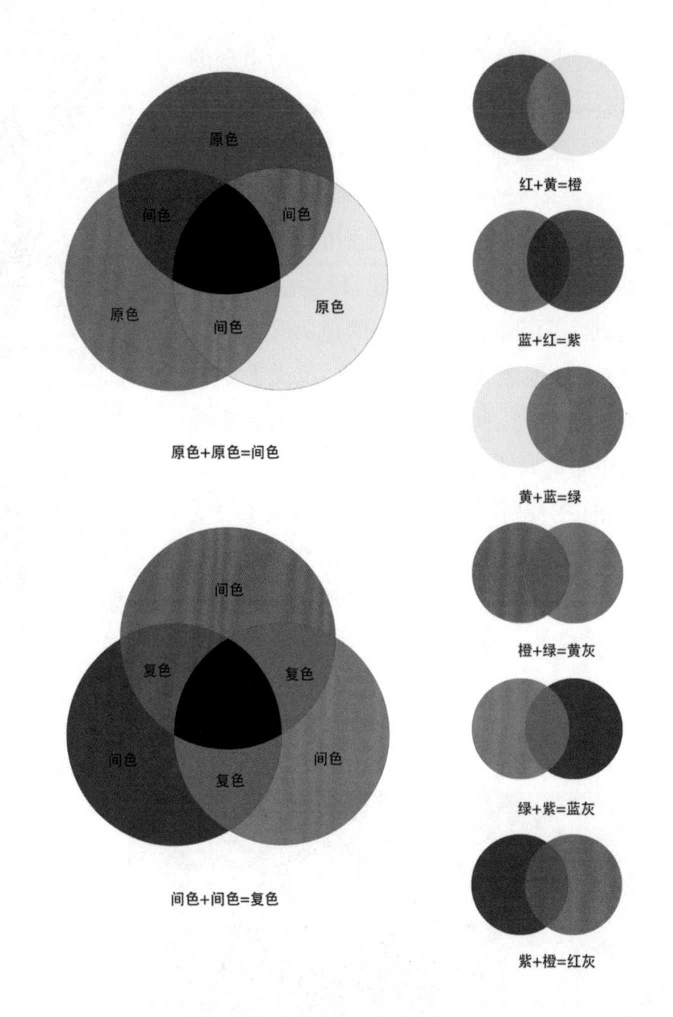

图 1-2-1　色彩的混合

二、写生基础知识

（一）光源色、固有色、环境色、色调

1.光源色

由各种光源发出的光，光波的长短、强弱、比例性质不同，形成不同的色光，叫做光源色。如普通灯泡的光所含黄色和橙色波长的光多而呈现黄色味，普通荧光灯所含蓝色波长的光多则呈蓝色味。那么，从光源发出的光，由于其中所含波长的光的比例上有强弱，或者缺少一部分，从而表现成各种各样的色彩。

室内光源有两种，分别为以灯泡为主的偏黄与橙色的光源和以白炽灯为主的偏蓝色光源（特殊色光源例外）。

室外光是指日光，日光由于受天气、地域影响会形成不同的颜色。

2.固有色

习惯上把白色阳光下物体呈现出来的色彩效果总和称为固有色。严格地说，固有色是指物体固有的属性在常态光源下呈现出来的色彩。固有色，就是物体本身所呈现的固有的色彩。对固有色的把握，主要是准确地把握物体的色相。

3.环境色

环境色指在太阳光照射下，环境所呈现的颜色。物体表面的色彩由光源色、环境色、自身色三者颜色混合而成。物体表面受到光照后，除吸收一定的光外，也能反射到周围的物体上。尤其是光滑的材质具有强烈的反射作用。另外在暗部中表现也较明显。环境色的存在和变化，加强了画面相互之间的色彩呼应和联系，能够微妙地表现物体的质感，也大大丰富了画面中的色彩。所以，环境色的运用和掌控在绘画中是非常重要的。

如图1-2-2所示，水果、罐子的高光主要受光源色影响，而水果与罐子的主体部分与衬布的大部分体现的是固有色，罐子与水果的某些局部由于受到周围其他物象的影响体现的是环境色。

图 1-2-2 光源色、固有色、环境色在色彩静物中的体现

4.色调

色调指的是一幅画中画面色彩的总体倾向，是大的色彩效果。色调不是指颜色的性质，而是对一幅绘画作品的整体颜色的概括评价。色调是指一幅作品色彩外观的基本倾向。在明度、纯度、色相这三个要素中，某种因素起主导作用，我们就称之为某种色调。一幅绘画作品虽然用了多种颜色，但总体有一种倾向，是偏蓝或偏红，是偏暖或偏冷等。这种颜色上的倾向就是一种绘画的色调。通常可以从色相、明度、冷暖、纯度四个方面来定义一幅作品的色调。

如图1-2-3所示，这幅作品从色相上是偏黄色调，从明度上是偏高明度色调，从冷暖上是偏冷的色调，从纯度上是偏高纯度色调。

图 1-2-3 色彩中的色调

（二）静物写生基本步骤

1.观察思考

这一阶段的主要任务是观察对象。给学生展示已经摆放好的静物组，引导学生如何去观察对象。让学生讨论自己对于这组静物的直观感受，即第一印象。

2.构图起稿

这一阶段的主要任务是起稿。依据整体到局部再到整体的作画原则，运用几何形体归纳法，将复杂的静物形体结构进行概括，教授学生起稿的方法。

3.着色

这一阶段的主要任务是确定色彩基调。训练学生大胆地铺色，眼观全局，迅速、果断地表现大的色彩关系。培养学生整体观察静物，这也是整个写生过程的关键。遵循写生技法原则的次序：先湿后干，先深后浅，先薄后厚的次序。从物体的暗部开始刻画，再过渡到中间色，找准冷暖关系。

4.深入刻画

这一阶段是整个写生过程的重点所在。主要任务是形色结合，再抓住重点的局部深入刻画。培养学生深入观察细微形体关系及细微色彩变化的能力。以塑造物体的真实感效果为中心，引导学生遵循先主后次，先近后远，从实到虚，逐步深入的顺序。重点表现物体的形体结构、空间关系、质地感觉、冷暖关系、主次关系。这一阶段要有重点，不可面面俱到平均对待，要善于保留在大关系阶段可取之处，不要做大的全局性的改动。

5.调整完成

这一阶段是整个作画过程的难点所在。主要任务是回到客观形象上来，恢复到第一印象的新鲜感，认真分析，提出问题，调整修改。将作业放到静物一旁，退到一定距离，整体的观察分析，提出问题，如黑白灰关系，虚实关系，冷暖关系，前后关系是否到位。在作业中逐一寻求答案，根据问题，多观察，多比较，多分析，多思考，找准主要问题，找到解决方法。调整，要从整体出发，抓住整体，将调整的过程变为充实整体的过程，使画面的形象更加鲜明，生动。

任务实施实训内容

实训：色彩静物写生

实训任务指导：色彩静物写生的色彩使用要严谨而富有表现力，营造统一和谐的色彩关系是关键，用色不要拘泥于一个局部的细节，而是要大处着眼，考虑好整体色调，每个物体的色彩固有色、光源色与环境色，画面的冷暖关系等多方面因素（图1-2-4）。

任务拓展

1.用高脚杯、酒瓶和各种水果自己组织摆放一组静物，选择合适的两种颜色的衬布，组织并画出一幅色彩静物作业。

案例：

色彩静物摆放是要精心设计的，通过学生自我设计与安排能够使学生更加深入理解色彩写生的要领。色彩写生不仅仅单纯是对客观物象色彩的感知与描摹，更应该是对画面的主观经营与理解，能够从认识上变客观为主观，能够从主观上经营自己想要的画面（图1-2-5）。

2.画一幅冷色调的静物，静物的选择与位置自行安排。

3.画一幅黄色色调的静物。

图 1-2-4 色彩写生中的固有色、光源色、环境色体现

图 1-2-5 色彩写生例图

任务评价

表 1-2-1　任务评价表

<table>
<tr><td colspan="2">学习领域</td><td colspan="4">服装设计基础</td></tr>
<tr><td colspan="2">学习情境</td><td colspan="4">美术基础绘画</td></tr>
<tr><td colspan="2">任务名称</td><td colspan="2">色彩写生</td><td>任务完成时间</td><td></td></tr>
<tr><td colspan="2">评价项目</td><td>评价内容</td><td>标准分值</td><td>实得分</td><td>扣分原因</td></tr>
<tr><td rowspan="10">任务分解完成评价</td><td rowspan="7">任务实施能力评价</td><td>色彩关系和谐</td><td>10</td><td></td><td></td></tr>
<tr><td>整体色调明确</td><td>10</td><td></td><td></td></tr>
<tr><td>静物光源色、固有色、环境色关系正确</td><td>10</td><td></td><td></td></tr>
<tr><td>画面有空间感</td><td>10</td><td></td><td></td></tr>
<tr><td>画面颜色自然、用色合理</td><td>10</td><td></td><td></td></tr>
<tr><td>笔触生动、自然</td><td>10</td><td></td><td></td></tr>
<tr><td>画面构图美观合理</td><td>10</td><td></td><td></td></tr>
<tr><td rowspan="3">任务实施态度评价</td><td>任务完成数量</td><td>10</td><td></td><td></td></tr>
<tr><td>学习纪律与学习态度</td><td>10</td><td></td><td></td></tr>
<tr><td>团结合作与敬业精神</td><td>10</td><td></td><td></td></tr>
</table>

<table>
<tr><td rowspan="3">评价结论</td><td>班级</td><td></td><td>姓名</td><td></td><td>学号</td><td></td><td>组别</td><td></td><td>合计分数</td><td></td></tr>
<tr><td>评语</td><td colspan="9"></td></tr>
<tr><td>评价等级</td><td colspan="2"></td><td colspan="2">教师评价人签字</td><td colspan="2"></td><td colspan="2">评价日期</td><td></td></tr>
</table>

知识测试

1.什么是“三原色”?

2.什么是色彩三要素?

3.色调包含哪些内容?

4.色彩的明度、纯度指什么?

5.什么是色相?

6.色彩静物的绘画步骤有哪些?

任务三　时装速写实训

任务描述

速写是一种用简化形式综合表现物体造型的绘画基础课程。速写同素描一样,不但是造型艺术的基础,也是一种独立的艺术形式。时装速写实训课程通过速写方法对人物站姿进行写生训练,通过练习提高学生对人物特征敏锐的观察能力、表现能力,培养迅速的造型能力,以及高度概括的综合能力。

任务目标

1.了解速写的基础知识、基础理论和基本技能。

2.初步了解人体基本结构、比例以及各主要部位的运动规律。研究人物衣着下的结构特征、神情、衣纹规律、表现语言。

3.训练学生观察对象的能力和以迅速、简单的线条画出对象的主要特征的能力。

任务导入

速写是快速、概括地描绘对象的一种绘画手法,是研究人物造型的基础,也是培养形象记忆能力与表现能力的一种重要手段。速写能培养我们的绘画概括能力,使我们能在较短的时间内画出对象的特征。

任务准备

绘画工具:铅笔、钢笔、橡皮、速写本。

必备知识

一、认识速写

(一)速写的含义

速写,顾名思义就是快速写生的方法方式,即有起稿、作草图的意思,也是画家、大师作画的草稿图。速写作为一种绘画艺术表现的形式,是在短时间内的写生,其特征是其艺术语言简洁而生动,表现的对象丰富多样。

(二)速写的分类

人物速写按表现时间的长短,可分为快写和慢写两种类型。快写主要表现运动的动态为主,时间比较短;慢写主要表现静止的动态为主,时间比较长。速写既可以表现静止的人物动态,也可以表现运动中的人物动态,时间可长可短,俗称人物静态、动态速写(图1-3-1、图1-3-2)。

人物速写按照绘画人物性别与年龄可分为男青年速写、女青年速写、老人速写、儿童速写。

人物速写按照模特姿势可分为站姿速写、坐姿速写、蹲姿速写、运动速写等(图1-3-3、图1-3-4)。

人物速写按照表现形式可分为纯线条速写、线面结合速写、黑白速写等(图1-3-5~图1-3-7)。

图 1-3-1 静态速写

图 1-3-2　动态速写

图 1-3-3　站姿速写

图 1-3-4　坐姿速写

图 1-3-5　速写纯线条形式表现

图 1-3-6　速写线面结合形式表现

图 1-3-7　速写黑白形式表现

二、人体基本比例

（一）人体基本比例

人体基本比例口诀为立七半、坐五、跪四、蹲三半。

（二）不同年龄人物比例特征

小孩：头部较大，一般比例为三到四个头高。

成年人：立为七个半头高，坐为五个头高，蹲为三个半头高。

老年人：由于骨骼收缩，比例较成年人略小一些，在画老年人时，应注意头部与双肩略靠近一些，腿部稍有弯曲。

（三）男、女人体基本特征

男性肩膀较宽，锁骨平宽而有力，四肢粗壮，肌肉结实饱满。女性肩膀窄且坡度较大，脖子较细，四肢比例略小，腰细，胯宽，胸部丰满。

（四）人体运动规律

1.重心

重心是支撑人体的关键。支撑面是支撑人体重量的面积，是指两脚之间的面积。

重心的位置在人体骶骨与脐孔之间，在脐孔往下引一条垂直线，称为重心线。重心线的落点在支撑面之内，人体可依靠自身支撑；如在支撑面以外，则不能依靠自身支撑。

2.形体转折

形体转折是指头、胸、臀三大体积的扭转变化。这些变化是由颈部、腰腹部分、四肢的关节部分扭转产生的。头、胸、臀本身是不能动的（图1-3-8）。

3.动向线

动向线是指人物之间的连线、左右肩之间的连线和臀部的左右连线。动向线只有在人物立正站立、头部平视的状态才是一种平行状态；人体只要稍微一动，动向线就是一种对立的状态。

三、速写步骤

（一）观察

动笔前要仔细观察写生对象的形体、气质、职业等特点，即观其形、会其神、见其美，力求“意在笔先”“以形写神”。

（二）构图

合适的构图应当形体与四边的空隙相对匀称，一般脚下少留一点，头顶多空一点，使画面重心稍偏下一点为宜（图1-3-9）。

（三）起型

（1）定出人物在纸面上的位置，画出大外形及基本比例。

（2）画出人物各部分的基本形，找出大的衣纹转折关系，定出五官位置及手脚的基本形状。

（3）结构细化，由头部开始入手刻画，五官用线也要肯定。衣纹的表现还是由主要衣纹线和轮廓线入手，可多用连线，以使画面的用线有流畅感，有些个别地方的辅助线也可以顺势画上。

（4）主要衣纹线与轮廓线画好以后，从整体上检查，有取舍地画上辅助衣纹线等线条，用线要灵活，以保持速写的生动性。最后将五官和手按结构加上点调子，以使人物的表现更加丰富、充实。

四、速写的线条表现

线条主要是通过长短、轻重、疏密和浓淡来表现的。流畅的线条可增强画面表现力和生动性。线条与形体结构的巧妙结合，是生动表现人物的前提。以浓淡、缓急的线条来表现人物，有利于增加层次感，区分质感，提高艺术的感染力（图1-3-10、图1-3-11）。

五、速写中的褶皱

衣服的的褶皱是由于形体结构的变化而产生的，重要的褶皱往往体现在能够活动的腰腹、大腿根部、膝关节、踝关节、肘关节等部位。画褶皱时一定要仔细观察好褶皱的走向，深入分析褶皱产生的原因，这样才能完美地表现褶皱（图1-3-12、图1-3-13）。

图 1-3-8 速写中的形体变化

图 1-3-9 人物速写的构图

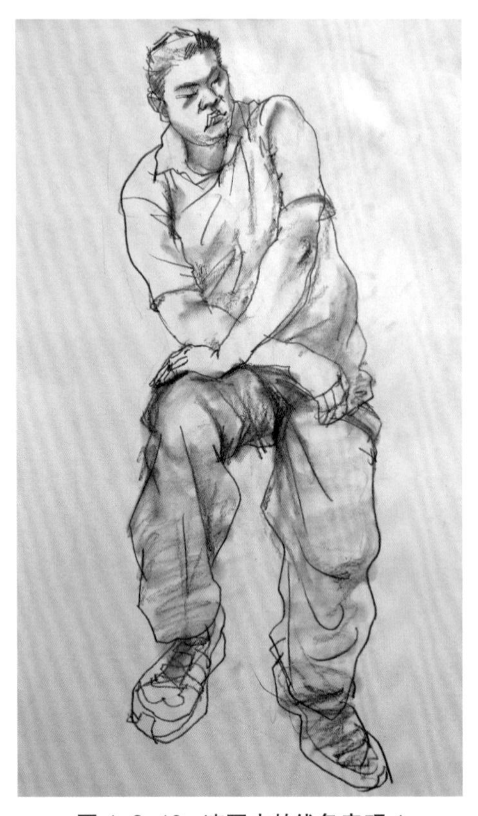

图 1-3-10　速写中的线条表现 1

图 1-3-11　速写中的线条表现 2

图 1-3-12　人物速写肘关节、膝关节褶皱的表现

图 1-3-13　人物速写坐姿褶皱的表现

六、速写中衣服质感的表现

速写的刻画是全方位的，速写中衣服质感的表现也是很重要的。如冬天的羽绒服要表现羽绒服本身的质感，由于其特殊的性能更要表现羽绒服的厚重感；而如果是T恤衫，就要表现轻快贴身的感觉；同样牛仔裤则需要表现其特有的材质感（图1-3-14~图1-3-16）。

图 1-3-14　羽绒服的质感表现

图 1-3-15　T 恤衫的质感表现

图 1-3-16　牛仔裤的质感表现

任务实施实训内容

实训一：着衣人物速写

实训任务指导：人体比例是指人体或人体各部位之间度量的比较，人体比例依据性别、年龄和人种的差异有所不同。了解人体的比例结构对于速写十分重要，它有利于在观察和作画时合理区分各个基本部分。同时，着衣人物速写对于形体转折的衣纹处理需要非常慎重；需要仔细地分析理解，一般情况下形体挤压的部分褶皱尤为强烈，形体舒展的部分褶皱都比较松弛（图1-3-17）。

图 1-3-17　着衣人物速写例图

实训二:速写时装人物

速写时装人物与常规速写稍有不同,刻画的重点是人物的动势与衣着,尤其是对于衣服深入的刻画,尽量将衣服的形态与质感细致地表现出来,突出时装本身的美感。学生可选取一些时装模特的图片,认真分析服装的特点,用纯线条或线面结合的方式表现出来(图1-3-18~图1-3-20)。

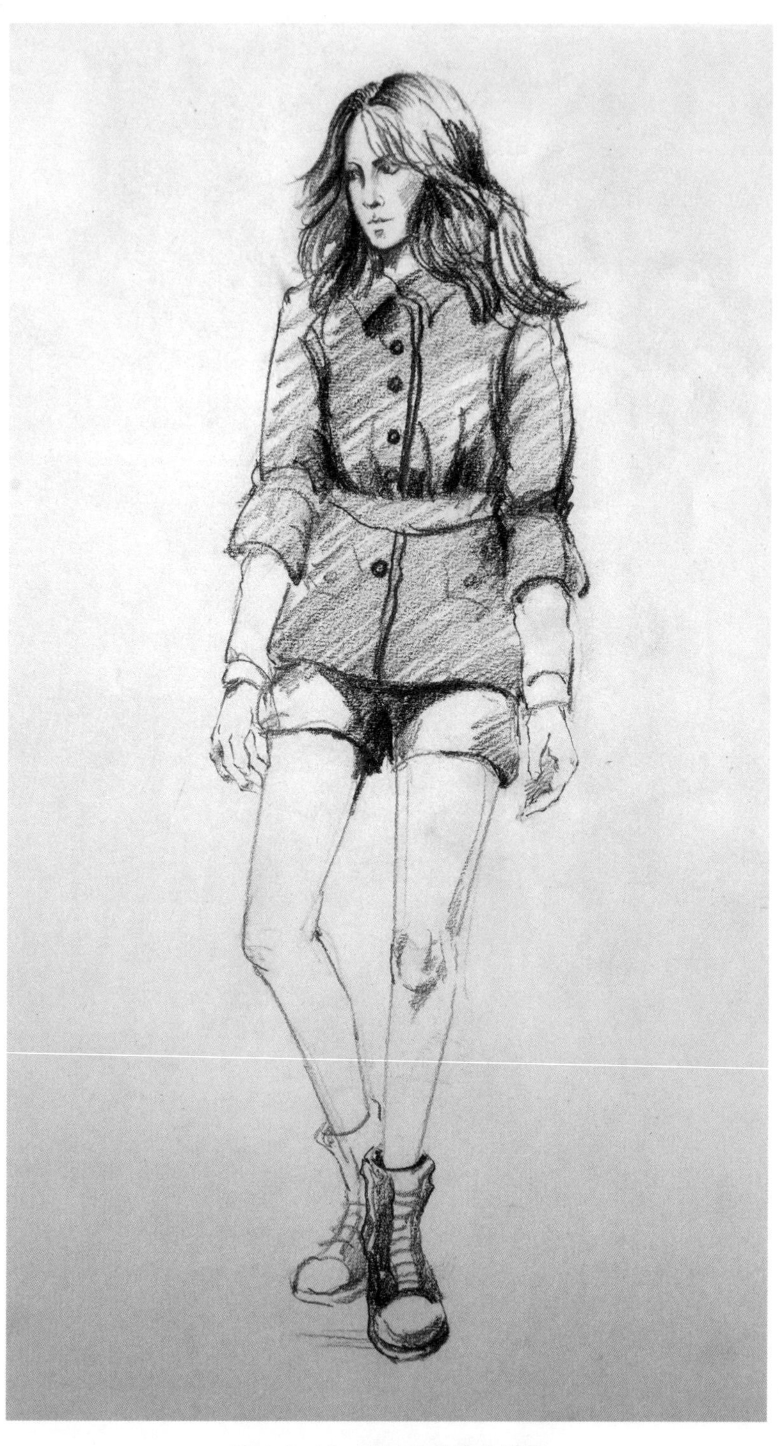

图 1-3-18　速写时装模特例图

图 1-3-19　秋冬时装模特速写

图 1-3-20 速写风衣模特

任务拓展

1.以速写的形式表现多种风格的时装模特。

速写的学习是需要不断地画，不断地总结反思才能提高的。时装速写最好的素材就是时装模特。在网上收集一些有特点的时装模特图片，深入研究衣服的造型、人物形体结构对衣服形态的影响、材料的质感表现等，会使你对时装与速写有更深入的认识和理解。

2.练习站姿人物速写（图1-3-21）。

图 1-3-21　站姿速写

任务评价

表 1-3-1　任务评价表

<table>
<tr><td colspan="2">学习领域</td><td colspan="4">服装设计基础</td></tr>
<tr><td colspan="2">学习情境</td><td colspan="4">美术基础绘画</td></tr>
<tr><td colspan="2">任务名称</td><td colspan="2">时装速写</td><td>任务完成时间</td><td></td></tr>
<tr><td colspan="2">评价项目</td><td>评价内容</td><td>标准分值</td><td>实得分</td><td>扣分原因</td></tr>
<tr><td rowspan="10">任务分解完成评价</td><td rowspan="7">任务实施能力评价</td><td>人物比例准确</td><td>10</td><td></td><td></td></tr>
<tr><td>基本动势准确</td><td>10</td><td></td><td></td></tr>
<tr><td>线条流畅自然、生动</td><td>10</td><td></td><td></td></tr>
<tr><td>衣纹褶皱表现合理</td><td>10</td><td></td><td></td></tr>
<tr><td>符合人体运动规律</td><td>10</td><td></td><td></td></tr>
<tr><td>符合人体基本结构</td><td>10</td><td></td><td></td></tr>
<tr><td>画面构图美观合理</td><td>10</td><td></td><td></td></tr>
<tr><td rowspan="3">任务实施态度评价</td><td>任务完成数量</td><td>10</td><td></td><td></td></tr>
<tr><td>学习纪律与学习态度</td><td>10</td><td></td><td></td></tr>
<tr><td>团结合作与敬业精神</td><td>10</td><td></td><td></td></tr>
</table>

<table>
<tr><td rowspan="3">评价结论</td><td>班级</td><td></td><td>姓名</td><td></td><td>学号</td><td></td><td>组别</td><td></td><td>合计分数</td><td></td></tr>
<tr><td>评语</td><td colspan="9"></td></tr>
<tr><td>评价等级</td><td colspan="2"></td><td colspan="2">教师评价人签字</td><td colspan="2"></td><td colspan="2">评价日期</td><td></td></tr>
</table>

知识测试：

1.什么是“速写”？

2.速写与素描的区别？

3.速写的类型有哪些？

4.速写的基本表现形式有哪些？

5.速写的绘画步骤有哪些？

6.什么是重心？

项目二　服装款式图绘画

项目透视

服装设计的常见表现形式有服装效果图、服装款式图与时装画。

其中，服装款式图是非常重要的表现形式。在学生学习服装设计基础这一过程中，款式图担任着转折与转换的重要角色，既帮助学生理解服装与人体的关系，也是学生设计服装款式整体与局部最佳的表现形式。

项目目标

技能目标：

1.学生在认识款式图、理解人体与款式图框架关系的过程中熟练掌握绘制款式图的方法以及掌握运用款式图进行款式设计的技巧。

2.学生在学习过程中，能够在款式图框架基础上，进行服装整体造型与局部造型的变化设计。

知识目标：

学生在实训过程中，认识款式图，理解人体与款式图之间的关系。

项目导读

了解款式图 ⟹ 绘制服装细节 ⟹ 服装款式图绘画实训

项目开发总学时：20学时

任务一　了解、认识服装款式图

任务描述

本任务是学习绘制款式图最为重要的基础，如同画好效果图要先熟练掌握人体绘画一样，想以款式图来体现服装造型设计，也需要在认识款式图、理解服装与人体关系的基础上熟练掌握服装款式框架以及如何运用框架绘制款式图。

了解服装款式图的任务是解决绘制款式图的基础，此任务中，款式图局部细节无需太过复杂。

任务目标

1.通过服装款式图的概念、作用与意义，学生了解款式图、认识款式图。

2.学生在学习过程中，熟练掌握男女装款式图框架的绘制。

3.学生在款式图框架基础的学习中，掌握绘制各种造型的服装款式图。

任务导入

服装设计者们灵感涌出，思维天马行空之时，也需要将构想实物化。

绘制服装效果图或时装画时，有些局部细节无法清晰地交待。这时，我们需要运用也必须掌握的技能，是表达服装样式的基本方法——服装款式图。

任务准备

工具准备：铅笔、勾线笔、橡皮、绘图纸、绘图尺。

绘图准备：收集各种款式图，在课前将绘图纸张置于画板上粘贴好。

必备知识

一、定义

服装款式图是一种体现服装款式造型设计的平面表现形式，也称为服装设计平面结构图。

二、分类

服装款式图可以从作用、表现方式等几个方面进行分类：

1.从作用上可以分为创作草稿款式图与工艺单款式图。

2.从表现方式上可以分为勾线款式图与多色款式图（图 2-1-1）。

图 2-1-1　勾线款式图

三、作用及意义

服装设计的常见表现形式有服装效果图、服装款式图与服装画。服装款式图的绘制是服装设计师必须掌握的基本技能之一，是表达服装样式的基本方法，也是传达设计理念的重要手段。

服装款式图具有重要的作用：它是服装设计特有的语言，不仅起到了以图代文、精确传达设计者意图的作用，而且经常用来指导生产和制作。

通过绘制款式图，还可以检验服装效果图中设计的构思和制作工艺是否合理、分割是否美观、材料运用是否恰当，从而修正设计中不合理的元素，使对服装的设想能够在生产制作中得到最佳展现。

服装款式图不仅是对设计效果图的补充和说明，还常常运用于服装订单中，是注重表达服装工艺的一种服装设计表达方式。服装款式设计可以清晰地表现服装的款式特征、设计创作思维、工艺制作细节及材质要求等，能为服装的生产和制作提供指导性的参考。

任务实施实训内容

实训一：了解人体结构，绘制款式图模板

要想画好服装款式图，不是一件容易的事情。首先要了解人体的结构，并能够表现人体的基本比例和结构，因为所有的服装都是靠人体来支撑的。人体的长度一般以头长为单位来计量。服装画中应用的人体比例通常比较夸张，在款式图模板绘制时可选用7~8个头长人体作为参考（图2-1-2、图2-1-3）。

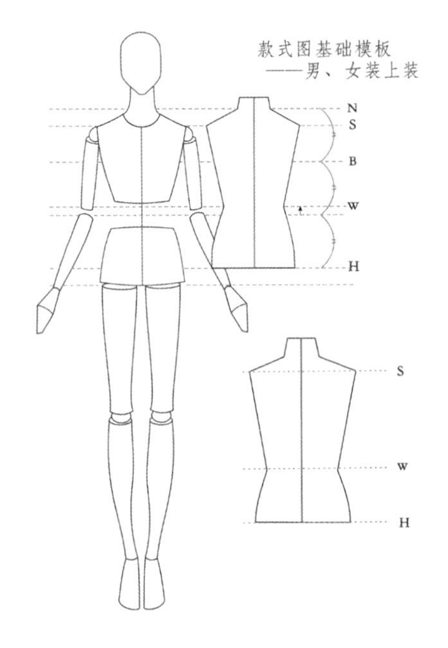

图 2-1-2　男、女上装款式图框架

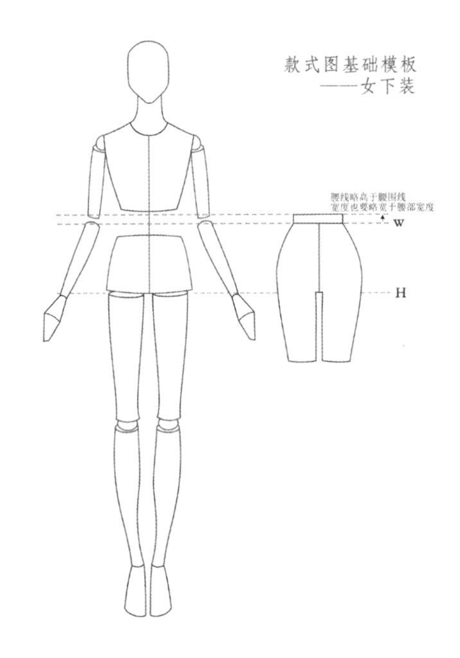

图 2-1-3　女下装款式图框架

实训任务指导：该实训任务是以人体为基准，绘制与人体比例近似的款式图模板（图2-1-4）。

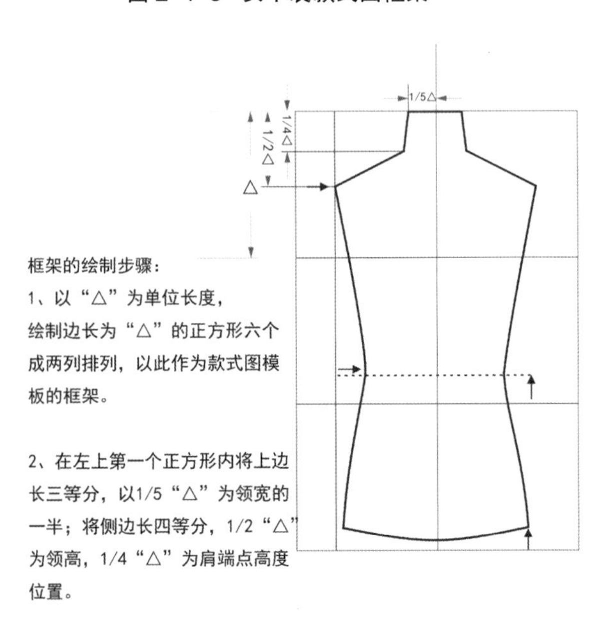

3、纵向第一个正方形的底边由外向内进作胸宽；纵向第二个正方形底边由外向内进1/2量且抬高腰节线，作腰节部位；纵向第三个正方形底边向上抬高向内侧进，且将底边画圆顺。

4、调整细节。

图 2-1-4　绘制款式图框架

实训二：运用款式图上装模板绘制款式图

实训任务指导：该实训任务是以上装框架为模板进行各种服装款式图的绘制，旨在学生熟练运用模板进行款式图绘制的过程中理解服装与人体的关系。

绘制过程：

1.勾勒款式图模板或勾勒人体结构；

2.在款式图模板的基础上进行设计构思（图2-1-5）；

3.绘制款式图外轮廓及内部结构；

4.正视图及背视图细节处理（图2-1-6）。

图 2-1-5　运用款式图上装模板绘制款式图 1

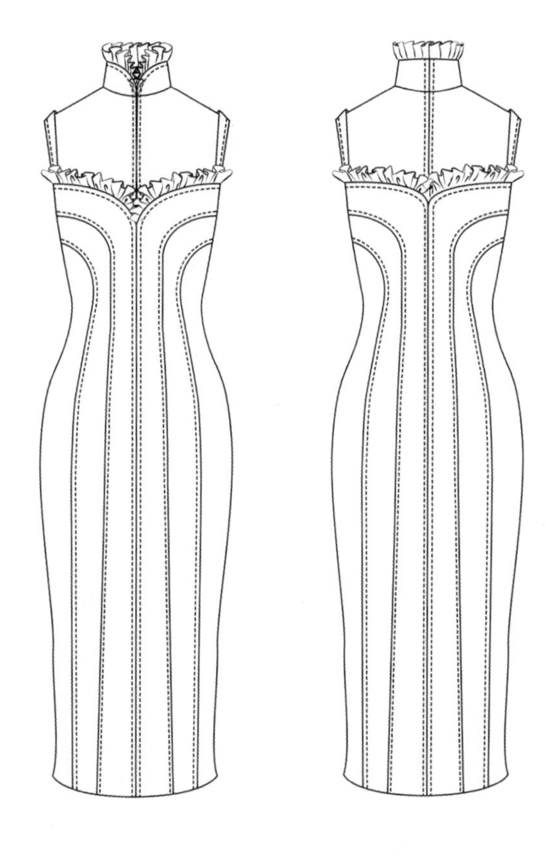

图 2-1-6　运用款式图上装模板绘制款式图 2

实训三：运用款式图下装模板绘制款式图

实训任务指导：该实训任务在学生理解服装与人体关系的基础上训练学生运用款式图下装模板对款式图进行绘制。

绘制过程见图2-1-7：

1.绘制款式图下装模板；

2.在款式图下装模板的基础上绘制裙装外型轮廓；

3.对裙装的腰带、褶裥等细节局部进行绘制；

4.细节完善、整体调整。

图 2-1-7　运用款式图下装模板绘制款式图

任务拓展

1.默画男上、下装与女上、下装的服装款式图的模板。

2.根据上装款式图模板练习上装款式图10幅。

3.根据下装款式图模板练习下装款式图10幅。

4.收集款式图例。

任务评价

表 2-1-1　任务评价表

<table>
<tr><td colspan="2">学习领域</td><td colspan="9">服装设计基础</td></tr>
<tr><td colspan="2">学习情境</td><td colspan="9">服装款式图绘画</td></tr>
<tr><td colspan="2">任务名称</td><td colspan="6">用模板绘制服装款式图</td><td>任务完成时间</td><td colspan="2"></td></tr>
<tr><td colspan="2">评价项目</td><td colspan="5">评价内容</td><td>标准分值</td><td>实得分</td><td colspan="2">扣分原因</td></tr>
<tr><td rowspan="10">任务分解完成评价</td><td rowspan="7">任务实施能力评价</td><td colspan="5">款式图比例准确</td><td>10</td><td></td><td colspan="2"></td></tr>
<tr><td colspan="5">款式图结构正确</td><td>10</td><td></td><td colspan="2"></td></tr>
<tr><td colspan="5">绘制的款式图适用于指导工艺制作</td><td>10</td><td></td><td colspan="2"></td></tr>
<tr><td colspan="5">线条流畅，轮廓线、结构线清晰区分</td><td>10</td><td></td><td colspan="2"></td></tr>
<tr><td colspan="5">细节刻画细致</td><td>10</td><td></td><td colspan="2"></td></tr>
<tr><td colspan="5">画面干净</td><td>10</td><td></td><td colspan="2"></td></tr>
<tr><td colspan="5">画面构图美观合理</td><td>10</td><td></td><td colspan="2"></td></tr>
<tr><td rowspan="3">任务实施态度评价</td><td colspan="5">任务完成数量</td><td>10</td><td></td><td colspan="2"></td></tr>
<tr><td colspan="5">学习纪律与学习态度</td><td>10</td><td></td><td colspan="2"></td></tr>
<tr><td colspan="5">团结合作与敬业精神</td><td>10</td><td></td><td colspan="2"></td></tr>
<tr><td rowspan="3">评价结论</td><td>班级</td><td></td><td>姓名</td><td></td><td>学号</td><td></td><td>组别</td><td></td><td>合计分数</td><td></td></tr>
<tr><td>评语</td><td colspan="9"></td></tr>
<tr><td>评价等级</td><td colspan="2"></td><td colspan="2">教师评价人签字</td><td colspan="2"></td><td colspan="2">评价日期</td><td></td></tr>
</table>

知识测试

1.服装设计的常见表现形式有哪些？

2.什么是服装款式图？它有哪些类别？

3.请简述服装款式图的作用与意义。

任务二　服装款式图的局部细节实训

任务描述

一件服装作品的诞生，与一系列的工艺手段和局部细节是分不开的。服装款式图离不开细节绘制，当我们灵感出现，绘制款式图的造型时，我们也需为其设计合理的结构，让创意得以实现。当然服装中存在很多细节局部需要描绘，例如服装造型的结构分割、服装合体需要省道变化、服装穿着在人体上会形成的自然褶纹等。本任务主要介绍服装缝合线、结构线、省道以及抽褶与压褶等的表现。

任务目标

1.通过服装缝合线、明线及褶纹的应用图例，理解各种细节线条在服装中的应用与作用。

2.通过缝合线、结构线及褶纹的实训，熟练掌握绘制局部细节的方法与技能。

任务导入

在上一项任务的学习中，学生已经初步掌握了款式图模板的绘制及款式图基于模板的应用方法，但如若想让款式图能清晰地表达服装的结构和服装设计的意图，想从款式图中读到明确的服装工艺说明、款式细节，还需要进行此项任务。本任务是解决款式图局部细节绘制的实训内容。

任务准备

工具准备：铅笔、勾线笔、橡皮、绘图纸、绘图尺。

绘图准备：在绘图纸张上绘制完成款式图模板多幅，方便绘制服装局部细节。

必备知识

一、服装缝合线的表现

（一）基础知识

1.定义：服装缝合线常被称为“缉线”，是指用针线将织物连接起来的缝纫方法，是缝制服装最基本、最常见的工艺形式（图 2-2-1）。

2.分类：服装缝合线有普通拼合线与装饰缝合线两种形式，绘图时分别用细实线与虚线来表示。装饰缝合线还可分为单明线、双明线及多明线（图 2-2-2、图2-2-3）。

3.作用：（1）固定衣片及装饰部件；（2）线条在织物表面的装饰作用。

图 2-2-1　缝合线及明线的应用

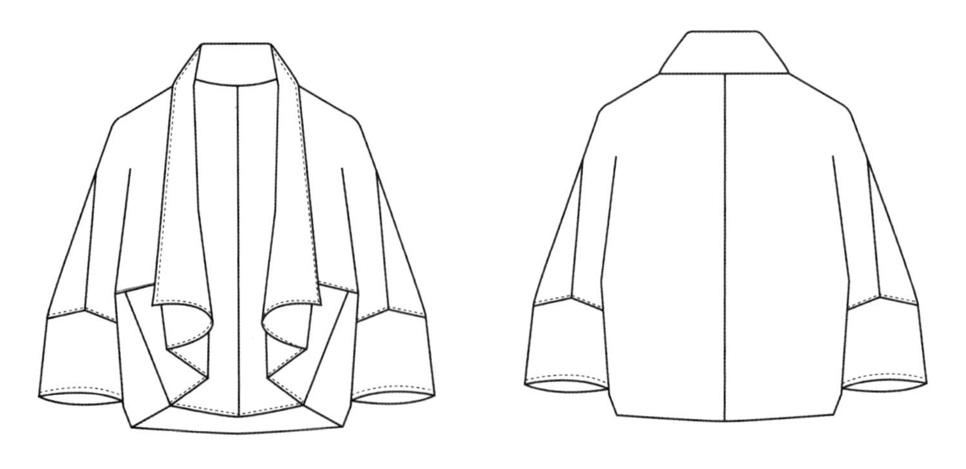

图 2-2-2　单明线的应用

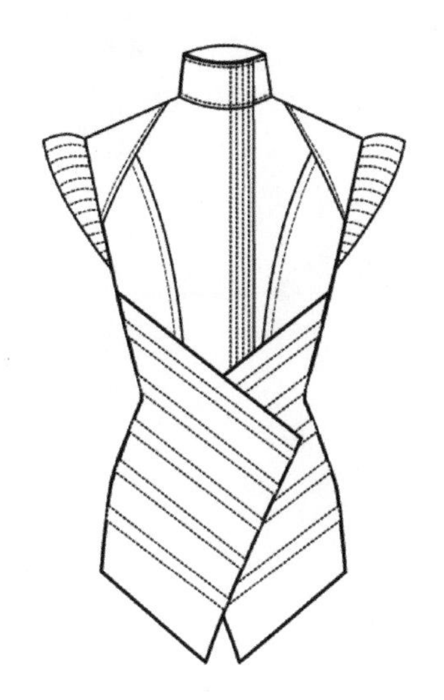
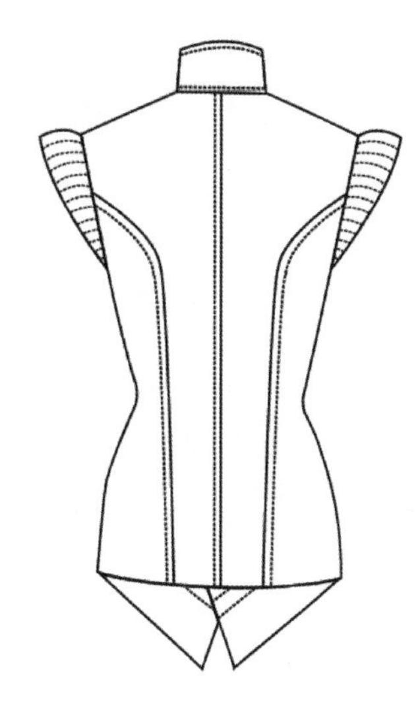

图 2-2-3 缝合线为多明线的装饰应用

（二）绘画要点

1.细实线绘制时注意随体态变化而流畅顺滑；

2.装饰性缉线绘制时应注意间隔均匀且长度一致。

二、服装结构线的表现

（一）基础知识

1.定义：服装结构线是指能够表现服装部件裁剪、缝纫结构变化的线条（图 2-2-4、图2-2-5）。

2.分类：结构线按照造型的不同，可以有不同的名称。

结构线按照形态的不同，可以分为直线结构线、曲线结构线、复杂结构线等。

结构线按照功能的不同，可分为设计分割线与结构分割线。

3.作用：

（1）服装结构线可产生服装体态的变化；

（2）服装结构线可产生服装分割的变化；

（3）服装结构在服装局部中对整体造型产生变化。

（二）绘制要点

服装结构线在绘制款式图时用粗实线表示，注意线条清晰流畅，随服装结构变化的弧线走向。

三、服装省道的表现

（一）省的形成

人的体型不是平面的，是有起伏变化的，面料包裹在人体上会在某些部位形成余量，制作服装时我们会将这些余量收叠起来，这些被叠合的部分就是省（图 2-2-6）。所以，省的定义是：用平面的布包覆人体某部位曲面时，根据曲面曲率的大小而折叠缝合进去的多余部分。

（二）省的分类

省根据人体不同部位可分为领省、胸省、肩省、腰省、袖省等。

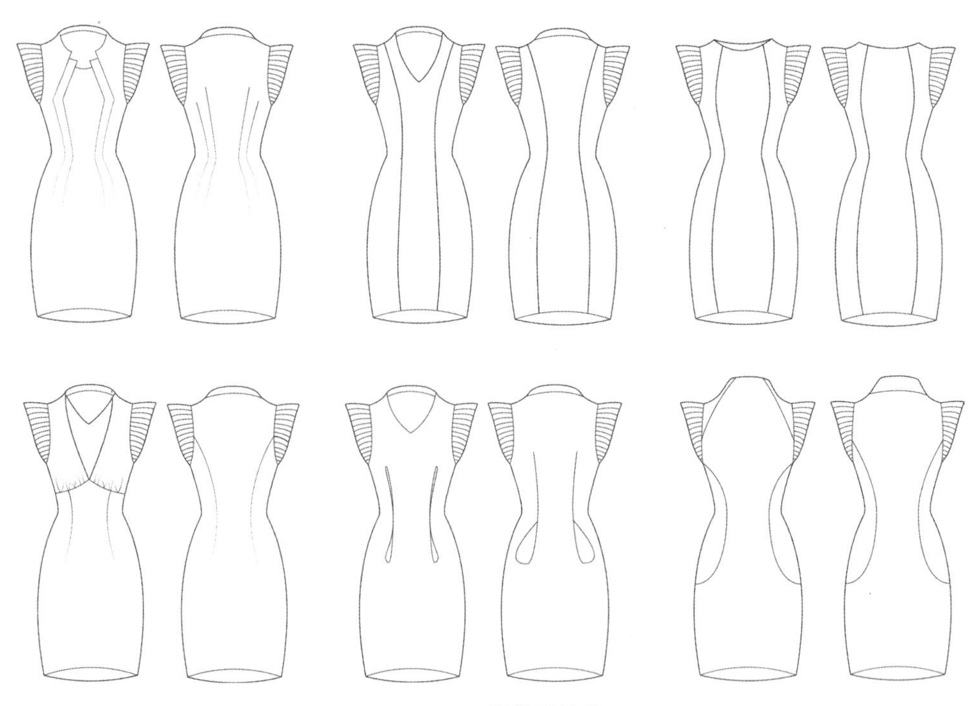

图 2-2-4 服装结构线

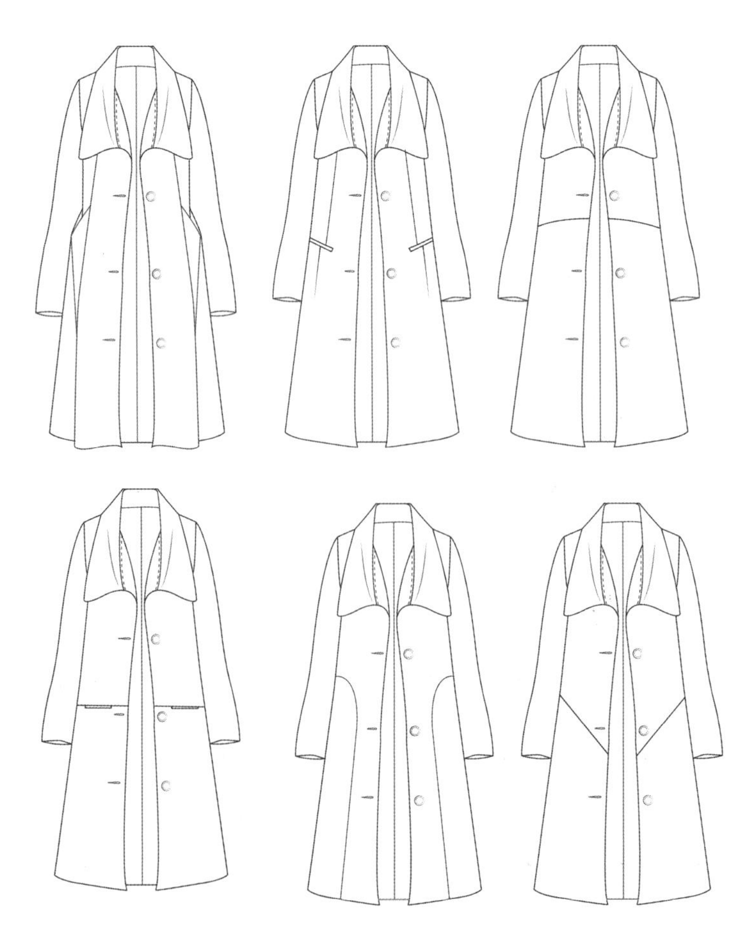

图 2-2-5 结构分割线的变化应用

图 2-2-6　省道的变化与应用

四、服装中抽褶与压褶的表现

(一)抽褶与压褶的形成

有些褶纹是因为服装的结构与造型产生的,主要有抽褶与压褶,属于工艺褶。

定义:

抽褶——利用线、绳带、松紧等,通过拉紧面料在服装表面形成褶纹,以达到造型的目的。

压褶——一般通过高温定型在服装表面形成规律的面料压叠效果来达到造型的目的。

(二)抽褶与压褶的作用

从结构角度看,褶皱可增加服装的体积感,重塑人体局部体型;从装饰角度看,褶皱可以塑造造型上的丰满、饱和感,增添层次感(图2-2-7)。

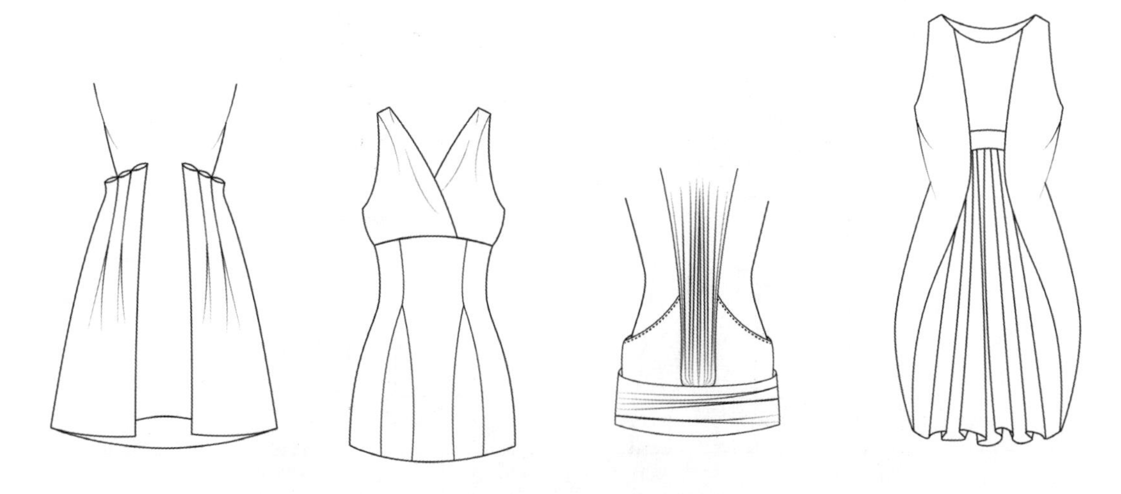

图 2-2-7　抽褶与压褶的设计

五、自然褶纹、体态褶纹的表现

（一）体态褶纹的形成

体态褶纹是指服装在人体着装状态时，随人体体态而形成的面料表面自然的褶纹（图2-2-8）。

（二）体态褶纹常见位置

体态褶纹主要出现的位置有人体轮廓处、胸部与臀部周围、腋下转折处、肘部与膝部的转折处以及宽松的衣摆和袖摆。

图 2-2-8　体态褶纹的表现

任务实施实训内容

实训一：服装缝合线在款式图中的应用

实训任务指导：该实训任务主要是在复习服装款式图绘制的基础上进行单明线缉线练习。

绘制步骤（图2-2-9）：

1.在服装款式图框架的基础上绘制服装造型、外轮廓及局部零部件的定位；

2.在服装外轮廓基础上绘制服装局部零部件；

3.在服装款式绘制完成的基础上绘制局部细节。

图 2-2-9　缝合线应用的款式图绘制步骤

实训二:服装结构线的表现图例

实训任务指导:该实训任务主要是在复习服装款式图绘制的基础上进行结构线位置及绘制的练习。

绘制步骤(图2-2-10):

1.在服装款式图框架的基础上绘制服装造型、外轮廓及局部零部件的定位;

2.在服装外轮廓基础上绘制服装局部零部件;

3.在服装款式绘制完成的基础上绘制局部细节。

图 2-2-10 结构线应用的款式图绘制

实训三:抽褶与压褶的表现

实训任务指导:学生收集大量关于抽褶与压褶的表现图例,在绘制图例的过程中理解抽褶的形成过程以及压褶的工艺原理。

绘制要点(图2-2-11):

1. 抽褶的原理是布料比例大,缝线比例小,当缝线在面料表面拉紧时,面料表面自然形成纹理;

2. 抽褶形成后,褶根绘制时较粗较深,褶尖绘制时较细较浅,从褶根至褶尖形成一定的线条渐变。

图 2-2-11 抽褶的表现

实训四:体态褶纹的表现图例

实训任务指导:该实训任务在学生了解人体部位结构的基础上绘制体态褶纹的形成过程,需要学生大量收集体态褶纹的图例(图2-2-12)。

绘制要点:

1.体态褶纹是面料覆盖在人体表面时根据人体部位的结构而产生的衣纹,因此绘制此类衣纹时需要充分了解和分析人体部位的结构(图2-2-13);

2.体态衣纹形成后,褶根绘制时较粗较深,褶尖绘制时较细较浅,从褶根至褶尖形成一定的线条渐变。

图 2-2-12 体态褶纹的表现

图 2-2-13 体态衣纹

任务拓展

1.根据本任务中服装缝合线单明线的绘制,拓展多明线在服装款式图中的应用。

2.根据本任务中服装曲线结构线的绘制,拓展复杂结构线在服装款式图中的应用(图 2-2-14)。

3.收集资料,绘制服装中的各种工艺褶与体态褶。

图 2-2-14 结构线在款式图中的应用

任务评价

表 2-2-1 任务评价表

<table>
<tr><td colspan="2">学习领域</td><td colspan="4">服装设计基础</td></tr>
<tr><td colspan="2">学习情境</td><td colspan="4">服装款式图绘画</td></tr>
<tr><td colspan="2">任务名称</td><td colspan="2">服装款式图的局部细节绘制</td><td>任务完成时间</td><td></td></tr>
<tr><td colspan="2">评价项目</td><td>评价内容</td><td>标准分值</td><td>实得分</td><td>扣分原因</td></tr>
<tr><td rowspan="10">任务分解完成评价</td><td rowspan="7">任务实施能力评价</td><td>款式图比例准确</td><td>10</td><td></td><td></td></tr>
<tr><td>缝合线、结构线、褶的使用准确</td><td>10</td><td></td><td></td></tr>
<tr><td>绘制的款式图适用于指导工艺制作</td><td>10</td><td></td><td></td></tr>
<tr><td>线条流畅，轮廓线、结构线清晰区分</td><td>10</td><td></td><td></td></tr>
<tr><td>细节刻画细致</td><td>10</td><td></td><td></td></tr>
<tr><td>画面干净</td><td>10</td><td></td><td></td></tr>
<tr><td>画面构图美观合理</td><td>10</td><td></td><td></td></tr>
<tr><td rowspan="3">任务实施态度评价</td><td>任务完成数量</td><td>10</td><td></td><td></td></tr>
<tr><td>学习纪律与学习态度</td><td>10</td><td></td><td></td></tr>
<tr><td>团结合作与敬业精神</td><td>10</td><td></td><td></td></tr>
<tr><td rowspan="3">评价结论</td><td>班级</td><td colspan="4">　　姓名　　　　学号　　　　组别　　　　合计分数</td></tr>
<tr><td>评语</td><td colspan="4"></td></tr>
<tr><td>评价等级</td><td colspan="4">　　教师评价人签字　　　　评价日期</td></tr>
</table>

知识测试

1.什么是服装缝合线？它的分类有哪些？

2.服装缝合线的作用有哪些？

3.绘制服装缝合线时应注意哪几点？

4.什么是服装结构线？它是如何进行分类的？

5.服装结构线的作用是什么？

6.绘制服装结构线时应注意哪几点？

7.服装省道是如何形成的,它的分类有哪些？

8.服装中有哪些褶纹,请简述这些褶纹的分类及各自的特点。

任务三　服装款式图的绘画实训

任务描述

前两个任务中,我们已经了解、认识服装款式图的基本概念且对服装款式的局部细节进行表达,本任务是将所学基础知识整理归纳,对服装款式图的绘制进行整体训练。

在服装工业化生产过程中,服装款式图的作用远远大于服装效果图,可是,服装款式图往往会被服装专业的初学者所忽略。

任务目标

1.通过学习款式图的绘制步骤与流程，学生了解绘制款式图的规范与要求。

2.在熟悉款式图的绘制步骤与规范要求的基础上，熟练掌握服装款式图的绘画实训过程。

任务导入

虽然服装画具备很强的表现力和感染力，款式图则要为设计的下一步——制版、裁剪与制作提供重要的参考依据，所以服装设计的初学者一定要遵循服装款式图独特的规范与要求。本任务中，我们一起绘制服装款式图。

任务准备

工具准备：绘图铅笔、勾线笔、绘图橡皮、绘图纸、绘图尺。

绘图准备：将画纸贴于画板或拷贝台上，在画纸上合理利用空间布局设计款式图绘画的构图位置。

资料准备：教师收集准备相关的图片，教学课件等。

必备知识

款式图的绘制步骤

初学者绘制服装款式图是在款式图人体模板的基础上绘制出来的，具体步骤如下：

1.建立基础人体模板，找准重要的几条辅助线——中轴线、肩宽线、胸围线、腰围线以及臀围线。模板的比例风格会直接影响款式图的风格。

2.绘制基本结构线，并确定外轮廓。

3.用实线绘制款式图的外轮廓，包括局部如领、袖、门襟，再用稍细的实线绘制款式图的结构分割线，注意线条落笔要利落坚定。

4.绘制细节。

接下来就进入细节描绘阶段，细节部件包括纽扣、腰带、装饰品、褶纹和缉线等。此时，款式图绘制已基本完成。

5.填充图案。

如果服装有特殊需要表现的图案和肌理纹样，就在此步骤中绘制，绘制完成款式图正视图。

6.绘制款式图背视图。

正视款式图绘制完成后，可用拷贝稿的方式绘制背视图。背视图同样要严谨规范，不可有放松的心态，因为很多设计点在背部都同样有体现。

绘制完成后可添加结构说明、工艺说明、面料小样等。

如若款式图中有复杂的结构需要特殊说明，也可在款式图的局部作放大说明图（图2-3-1）。

任务实施实训内容

实训一：收集款式图并临摹绘制款式图

实训任务指导：绘制款式图前，收集大量款式图，分析款式整体比例，理解局部细节位置及比例大小，并完成对已经收集款式图的临摹绘制。

1.春夏季常见款式（图2-3-2、图2-3-3）。

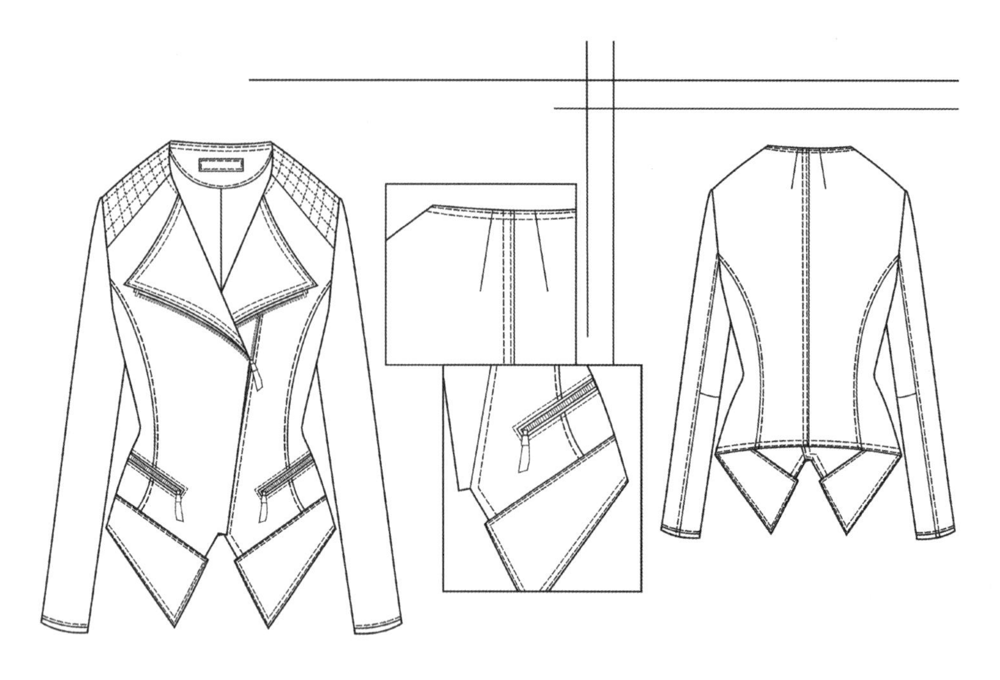

图 2-3-1　款式图中的局部放大图

图 2-3-2　春夏季女连衣裙常见款式 1

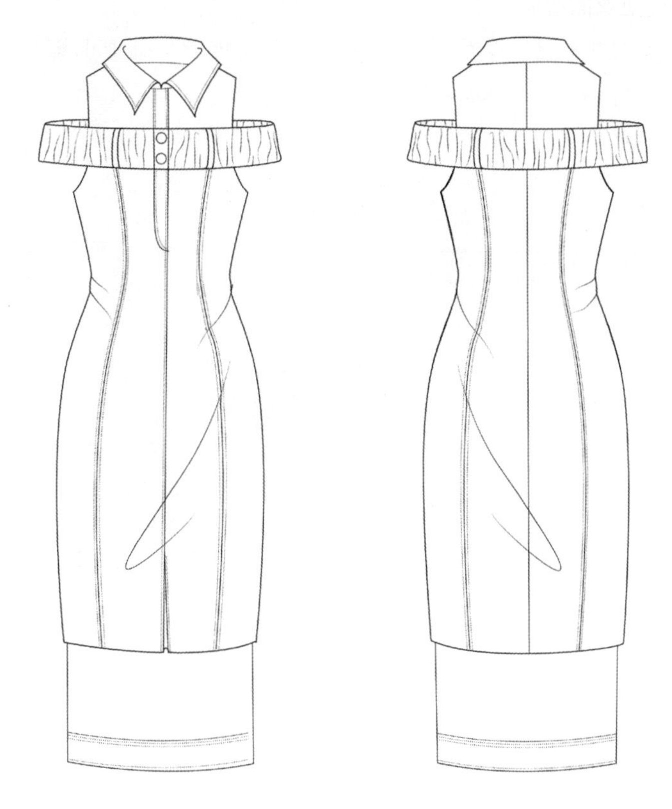

图 2-3-3　春夏季女连衣裙常见款式 2

2.秋冬季常见款式(图2-3-4)。

图 2-3-4　秋冬季风衣常见款式

实训二：裙子、裤子、上衣的绘制

实训任务指导：该实训任务是在学生基本掌握款式图模板的基础上训练学生绘制简单的服装款式。

1.上衣款式图绘制（图2-3-5、图2-3-6）。

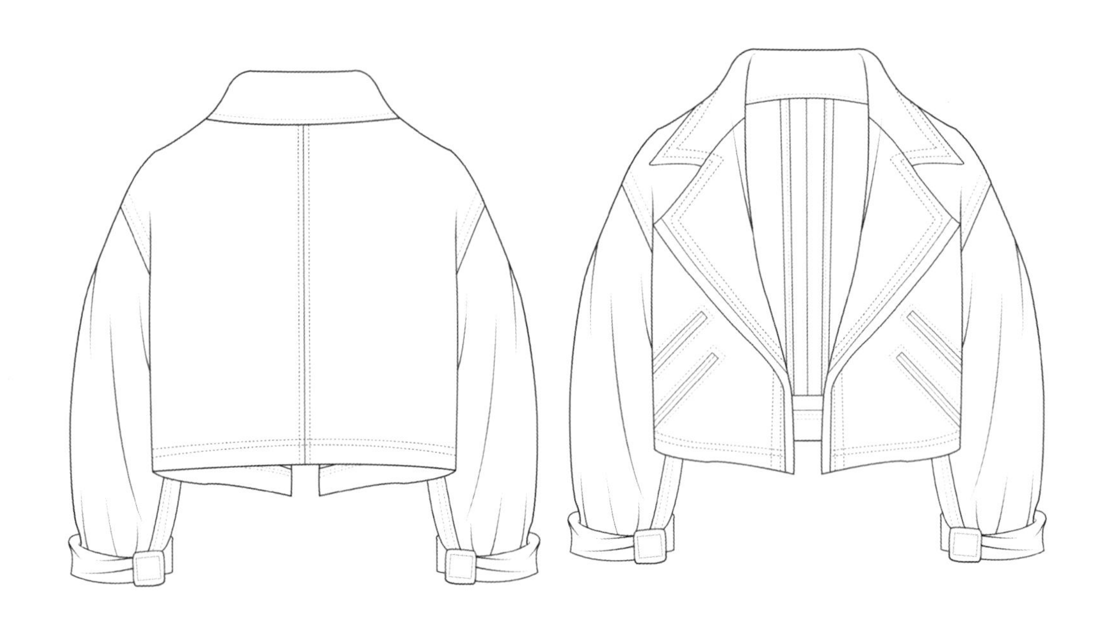

图 2-3-5　上衣款式图线稿

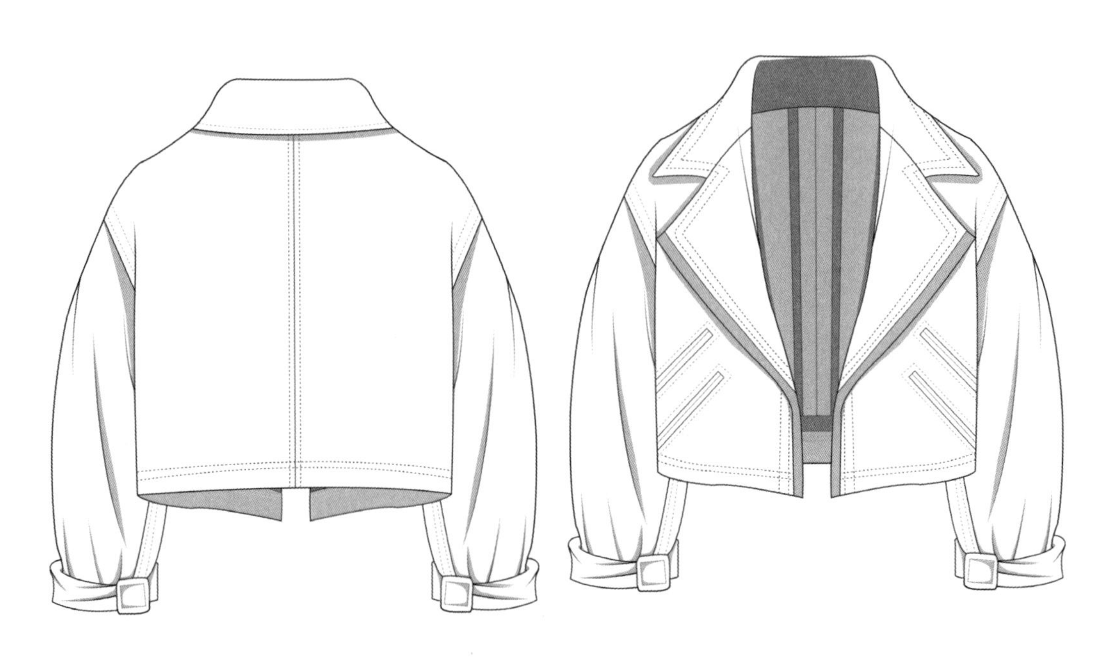

图 2-3-6　上衣款式图成稿

2.裤装款式图绘制（图2-3-7）。

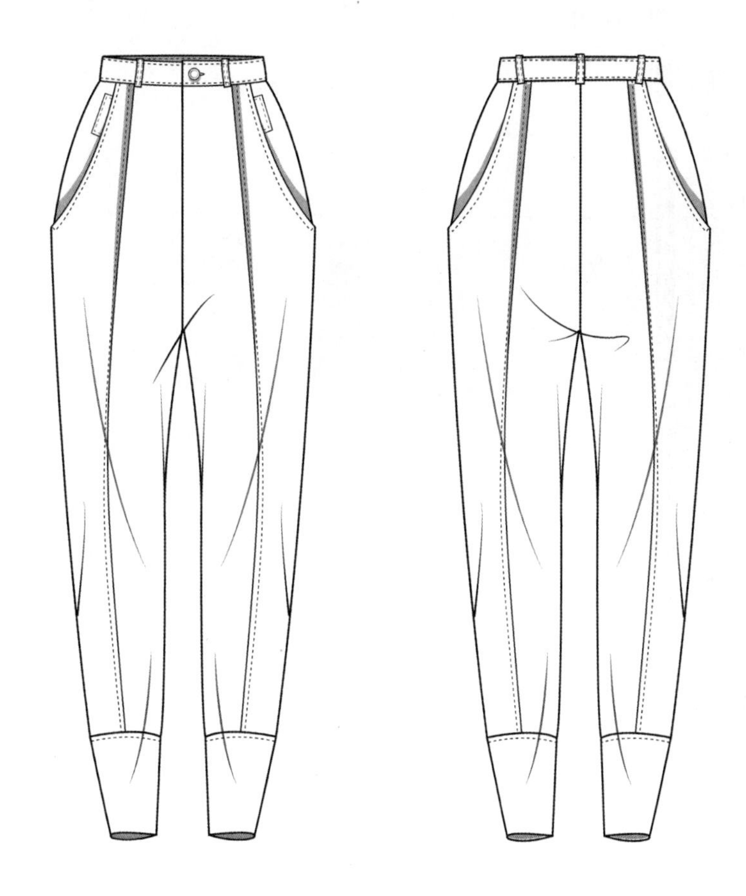

图 2-3-7 裤装款式图绘制

3.裙装款式图绘制（图2-3-8）。

图 2-3-8 裙装款式图绘制

任务拓展

根据服装实物绘制款式图（图2-3-9、图2-3-10）。

图 2-3-9　根据服装实物绘制款式图 1

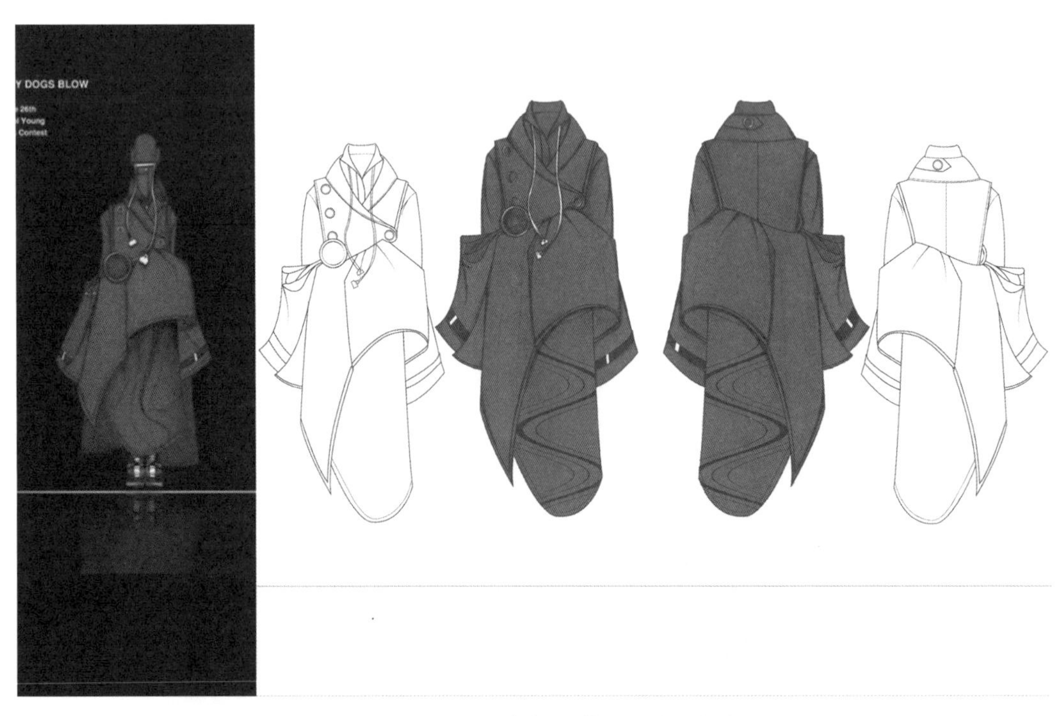

图 2-3-10　根据服装实物绘制款式图 2

任务评价

表 2-3-1 任务评价表

<table>
<tr><td colspan="2">学习领域</td><td colspan="4">服装设计基础</td></tr>
<tr><td colspan="2">学习情境</td><td colspan="4">服装款式图绘画</td></tr>
<tr><td colspan="2">任务名称</td><td colspan="2">各类服装款式图绘制</td><td>任务完成时间</td><td></td></tr>
<tr><td colspan="2">评价项目</td><td>评价内容</td><td>标准分值</td><td>实得分</td><td>扣分原因</td></tr>
<tr><td rowspan="10">任务分解完成评价</td><td rowspan="7">任务实施能力评价</td><td>绘画实训中款式图比例准确</td><td>10</td><td></td><td></td></tr>
<tr><td>缝合线、结构线、褶的使用准确</td><td>10</td><td></td><td></td></tr>
<tr><td>绘制的款式图适用于指导工艺制作</td><td>10</td><td></td><td></td></tr>
<tr><td>线条流畅，轮廓线、结构线清晰区分</td><td>10</td><td></td><td></td></tr>
<tr><td>细节刻画细致</td><td>10</td><td></td><td></td></tr>
<tr><td>画面干净</td><td>10</td><td></td><td></td></tr>
<tr><td>画面构图美观合理</td><td>10</td><td></td><td></td></tr>
<tr><td rowspan="3">任务实施态度评价</td><td>任务完成数量</td><td>10</td><td></td><td></td></tr>
<tr><td>学习纪律与学习态度</td><td>10</td><td></td><td></td></tr>
<tr><td>团结合作与敬业精神</td><td>10</td><td></td><td></td></tr>
<tr><td rowspan="3">评价结论</td><td>班级</td><td colspan="4">　姓名　　学号　　组别　　合计分数</td></tr>
<tr><td>评语</td><td colspan="4"></td></tr>
<tr><td>评价等级</td><td colspan="4">　教师评价人签字　　评价日期</td></tr>
</table>

知识测试

请详细论述款式图的绘制步骤。

项目三　服装与人体造型绘画

项目透视

服装服务于人体，装扮人体，人体又是服装的载体，准确的绘画人体结构和比例是进行服装设计工作不可缺少的基本功训练。如何画出一张漂亮的面孔和模特儿的身材是时装效果图绘画的难点。本项目的主线是从整体—局部—整体的学习过程，训练任务包括人体结构、人物的头部绘画、手和脚绘画、人体动势绘画、人体着装绘画。训练过程通过反复分析、借鉴、临摹、默写人体绘画达到熟练掌握各种姿态人体描绘的目的，这是初学者学习复杂人体的有效途径。在掌握了人体绘画的基础上，还要掌握人体与服装的关系，进行人体上服装款式的刻画，最终达到完整的服装人体造型绘画学习目标。

项目目标

技能目标：能熟练绘画服装人体和在人体上进行着装描绘。

知识目标：了解人体结构、人体局部和整体比例关系、人体的动势变化规律。

项目导读：

人体的基本结构 ⟹ 人体局部绘画 ⟹ 人体绘画 ⟹ 人体着装绘画

项目开发总学时：28学时

任务一　了解、认识人体的基本结构

任务描述

服装的作用是用来修饰、美化、保护人体，研究服装的前提就是先要了解人体构造，对人体进行造型层面的分析，从而掌握人体体型的特征。在学习人体基本结构过程中要充分利用各种素材、模型、图片等直观道具，要做到多看、多想、多记、多临摹，以加深对人体形态知识的理解和掌握。

任务目标

1.通过观察与讲解，了解与人体形体动势有关联的人体内结构。

2.掌握人体骨骼和肌肉的基本形态。

3.掌握骨骼和肌肉对动势产生的影响。

4.掌握骨骼和肌肉对人体外形态凹凸立体造型的变化。

任务导入

服装与人体的关系，人体是主体，服装是客体，服装服务于人体。人体是大自然赋予的最完美、最富有变化的形体，认识人体结构是每一个从事服装设计工作者所必须经历的学习项目。就像建高楼我们要打地基一样，人体是时装绘画的基石，研究人体就要深入探讨人体的内结构对于外形体产生的变化。

任务准备

学具：教材、笔记本、铅笔（HB~2B）、自动铅笔（0.5）、橡皮、壁纸刀、速写本（纸）等。

必备知识

一、人体的基本构造

人体是地球上最高级别的生命体，人的基本体型可分为头部、躯干部、上肢和下肢四个部分。上肢包括肩、上臂、肘、前臂、腕、手；下肢包括髋、大腿、膝、小腿、踝、脚；躯干包括颈、胸、腹、背。从造型角度看，人体可分解为头腔、胸腔和腹腔三个相对固定的腔体和一条弯曲的、有一定运动范围的脊柱以及四条运动灵活的肢体。

二、人体的运动系统

人体的运动系统包括骨骼、关节和肌肉三部分，同时这也是构成人体体型的三要素。

成年人体是由206块不同形态与尺寸的骨头组成的，骨与骨之间靠关节连接，在骨骼外面附着约639块可分离的肌肉，在肌肉外面包着一层皮肤。皮肤与肌肉之间是脂肪，它决定着人的胖瘦。人体内构造极其复杂，形态各异的骨骼和肌肉共同作用，使人体表面形成多种多样的立体形态。

1.骨骼

人体的骨骼是人体内坚硬的组织，是人体的支架，起着支撑身体、保护体内重要及柔软器官的作用，如颅骨保护我们的大脑，胸骨体保护心、脾、肝、肺等器官。在人体中，没有一块骨头是笔直的，并具有一定程度的可屈性，坚硬而有韧性，有丰富的神经和血管，能不断地进行新陈代谢和生长发育，并具有修复、再生以及改建的能力。骨骼决定着人体的长短和粗细，骨骼的形状和大小对人的外观形体发挥着极其重要的作用。在生长期体育锻炼是可以促进骨质的良好生长和发育的。

画时装画不需要记住所有的骨骼名称，只需要了解一个基本的框架以及关键部位（图3-1-1、图3-1-2）。

2.肌肉

纵横交错的肌肉组织极其复杂，附着于人体各个骨骼与关节之上。人体肌肉种类不一，形状各异，遍布于人体的全身，使人体表面产生凹凸不平的变化，构成人体的外观形态。对于服装专业的学习，只需要记住几组主要的肌肉群就可以（图3-1-1、图3-1-2）。

3.关节

骨与骨之间靠关节相连，关节是人体运动的枢纽，是人体能够产生丰富动态的基础。人体的主要关节有肩关节、肘关节、腕关节、髋关节、膝关节、踝关节等。

4.人体器官运动的产生

人体肌肉附着于骨骼之上，伸缩时牵动于骨骼，骨和骨之间一般用关节和韧带连接起来，骨骼通过关节产生运动。在运动中，骨骼起杠杆作用，关节是运动的枢纽，肌肉是运动的动力。所以在神经系统支配下完成各种运动时，肌肉是主动部分，骨骼和关节是被动部分。

任务实施实训内容

实训内容：

临摹和观察人体运动状态下，各部位骨骼的透视与变化（图3-1-3）。

临摹时观察各部位的形状与变化。人在运动时，头腔、胸腔和腹腔都是固定的，不会活动的，而这三部分器官的活动是靠连接它们的脊柱完成的，通过脊椎中颈椎和腰椎的转动而产生的。如果这些腔体是彼此处于平行和对称的情况下，人体就是静止的；相反，当这些腔体向前后左右扭动、屈伸、旋转时，它们的变化就产生了人体的动作。四肢的骨骼是以运动为主的。

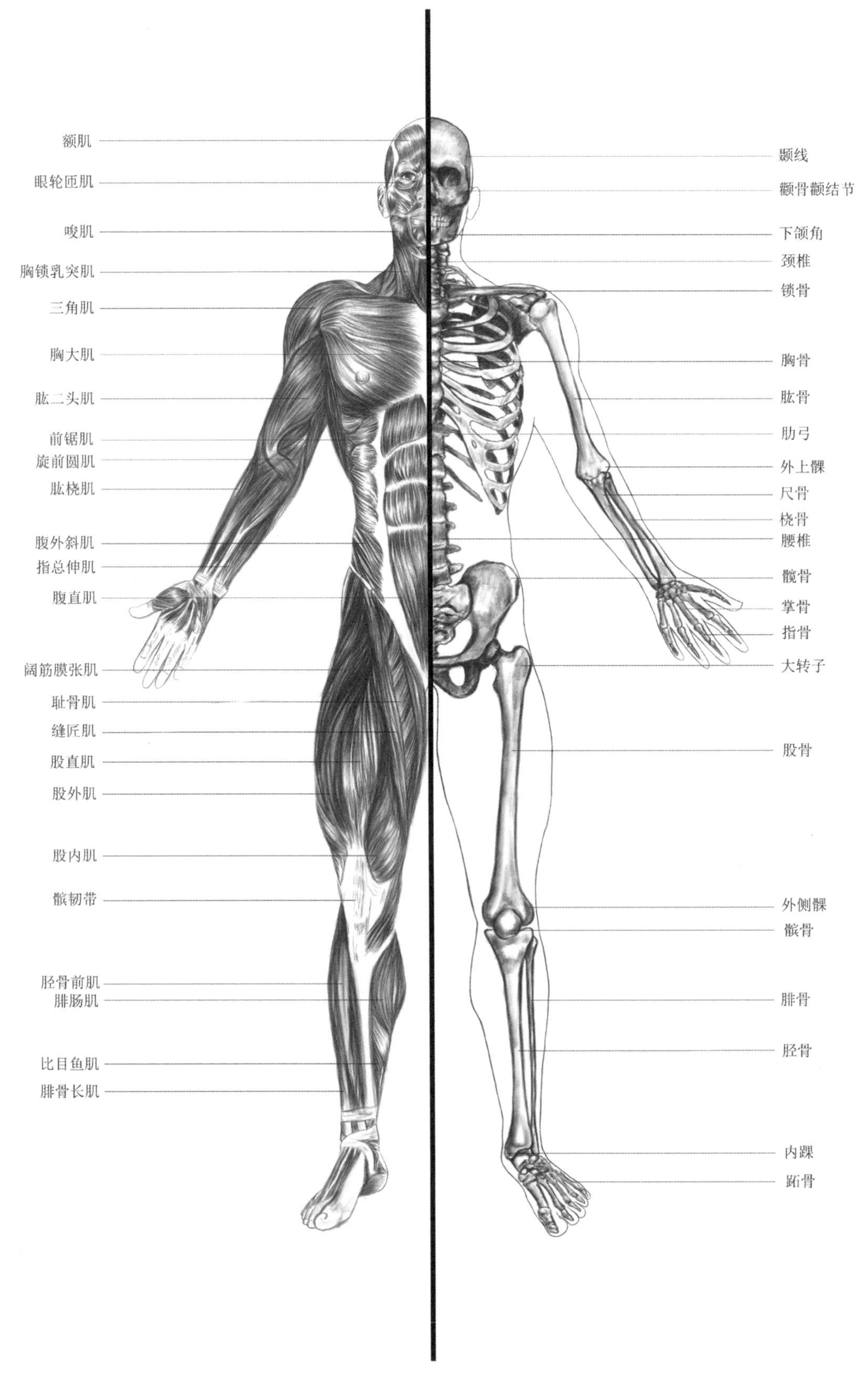

图 3-1-1 骨骼肌肉正面图

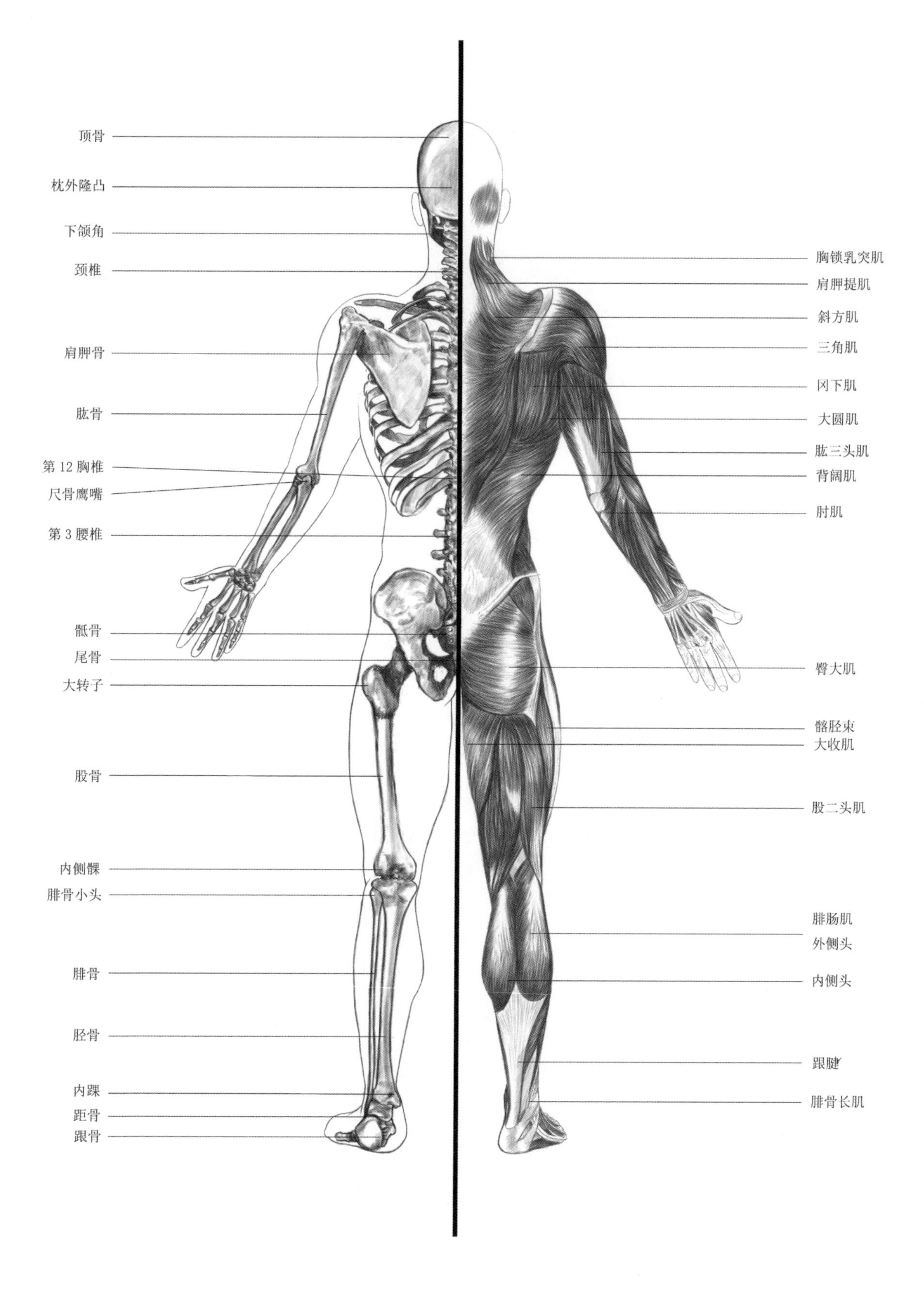

图 3-1-2 骨骼肌肉背面图

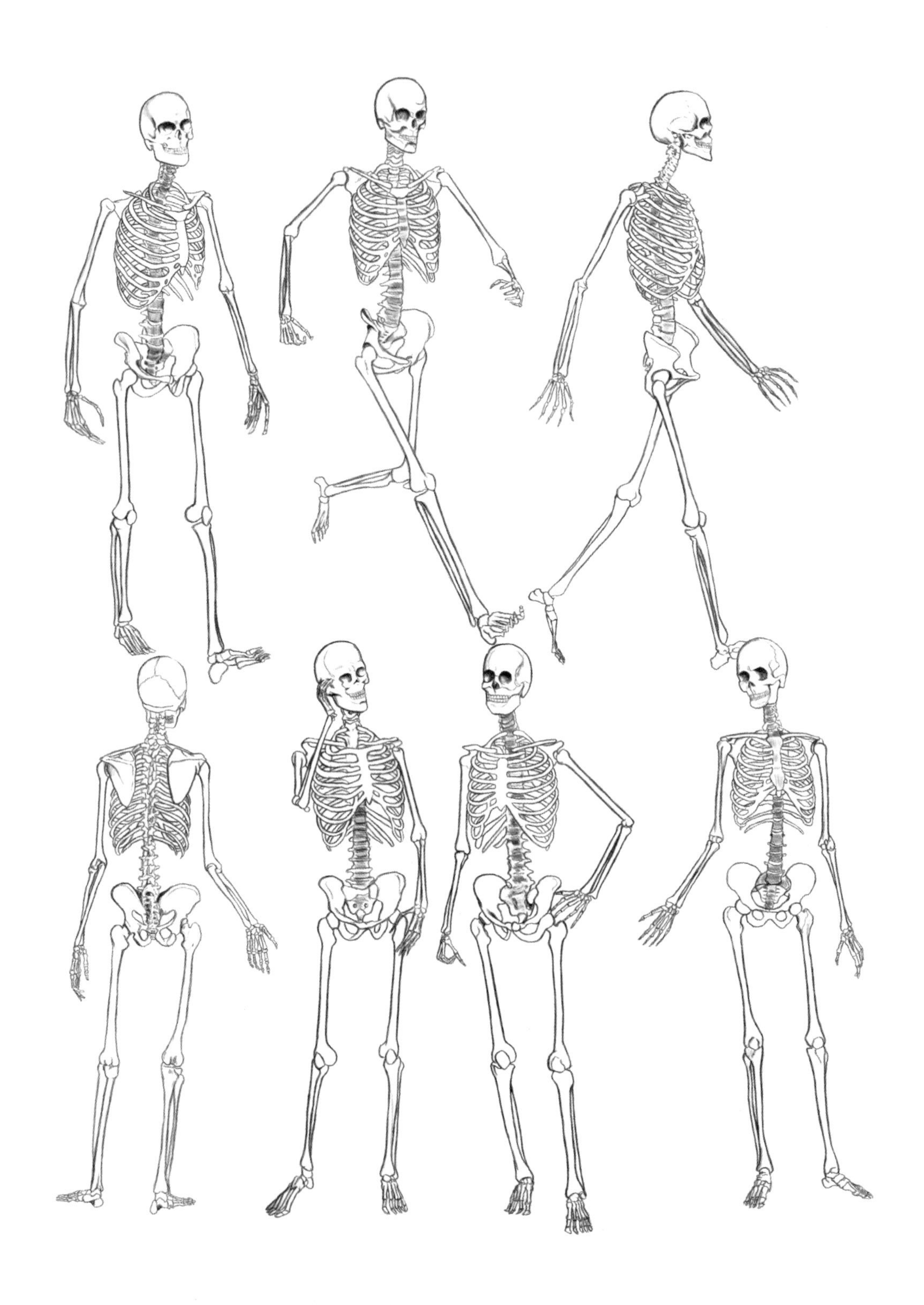

图 3-1-3　骨骼动势变化

任务拓展

1.给四肢骨架添加肌肉。

2.观察和触摸自身的肢体状态，体会人体骨骼、肌肉的起始点、形状和运动后的造型变化特征。

3.临摹解剖手、脚的结构草图（图3-1-4）。

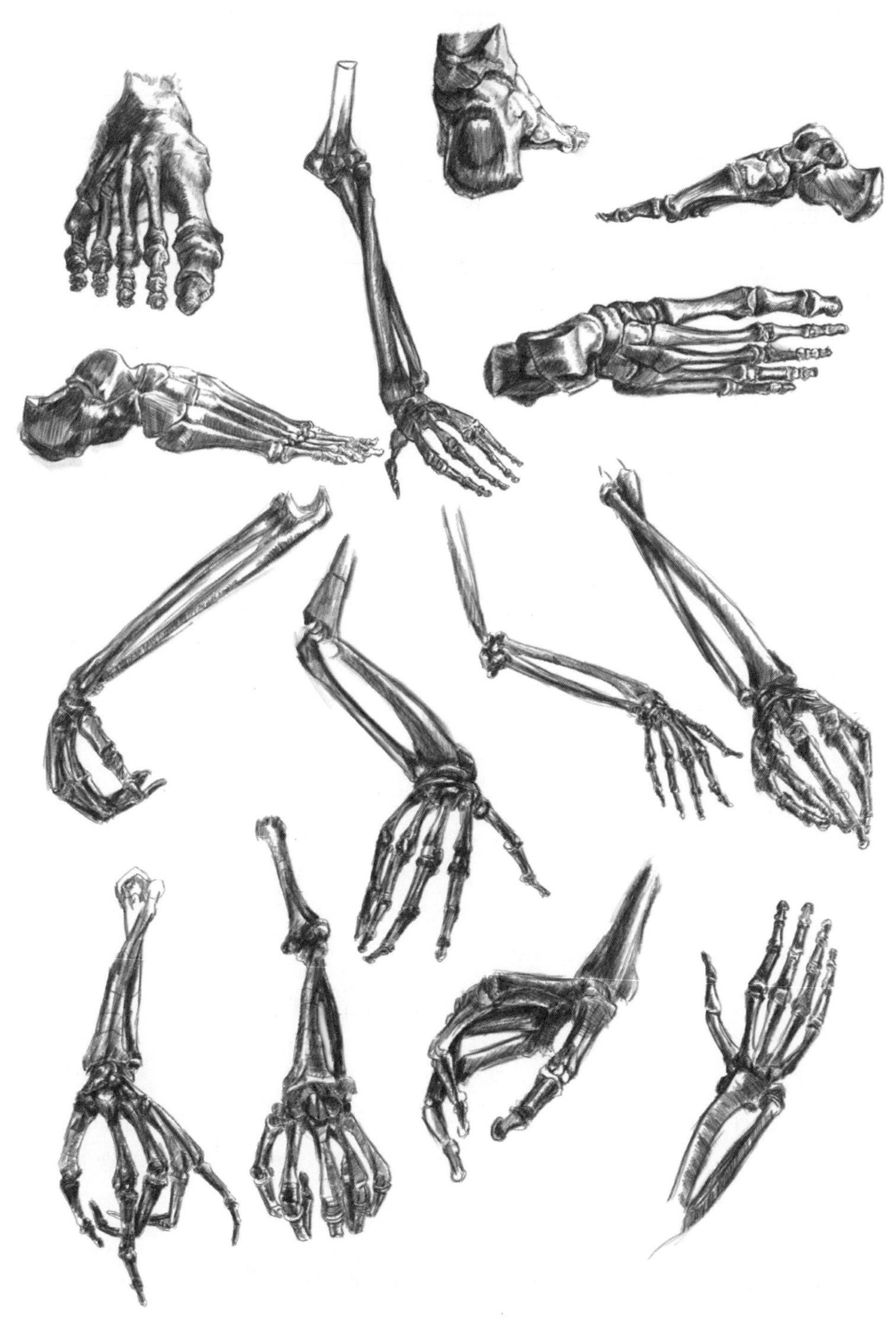

图 3-1-4 手部骨骼姿态

任务评价

表 3-1-1　任务评价表

<table>
<tr><td colspan="2">学习领域</td><td colspan="9">服装设计基础</td></tr>
<tr><td colspan="2">学习情境</td><td colspan="9">服装与人体造型绘画</td></tr>
<tr><td colspan="2">任务名称</td><td colspan="5">人体骨骼、肌肉形态结构绘画</td><td>任务完成时间</td><td colspan="3"></td></tr>
<tr><td colspan="2">评价项目</td><td colspan="3">评价内容</td><td colspan="2">标准分值</td><td>实得分</td><td colspan="3">扣分原因</td></tr>
<tr><td rowspan="10">任务分解完成评价</td><td rowspan="7">任务实施能力评价</td><td colspan="3">人体各部位造型准确</td><td colspan="2">20</td><td></td><td colspan="3"></td></tr>
<tr><td colspan="3">人体各部位透视正确</td><td colspan="2">10</td><td></td><td colspan="3"></td></tr>
<tr><td colspan="3">人体动态符合运动规律</td><td colspan="2">10</td><td></td><td colspan="3"></td></tr>
<tr><td colspan="3">线条绘画流畅</td><td colspan="2">10</td><td></td><td colspan="3"></td></tr>
<tr><td colspan="3">画面构图美观合理</td><td colspan="2">10</td><td></td><td colspan="3"></td></tr>
<tr><td colspan="3">画面干净</td><td colspan="2">10</td><td></td><td colspan="3"></td></tr>
<tr><td colspan="3"></td><td colspan="2"></td><td></td><td colspan="3"></td></tr>
<tr><td rowspan="3">任务实施态度评价</td><td colspan="3">任务完成数量</td><td colspan="2">10</td><td></td><td colspan="3"></td></tr>
<tr><td colspan="3">学习纪律与学习态度</td><td colspan="2">10</td><td></td><td colspan="3"></td></tr>
<tr><td colspan="3">团结合作与敬业精神</td><td colspan="2">10</td><td></td><td colspan="3"></td></tr>
<tr><td rowspan="3">评价结论</td><td>班级</td><td></td><td>姓名</td><td></td><td>学号</td><td></td><td>组别</td><td></td><td>合计分数</td><td></td></tr>
<tr><td>评语</td><td colspan="9"></td></tr>
<tr><td>评价等级</td><td colspan="2"></td><td colspan="2">教师评价人签字</td><td></td><td colspan="2">评价日期</td><td colspan="2"></td></tr>
</table>

知识测试

1.成人体的骨骼有多少块？

2.构成人体体型的三要素包括什么？

3.人的基本体型包括哪四个部分？

4.骨骼、肌肉和关节在人体运动中起的作用是什么？

5.人体中主要的关节部位包括哪些？

任务二　服装人体局部绘画实训

任务描述

要画好服装人体，首先要掌握人体中头部、手和脚的局部刻画，而人体中头部和手结构复杂，又对人物的表达具有重要的作用，所以必须熟练掌握各角度的绘画要点，增加时装画的生动性。

任务目标

1.掌握时装画中头部五官的位置及画法。

2.掌握时装画中男、女、儿童各种角度、各种透视的头部、手和脚的绘画要点。

3.能熟练默画时装画中头部常用角度（正面、正侧面、3/4侧面）的姿态。

4.能熟练默画时装画中手和脚的常用姿态。

任务导入

服装人体离不开对人物头部的刻画，为不同年龄性别的人物设计服装款式，就要掌握不同人物面部的形象描绘，画出模特的美感和精神气质，增强时装画的感染力。

任务准备

绘画工具：铅笔（HB~2B）、自动铅笔（0.5）、橡皮、壁纸刀、速写本（纸）、直尺等工具。

资料：教师搜集准备相关的图片、教学课件等。

必备知识

一、头部的画法

时装画中头部的描绘是一个重要的组成部分，富有个性、形象鲜明的人物描绘能使时装画充满魅力。头部的绘画可以采取简练概括的方法，抓住最适合表现的东西，生动地刻画出来。

（一）五官及头发的画法

五官端正、五官精致是形容人的长相貌美的形容词，五官对于人物的外貌起着决定性作用，所以要画好人的脸部首先要表现好脸部的五官。五官包括眼、眉、鼻、嘴、耳朵。其次要掌握头发的绘画方法，还要掌握头部的比例变化，这样才能将五官和发型合理完美地组合起来，形成生动的人物形象。

1.眼睛

眼睛是人的心灵之窗，是人情感表达的重要窗口。"画龙点睛"说明眼睛在五官中的重要性，传神的眼睛能使时装画增色，让人物更加具有神韵。要画好眼睛就应该对眼睛的结构有所了解。眼睛由眼眶、眼睑和眼球组成，眼眶由眉弓骨和颧骨构成，眼球置于其内，眼球又由瞳孔、虹膜、巩膜组成。眼睑分上下眼睑，边缘有睫毛，上眼睑皱起的一条纹路叫双眼皮，眉生长在眼睛的上方，分为眉头、眉峰和眉尾三个部分，眼睛、眉毛各部位的结构名称见图3-2-1。

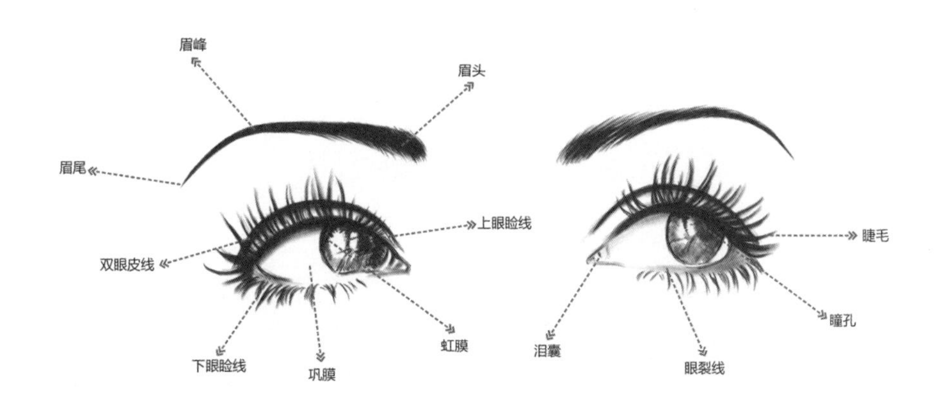

图 3-2-1 眼睛各部位的名称

平面睁开的眼睛呈橄榄形，一般来说，眼睛的外眼角比内眼角要高一些，立体的眼睛是球体，眼球被上下眼睑覆盖包裹，在常态表情下，眼球并没有全部露出，上眼睑会遮住三分之一的眼球，在绘画时要避免整个眼球都画出来，如果表现惊恐和情绪夸张需要眼睛睁大的时候，才可以将整个眼球画成完整的圆。虹膜与下眼睑线一般状态下会有一小段距离。开闭眼睛时下眼睑活动较小，主要是上眼睑活动。眉毛是弯弓状的，比眼睛稍长，女性眉毛特征细长而弯，避免画得粗、短、平。眉头到眉峰占2/3，眉头粗一些，眉毛朝上生长，眉峰到眉尾逐渐变细，朝下生长。绘画时要仔细观察眉毛的生长方向，避免画出杂乱的线条。

时装画中的眼睛为表现女性个性的美感，可以适当拉长眼睛的宽度，眼尾微微上翘。眼珠部分应避免画成漆黑一片，瞳孔最黑，虹膜变浅，留出高光点，使眼珠具有透明感。眼睛的高光不能画得太随意，高光明显会使人显得更精神，高光如若不足会使人显得颓废。要注意两只眼珠转动时保持平行移动，避免画出对眼的尴尬效果，也就是一侧眼珠若画在外眼角，另一侧的眼珠一定要画在内眼角。上眼睑要画得粗黑细致，下眼睑浅一些、虚一些，上下眼睑外眼角颜色最重，这样勾画眼睛会显得有层次，同时要勾画出上下眼睑的厚度。画女性眼睛时睫毛稍长，根部粗黑，尖部微微上翘，刻画时注意睫毛的长短、浓密及其走向变化。

当头部转动时，眼睛也跟随转动，注意近大远小的透视表现，侧过去的眼睛要小一些，眉毛也相应地要短一些。正侧面的角度眉毛最短，眉峰有较大的拱起。眼睛接近三角形，上眼睑、眼球和下眼睑线处于斜向的同一条辅助线上，瞳孔是扁圆形，三个角度眼睛的画法见图3-2-2。仰视的眼睛呈上弧线，上眼皮厚度变厚，下眼皮厚度线两根变一根。俯视的眼睛呈下弧线，下眼皮厚度变宽，上眼皮厚度被遮住。东西方人在眉与眼的距离上是有差异的，西方人近一些，东方人远一些，这主要是西方人眼睛更立体。各角度的眼睛画法见图3-2-3。

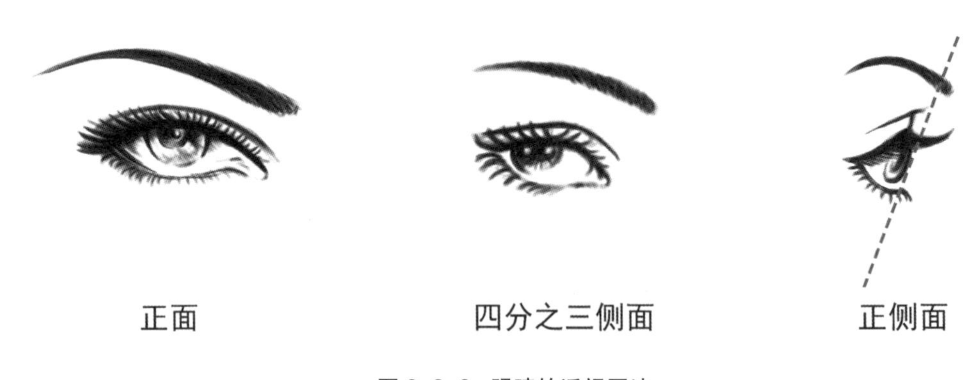

图 3-2-2　眼睛的透视画法

2.嘴唇

在五官中，嘴唇同样具有表达情感的作用。在时装画的描绘中，女性的嘴唇丰满圆润，常常涂有不同颜色的唇膏，应细致刻画。嘴由上唇、下唇、上唇结节、人中、唇裂线组成，嘴唇各部位名称见图3-2-4。理想的唇形是轮廓清晰、唇形圆润、唇峰凸起、唇节明显、唇角微翘、下唇饱满。嘴的形状比眼睛要简单，首先要确定唇裂线的位置和形状，再画出上唇的弧线，上唇突出，要注意虚实变化，中间浅，嘴角重。然后定出下唇的厚度，下唇圆润可以比上唇稍厚点，画出下唇的弧线。时装画中可以夸大嘴唇，圆润饱满会让人感觉性感和热情。唇裂线的嘴角需加深处理，微微上扬的嘴角表现快乐，下垂的嘴角表现心情沉重，也可以让嘴略微张开，这样会使人物更加富有表现力。时装画中的嘴唇一般不画牙齿。

人物头部在转动时，五官也跟随转动产生透视，侧过去的一侧嘴唇要画得小一些，近的一侧要大一些。正侧面嘴唇注意上下唇的角度对比，上唇要突出一些，上唇与下唇的轮廓线同眼睛辅助线倾斜角度一样，侧面嘴的整个造型是三角形。嘴唇各角度的画法见图3-2-5、图3-2-6。

图 3-2-3　眼睛的画法

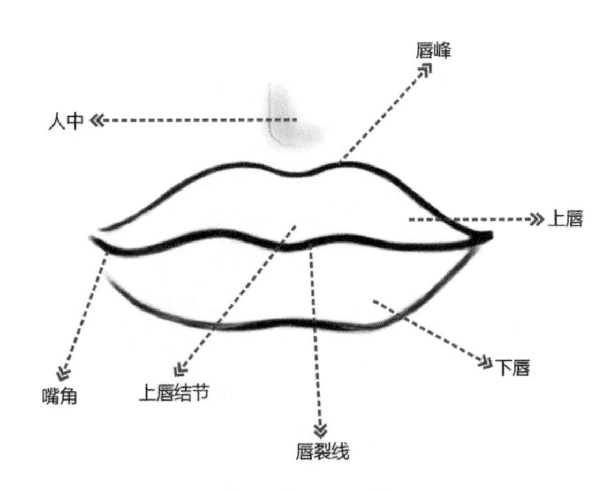

图 3-2-4　嘴唇各部位的名称

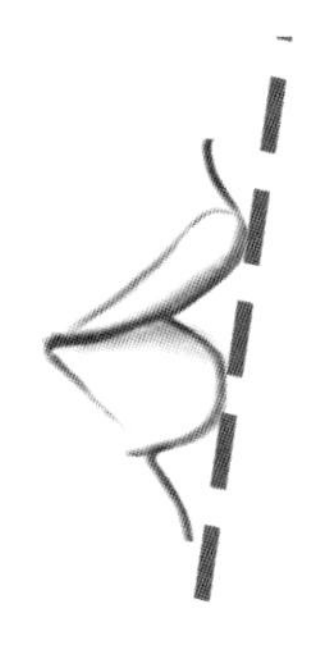

图 3-2-5　嘴唇的透视变化

图 3-2-6　嘴唇的画法

3.鼻子

鼻子处于头部的正中，位于脸部的最高位置。在绘画的时候要注意用阴影表现鼻子的高度。鼻子的最佳表现方法就是“适当”，在时装画的表现中不需要过多地对鼻子进行细致的描绘，但还要非常注意鼻子在面部的形状和比例。鼻子的造型为梯形，鼻子由鼻梁、鼻头和鼻翼三部分组成，鼻子各部位结构名称见图3-2-7。

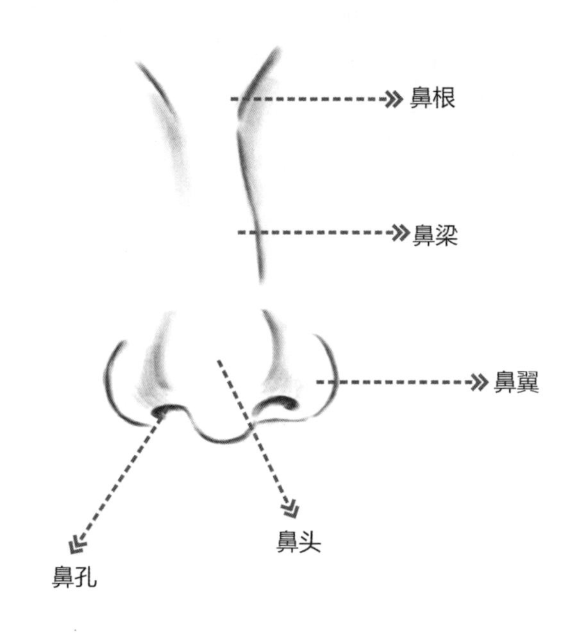

图 3-2-7 鼻子各部位名称

表现鼻子应从四个基本面入手，即左、中、右和下四个基本的块面。利用块面的方法表现鼻子，注意鼻梁的外形并不是一条笔直的直线，而是在鼻骨处凸起。绘画时做到结构清晰、简洁，勾勒出大体形状即可。女性鼻子线条柔和，稍小；男性鼻子则线条粗而有力，大而挺。画正面鼻子的鼻梁部分一般只画一边的阴影，可以先确定光源的方向，在背光的一面画出阴影，另一侧留白即可。鼻孔不是正圆形。四分之三侧面的鼻子需要根据头部的转动方向确定需要画出鼻梁的一侧，远的一侧画出鼻梁，同时那一侧的鼻孔小，近的一侧鼻孔大。正侧面的鼻子只需要画出一侧的鼻翼，鼻梁线条和鼻底线条的夹角接近90°，这样画出来的鼻子才会挺拔自然。鼻子各角度画法见图3-2-8。

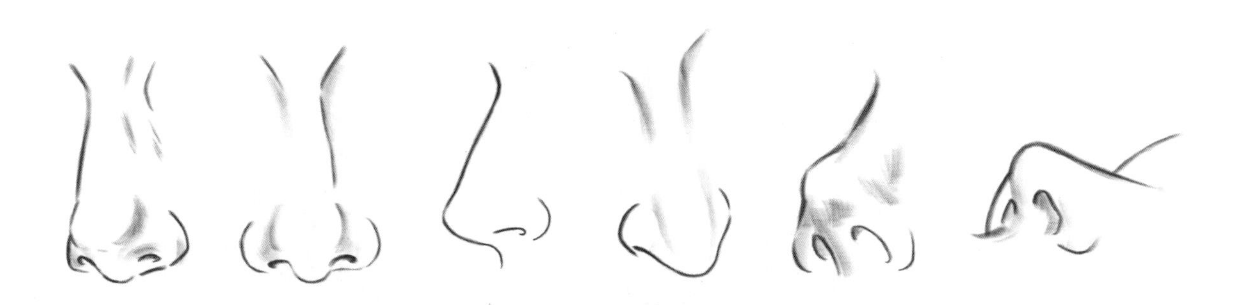

图 3-2-8 鼻子的画法

4.耳朵

耳朵位于脸部的两侧，经常被忽视。耳朵也是重要的五官之一，在绘画时一定要准确地刻画。耳朵是由耳轮、耳垂、耳屏组成，耳朵的结构名称见图3-2-9。

耳朵的大体形状像字母“C”，上端较宽。女性耳朵一般被头发遮住，只漏出其中的一部分，侧面和半侧面的耳朵显露得全面一些。在时装画中耳朵属于从属地位，画得较虚，概括地画出大概轮廓即可。耳朵各角度画法见图3-2-10。

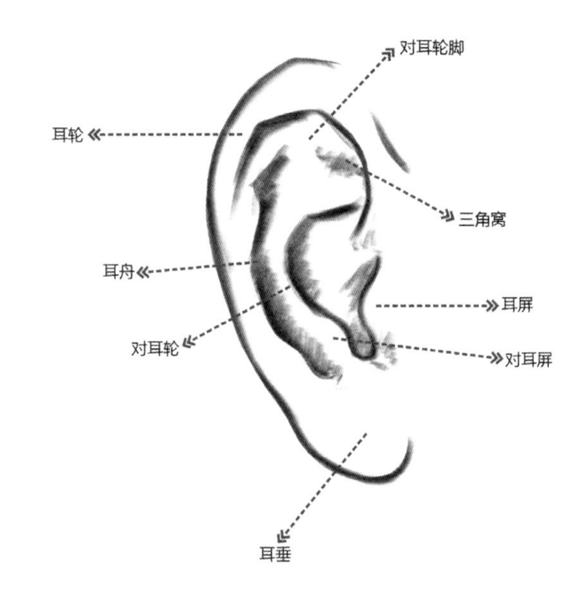

图 3-2-9 耳朵各部位名称

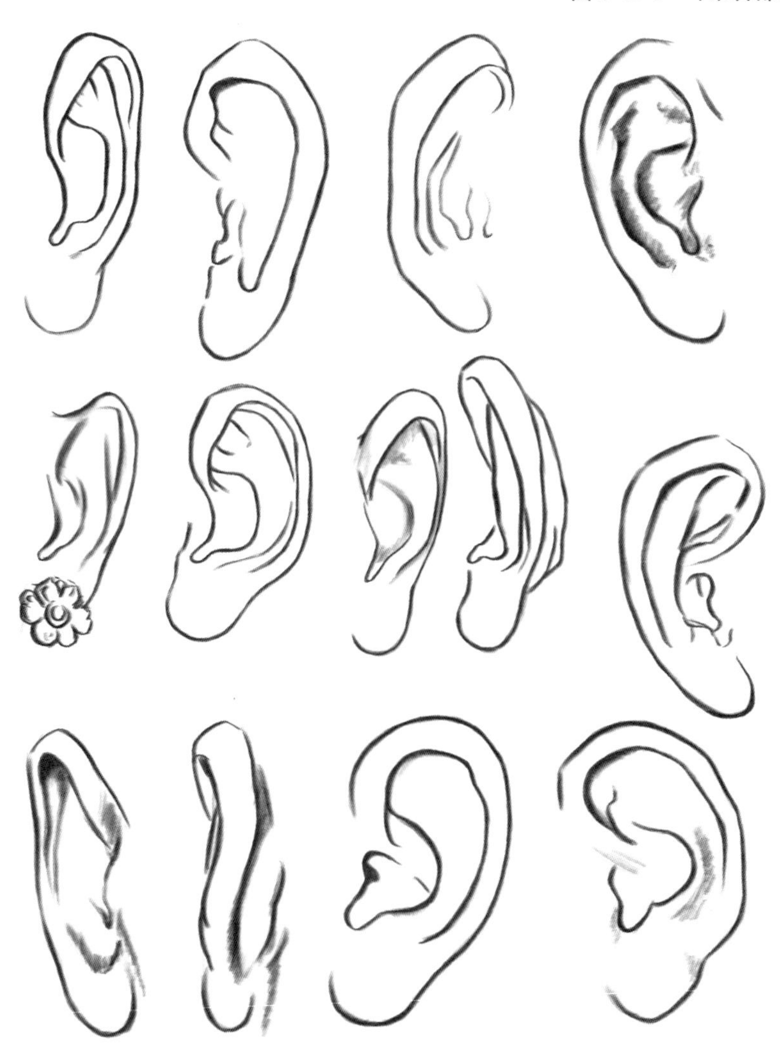

图 3-2-10 耳朵的画法

5.头发

头发千丝万缕，又对整体形象起着非常重要的作用，头发也是身体各部分中最容易被改动和塑造的部分，其变化多端的形式也体现设计师的主题风格，可以传递很强的时尚讯息和个性符号，是时装画中不可或缺的一部分。发式造型千姿百态，有张扬的、飘逸的、夸张的、活泼的、华丽的、干练的、一丝不苟的。绘画起来有时无从下手，对于初学者有一定的难度，这就需要抓住头发绘画的要点，切忌把一根一根的头发看成个体，那样千丝万缕的头发就会变成错综复杂的难题。绘画时首先要把头发看成一个整体，先从整个发型的轮廓开始画起，然后在这个整体当中按照发型设计的造型进行进一步的划分，将整个发型分成几个区域，按照每一个区域一缕一缕地塑造，分组、分出发群、分发片地进行刻画。最后根据具体的发式进行发丝的组织、穿插、透视变化，绘画时发丝不要使用平行线和交叉线，平行线会显得呆板，交叉线会使头发杂乱，每三四根发尾收向同一方向。要明确头发是植于头皮上的，并且发型不是紧贴着头皮的，它是有厚度、有层次的，要画出发型的蓬松感。另外每一根头发都是有来龙去脉的，要画清头发的起始走向。绘画时要刻画出头发柔软、飘逸、顺滑的特征，线条要柔顺、轻松、飘逸，要疏密结合、张弛有度。额前、鬓角的发丝可以精细刻画，用笔松动、细致、柔顺，其他发片可以虚实结合，令发型充满空气感。总之，从整体入手，再分组描绘，线条可以不用太多，突出人物的个性魅力。

头发的画法有很多种，从繁简程度分为轮廓法、分组法和线描法。轮廓法适合表现外形较简洁的发式，用线条画出发型的轮廓线即可，简洁自然。分组法适合表现发式比较复杂的款式，在画出发型外轮廓的基础上，将头发进行分组，并用疏密结合的线条，有主有次地顺着发丝的走向将发丝勾画出来。线描法是顺着发丝的走向一根一根地描画，每一根发丝都要画得耐心、仔细、均匀，不能中途间断，从头至尾一气呵成。头发的画法见图3-2-11，短发的画法见图3-2-12，盘发的画法见图3-2-13，长直发的画法见图3-2-14，长曲发的画法见图3-2-15。

图 3-2-11　头发的画法

图 3-2-12 短发的画法

图 3-2-13 盘发的画法

图 3-2-14 长直发的画法

图 3-2-15 长曲发的画法

（二）头部比例

1.头部比例

时装画中的头部反映了流行趋势，也传达了流行信息和设计者的个性创意，反映了人物内在的精神气质。要画好头部，首先要了解头部的比例。头部的绘画脸型很重要，对于女性椭圆形脸最为理想，所以头部正面的长、宽比约为3∶2，正面脸部基本结构比例概括起来为“三庭五眼”。“三庭五眼”能够基本确定大致的五官位置，是绘制人物头像的重要参考标准。“三庭”是指脸的长度比例，具体指从发际线到眉线为上庭，从眉线到鼻底线为中庭，从鼻底线到下颌线为下庭，也就是发际线到下颌线为三个鼻子的长度。“五眼”是指脸的宽度比例，具体指以眼的宽度为单位，左耳外侧到右耳外侧平均分成五等分，每一份基本是一个眼睛的宽度，也就是两个内眼角之间也是一只眼睛的大小，鼻翼为一个眼睛的宽度。眼睛的位置约为头顶至下颌的1/2处，耳朵在眉毛到鼻底处的第二庭，唇裂线约在鼻底线至下颌线的上1/3处，嘴的宽度比眼的宽度略宽一些。时装画中女性脸部的描绘圆润、柔和，轮廓精致、细腻，眼睛和嘴唇可以略微夸张得大一些，眼睛的外眼角向外加宽一些，大眼睛会使人物脸部更加生动唯美，突出个性和时尚感。在实际时装画的绘画中，我们可以将头部看成两个相切的球体，面部肌肉可以适当忽略，只需要描述突出的骨点即可。正面头部比例见图3-2-16。

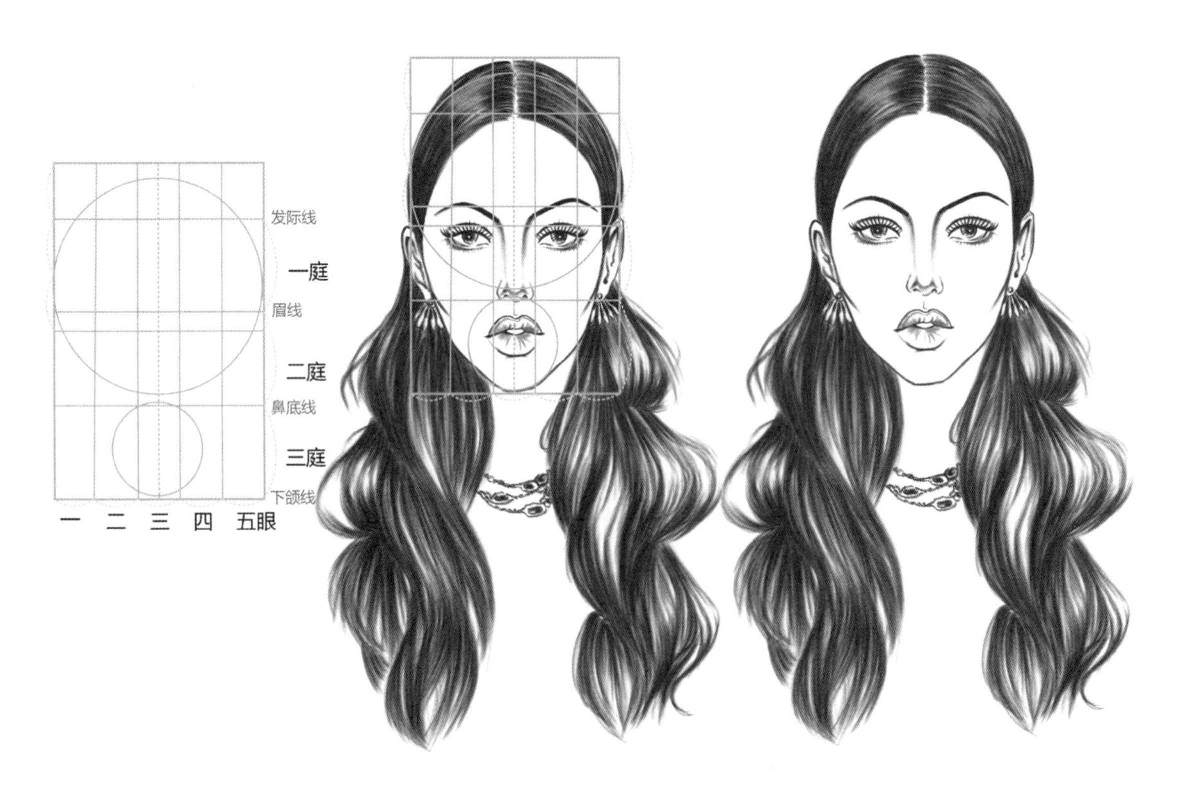

图 3-2-16 正面头部比例

在时装效果图绘画中，正侧面的头部相对较少一些，与正面相比外形变化较大，难度也增强，好的正侧面绘画能体现画者扎实的绘画功底。绘画时注意把正侧面的头部看成是正方体，比例、位置、角度与头顶面、正面、侧面、底面相结合，正侧面的长宽比接近正方形，“三庭”位置不变，“五眼”比例发生变化。五官外轮廓一侧线条造型要注意起伏变化，微妙的变化都会影响头部的整体美感。侧面头部比例见图3-2-17。

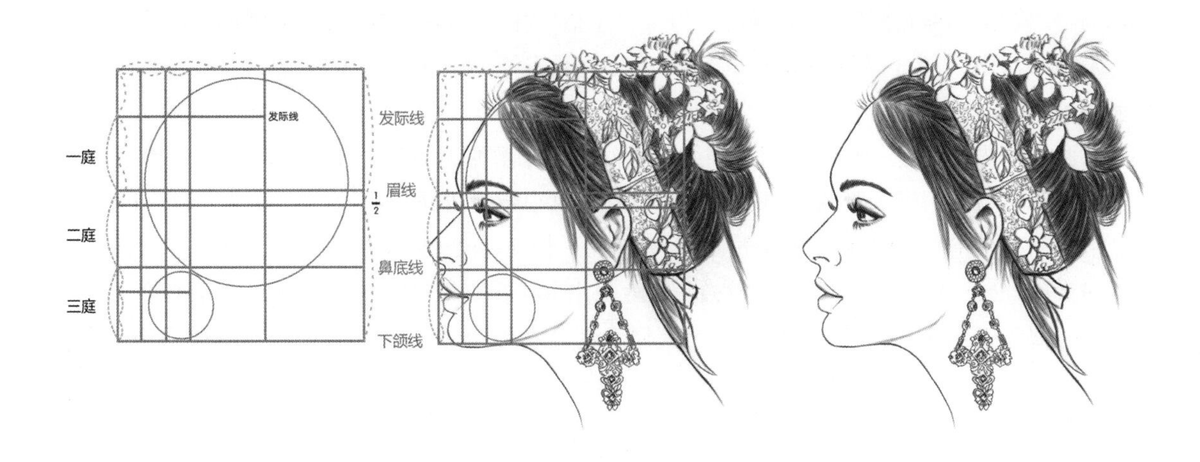

图 3-2-17　正侧面头部比例

女性3/4侧面头部的透视更能体现女性妩媚的特征,会使头部刻画更生动。3/4侧面头部前中心线发生了变化,随着头部的转动也偏向了转动的方向,头部五官的透视应遵循近大远小、近长远短、近宽远窄的原理,近的一侧大而完整,远的也是侧过去的一侧小而短,耳朵比正面的要宽一些。3/4侧面头部比例见图3-2-18。

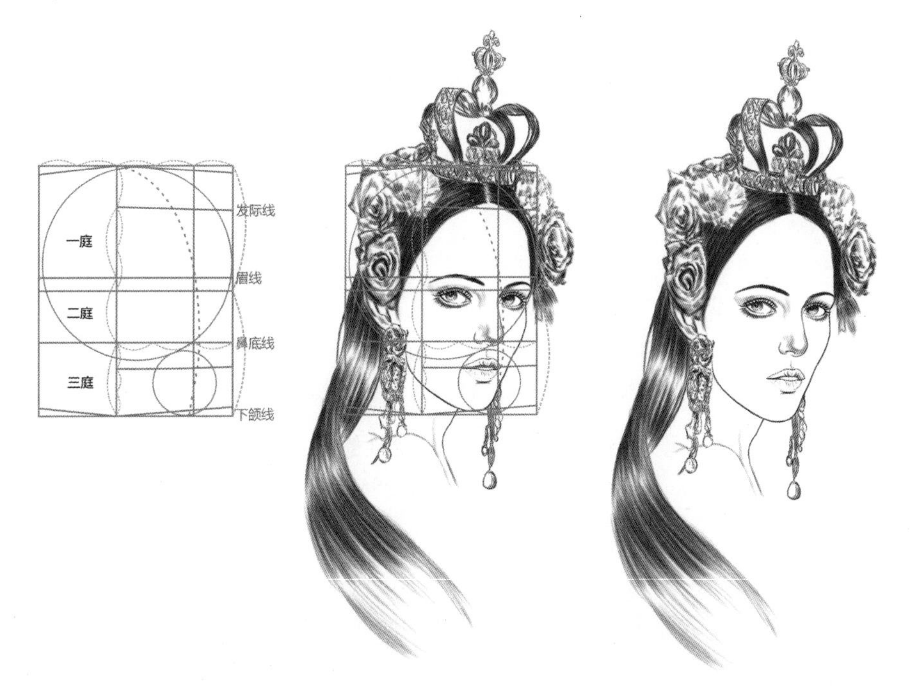

图 3-2-18　3/4 侧面头部比例

仰视的头部弧线向上弯,三庭上移,头顶的可视面变窄或者不见。鼻梁短、鼻底宽。俯视的头部与仰视相反,三庭下移,下颌部位变窄,头顶占据大部分,鼻梁长,鼻底看不见。

2.男性和儿童头部比例画法

在描绘时装效果图男性头部时,要突出俊朗、刚毅、有型的气质,线条表现方硬、有力、结构明显、棱角分明。在比例上与女性接近,不同的地方是强调骨骼的结构特征,眼睛不要太大,眉毛要画得粗黑浓重，倾斜角度较小，嘴唇宽厚较方，唇线不要勾得太完整，周围可以画些胡子，用来强调男性特征，鼻子较大，颈部粗壮，喉结突出。发型通常较短，不像女性变化多样，重点画出大的轮廓，再用线条表现头发的块面即可。

儿童脸部的描绘重点刻画可爱活泼的特点，婴幼儿期儿童的头部总体特征是额头大，脸型胖嘟嘟，五官集中，脸颊多肉，眼睛大而圆，黑眼珠大而明亮，嘴巴小巧唇薄，唇线不要画得太粗，鼻子小且塌鼻梁，眉毛清淡，头发稀少细软且短，脖子短而细。眉毛在头长的1/2处，鼻底在眉毛到下颌的1/2处，眼睛在眉毛至鼻底的1/2处，嘴在鼻底到下颌的1/2处。学龄期儿童与婴幼儿期相比，额头比例逐渐减小，脸型变长，眼睛大，鼻梁开始显现，嘴巴和耳朵也增大，眉毛变得浓密，增加男女性别差异。不同性别年龄的头部对比见图3-2-19。

图 3-2-19　男、女、童头部对比

二、手的画法

手是人的第二种表情，好的刻画会使时装画增添光彩。画人难画手，由于手的结构复杂，运动灵活，很多人畏惧画手，要想画好手就要了解手的结构造型，多加练习，还要掌握手的绘画规律。手是由手腕、手指和手掌组成的，掌骨5根，指节骨14根，指骨又分为基节、中节和末节。正面手的手掌和手指比例接近1∶1，背面手的手指和手掌比例接近4∶3。手的长度接近于脸的长度。手从侧面看是坡形，手掌上厚下薄，手指也是基节粗末节细。为了表现时装画中修长的手，可以适度夸张手指的长度，女性手指可以刻画得纤细、修长、柔软，不要画得太小，关节可以简化，从细节上可以适当省略三节手指变成两节，合并中节和末节，长度和基节保持一致，比例和基本结构要准确，也可以将不太重要的并拢的中指和无名指画成一个整体，但要保证两指的宽度，着重表现整体姿势的优雅。男性的关节较明显，棱角分明。时装画中手的描绘画法见图3-2-20。

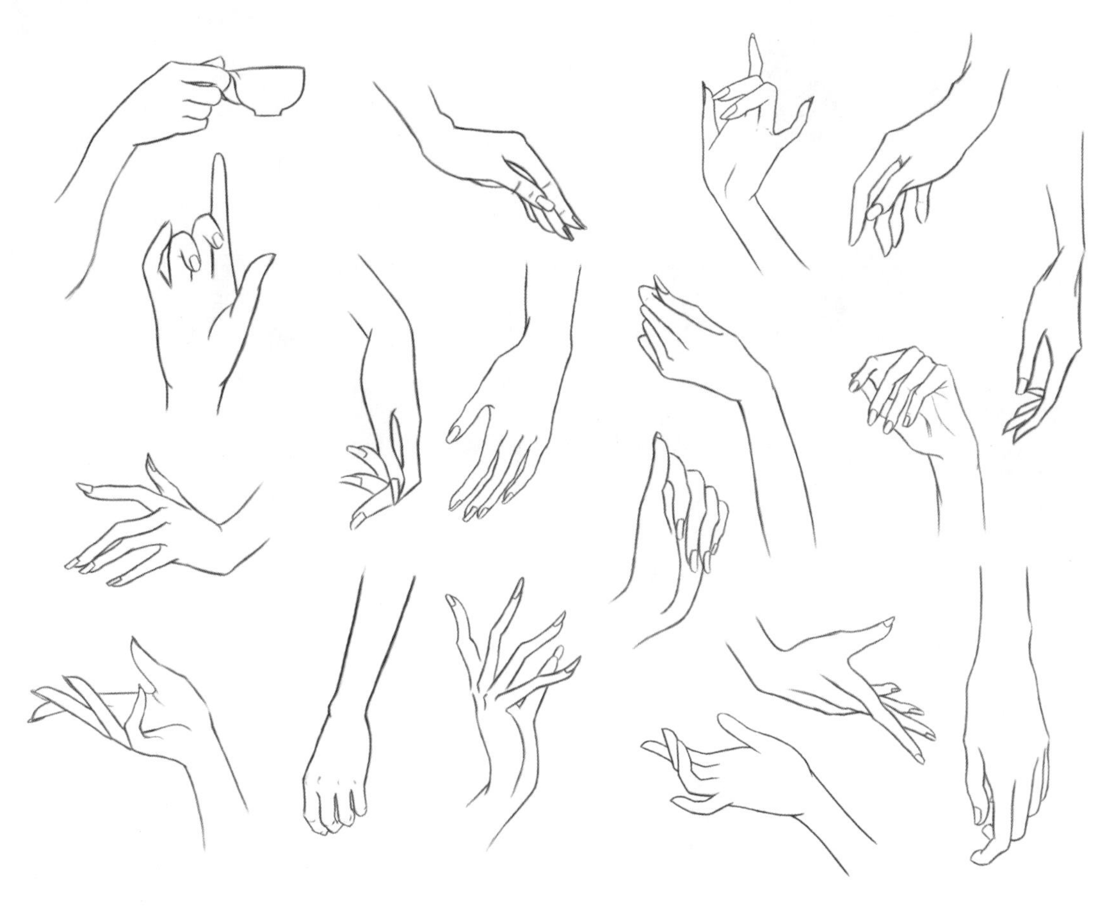

图 3-2-20 手的各种姿态

三、脚的画法

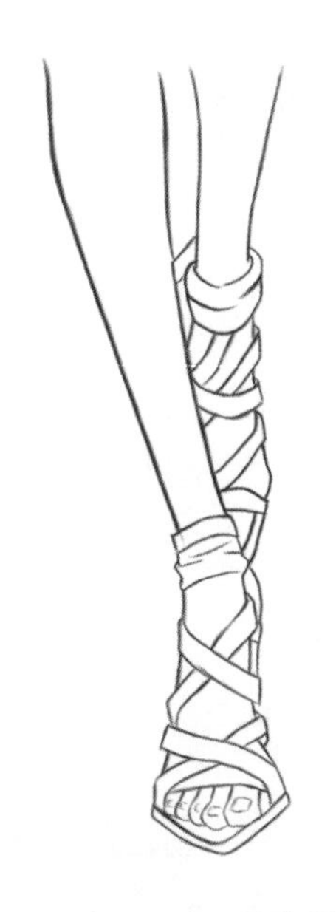

图 3-2-21 脚与鞋

脚承受人体的全部重量，是人体站立及行走的支撑点，脚为脚踝、脚掌、脚跟和脚趾几部分。在画脚时要注意脚踝内高外低，脚掌部分内侧较直外侧较斜，脚的长度和头的长度相等，正面的脚由于透视变形，其长度被缩短。时装画中的脚一般都是穿着鞋的状态，和鞋一起描绘（图3-2-21）。正面、半侧面、侧面、后面平跟与高跟脚和鞋的画法见图3-2-22~图3-2-25。

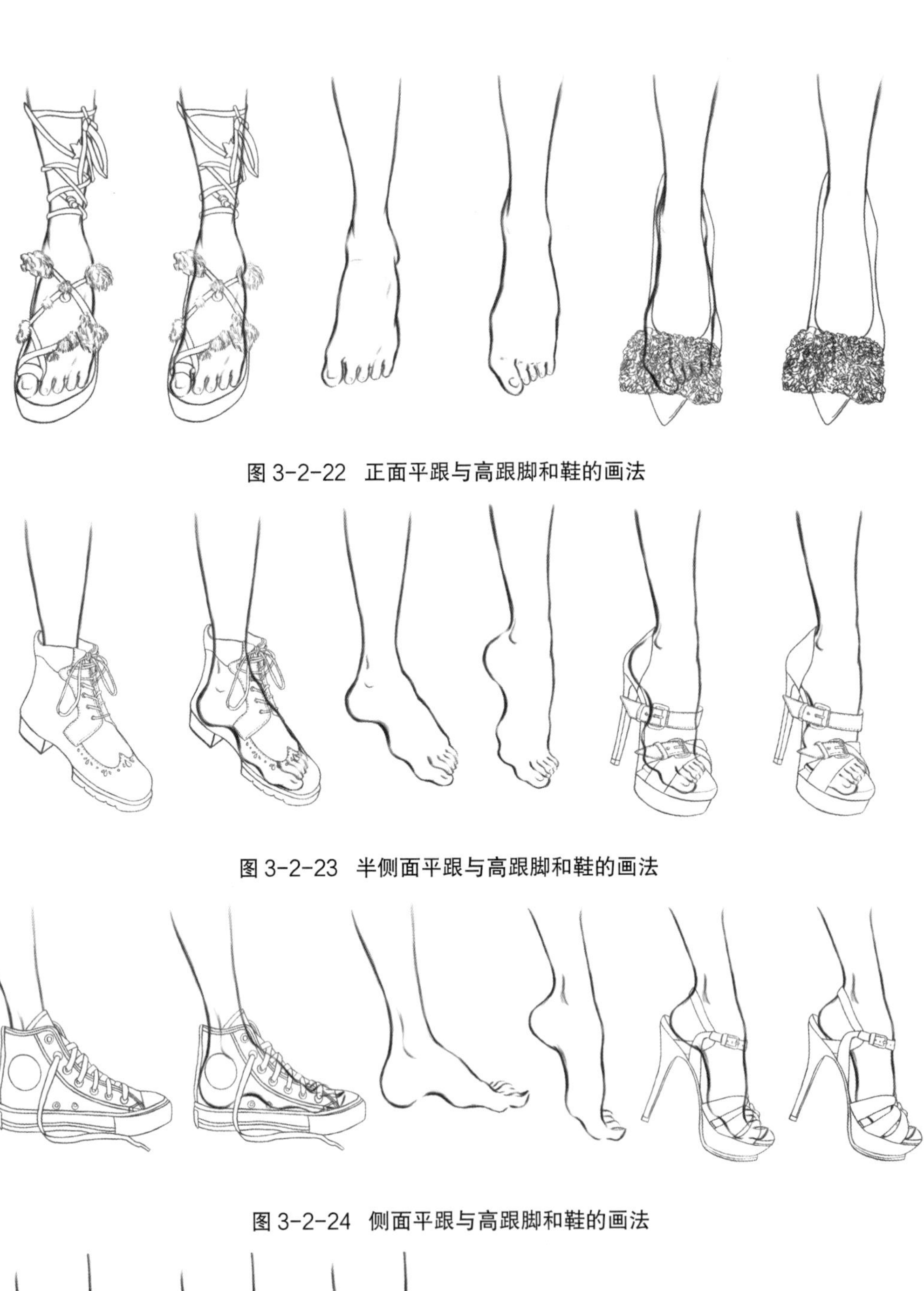

图 3-2-22　正面平跟与高跟脚和鞋的画法

图 3-2-23　半侧面平跟与高跟脚和鞋的画法

图 3-2-24　侧面平跟与高跟脚和鞋的画法

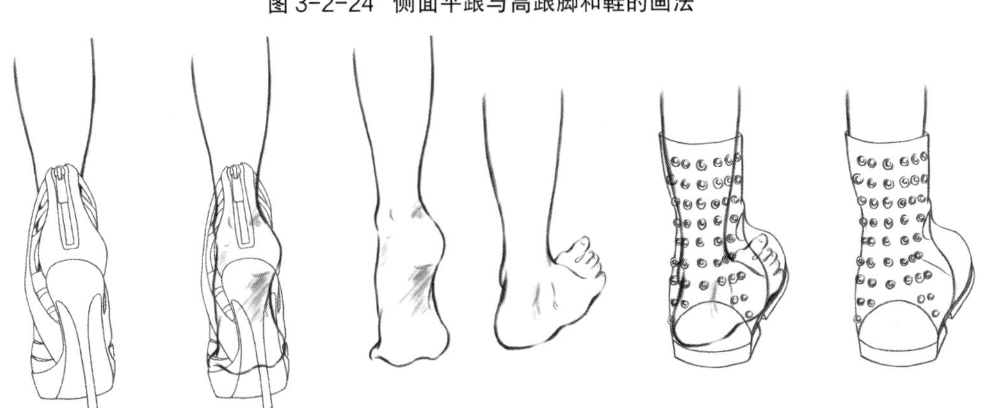

图 3-2-25　后面平跟与高跟脚和鞋的画法

任务实施实训内容

实训一:临摹绘画女性头部

实训任务指导:学习画好头部的最好办法是多临摹,并且熟记背过,记住不同角度透视的造型。对于时装画头部的表现并没有固定的模式,我们可以在写实的基础上加以提炼,在绘画习惯和表现上建立起自己的风格。头部的草图应当按步骤进行,首先画出椭圆的蛋形作为脸型,在下颌处稍尖一些,椭圆形的水平中线接近于眼睛的位置,之后确定发际线,根据发际线按照三庭的比例,找到眉毛、鼻子的位置,唇裂线的位置在鼻底和下颌的上1/3位置,耳朵在眉毛和鼻底之间(图3-2-26)。

图 3-2-26　女性头部绘画

实训二:临摹绘画男性和儿童头部

实训任务指导:男性的头部比例参照女性来画,要画得脸颊方硬,轮廓清晰,用直线,画法要简略。男性嘴唇趋向扁宽,唇线不易画实,唇裂线是很重要的,如果想简略画嘴,只画这条线即能表达。男性的鼻子比女性粗大,适当刻画鼻骨和鼻翼。儿童的头部应该画得圆,胖胖的脸颊,大大的眼睛和额头,小小的嘴。男性和儿童头部绘画见图3-2-27。

图 3-2-27　男性和儿童头部绘画

实训三:临摹绘画各姿态手姿

实训任务指导:手的变化非常丰富,在练习时我们可以从一些常用的角度、姿态开始练习,熟练之后再逐渐掌握更多的角度。手的表现一般采取概括手法,先画出大轮廓,再画出小的细节,最后准确地画出正确的造型,但无需像画素描那样细致刻画骨骼肌肉细节。侧面和斜侧面的手比较常用,而且相对好画一些,我们可以把常见的手型练习默画出来,这样就可以在时装绘画中根据角度直接画出来了。常见手的描绘见图3-2-28。

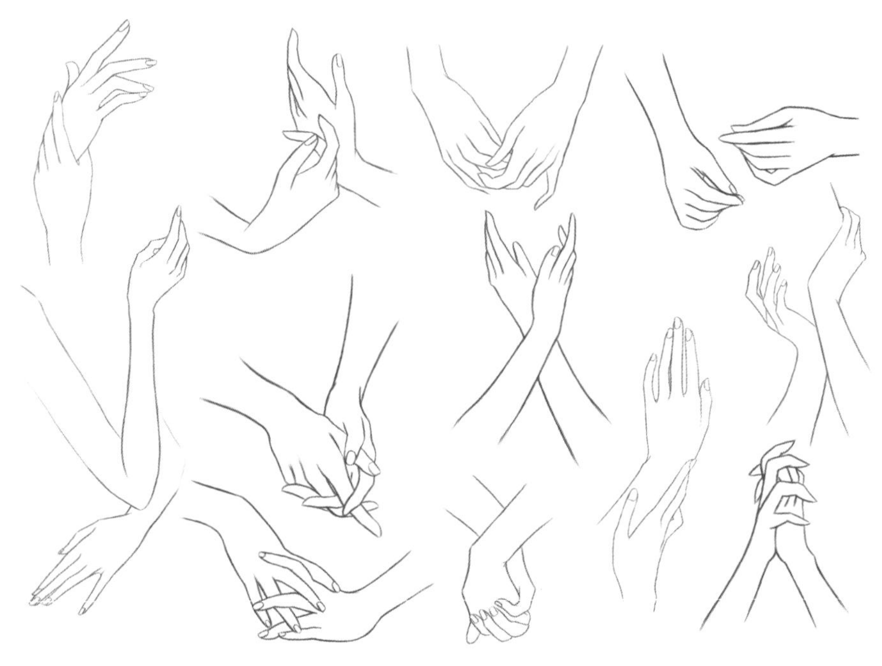

图 3-2-28　手势描写

实训四:临摹绘画各姿态脚与鞋

实训任务指导:脚和鞋的表现主要是各个角度的透视,鞋子要穿在脚上,要考虑脚的结构。在画穿鞋的脚时,可以先勾出脚的大体立体结构,然后将鞋子附着其上,明暗、形状、透视应与脚的结构保持一致,这样鞋子就会合理地穿在脚上了。露趾的鞋子要将显露部分的脚趾画上,注意脚趾的厚度和脚指甲的造型处理(图3-2-29)。

图 3-2-29　脚与鞋的绘画

任务拓展

1.绘画各透视角度头部。

案例:

在时装画中,根据需要,头部的表现呈现不同的透视角度,五官也因此有正面、侧面、仰视、俯视的变化。仰视的头部耳朵位置下移,低于眼睛和鼻子的位置,同时"三庭"位置也发生明显的改变,鼻底到下颌的距离增大,鼻梁缩短,发际线到眉毛的距离变得最短,能看见完整的鼻头和鼻孔,上唇显得丰厚,唇的弧线向上弯曲,嘴角上翘,眼睛和鼻子也呈上弧线,脖子显露的面积增强。而头部俯视时,发际线和眼睛的位置降低,额头面积增大,下巴遮住了脖子的大部分,耳朵位置上移,高于眼睛和鼻子的位置,鼻子与嘴唇的距离变得更近，嘴巴显得更小，嘴唇和眼睛的线条向下弯曲，上唇显得比较薄，嘴角略微向下，鼻梁被拉长，只能看到鼻梁和鼻翼，看不到鼻孔。脖子的扭动会使人物不会显得呆板，适当拉长颈部曲线会使女性更有魅力。扭动的仰视、俯视头部和有力量的颈部曲线会使服装画显得生动。多观察发现漂亮的、富有个性的人物造型，多尝试不同表情、不同风格、不同透视的头部习作。头部的透视变化案例见图3-2-30。

图 3-2-30　头部透视变化

2.搜集模特各种风格的头部特写，并摹写绘画。

3.自己变换各种手姿并把它拍下来进行手的绘画摹写。

4.给正面和侧面的脚添加各种款式的鞋子。

任务评价

表 3-2-1 任务评价表

<table>
<tr><td colspan="2">学习领域</td><td colspan="4">服装设计基础</td></tr>
<tr><td colspan="2">学习情境</td><td colspan="4">服装与人体造型绘画</td></tr>
<tr><td colspan="2">任务名称</td><td colspan="2">服装人体局部绘画</td><td>任务完成时间</td><td></td></tr>
<tr><td colspan="2">评价项目</td><td>评价内容</td><td>标准分值</td><td>实得分</td><td>扣分原因</td></tr>
<tr><td rowspan="10">任务分解完成评价</td><td rowspan="7">任务实施能力评价</td><td>人物局部比例绘画准确</td><td>10</td><td></td><td></td></tr>
<tr><td>人物透视正确</td><td>10</td><td></td><td></td></tr>
<tr><td>各部位刻画美观，体现人物个性特征</td><td>10</td><td></td><td></td></tr>
<tr><td>线条绘画流畅</td><td>10</td><td></td><td></td></tr>
<tr><td>细节刻画细致</td><td>10</td><td></td><td></td></tr>
<tr><td>画面干净</td><td>10</td><td></td><td></td></tr>
<tr><td>画面构图美观合理</td><td>10</td><td></td><td></td></tr>
<tr><td rowspan="3">任务实施态度评价</td><td>任务完成数量</td><td>10</td><td></td><td></td></tr>
<tr><td>学习纪律与学习态度</td><td>10</td><td></td><td></td></tr>
<tr><td>团结合作与敬业精神</td><td>10</td><td></td><td></td></tr>
<tr><td rowspan="3">评价结论</td><td>班级</td><td></td><td>姓名</td><td></td><td>学号</td><td></td><td>组别</td><td></td><td>合计分数</td><td></td></tr>
<tr><td>评语</td><td colspan="9"></td></tr>
<tr><td>评价等级</td><td></td><td>教师评价人签字</td><td></td><td>评价日期</td><td></td></tr>
</table>

知识测试

1.什么是“三庭五眼”？

2.正面的头部呈什么形状？

3.耳朵在脸中的位置结构？

4.眼睛各部位的名称有哪些？

5.正侧面的嘴唇呈什么形状？

6.正侧面头部的长宽比是多少？

7.唇部各部位的名称有哪些？

8.手的简化画法包括哪些？

任务三　服装人体绘画实训

任务描述

人体是学习服装画技法中最为重要的基础，服装画中的人体是在遵循人体结构的基础上，进行艺术变形与夸张后产生的美的艺术形体。服装的人体是唯美的、理想化的，但又不失自然人体体型特征。服装人体的绘画任务是解决人体的比例、结构和动态，了解和掌握时装画人体的基本特征和绘画技巧。

任务目标

1.通过观察，了解服装人体的特征和比例关系。

2.熟练掌握人体的动态变化规律。

3.用铅笔勾勒临摹各种角度动态的女人体、男人体和儿童体。

4.熟练默画几种常用人体姿态。

任务导入

服装效果图和时装画是设计师表现设计作品和个人风格的一种艺术形式，画好服装效果图，是进行服装设计工作所必需的基本功，而服装效果图必备的要素是人体和服装的绘画。熟练掌握人体的绘画是画好服装效果图的第一步。

任务准备

绘画工具：铅笔（HB~2B）、自动铅笔（0.5）、橡皮、壁纸刀、速写本（纸）。

资料：搜集体操、舞蹈、模特走秀等表现人体动态、节奏、韵律美的图片。

必备知识

一、服装人体比例

人体美是人类艺术长廊中经久不衰的主题，人体美体现在各部位的比例关系。

服装画中的人体是一种经过提炼和概括的、夸张理想化的人体比例，具有一定的标准化概念，是区别于现实的自然人体。中国民间流传绘画人体比例的秘诀是“行七坐五盘（蹲）三半”，也就是身高以头长为基本的比例单位，现实中的人基本比例是行走站立时七个半头高，坐时五个头高，盘腿坐和蹲着的时候三个半头高。美学家和社会学家在长期的实践研究中，总结八头身的人体是最优美的。我国古代的敦煌壁画很多都是这种比例关系。西方传统也把八头身作为标准的身材，比如美神维纳斯雕像高是215cm，头长是27cm，基本就是八头身的标准比例。而服装画人体为了增添修长轻盈的视觉感受，一般采用8个头半以上理想的人体比例，有时为了达到特殊的夸张效果，人体的高度可以在10个头高以上，主要通过加长腿部、颈部以及手臂来改变人体比例，躯干部相对加长的幅度要小一些，但也应该适度地加长，不可光一味地加长腿部，这样会使比例严重失调，失去真实感。小腿也可以相对大腿部稍长一些，看上去更加有时尚感。夸张人体的目的在于视觉化地展现设计者的创作意图，突出服装，满足人们视觉审美需求，具有强烈的主观意识和表现形式，同时具有概念化和平面化的唯美倾向。对于初学者不要急于大比例地夸张和变形，也不要急于绘画奇特、幅度大的人体姿态，应从基本的时装画人体比例画起才不容易出错。本书采用常用的9个头长人体比例（图3-3-1）。

正面九头身人体比例

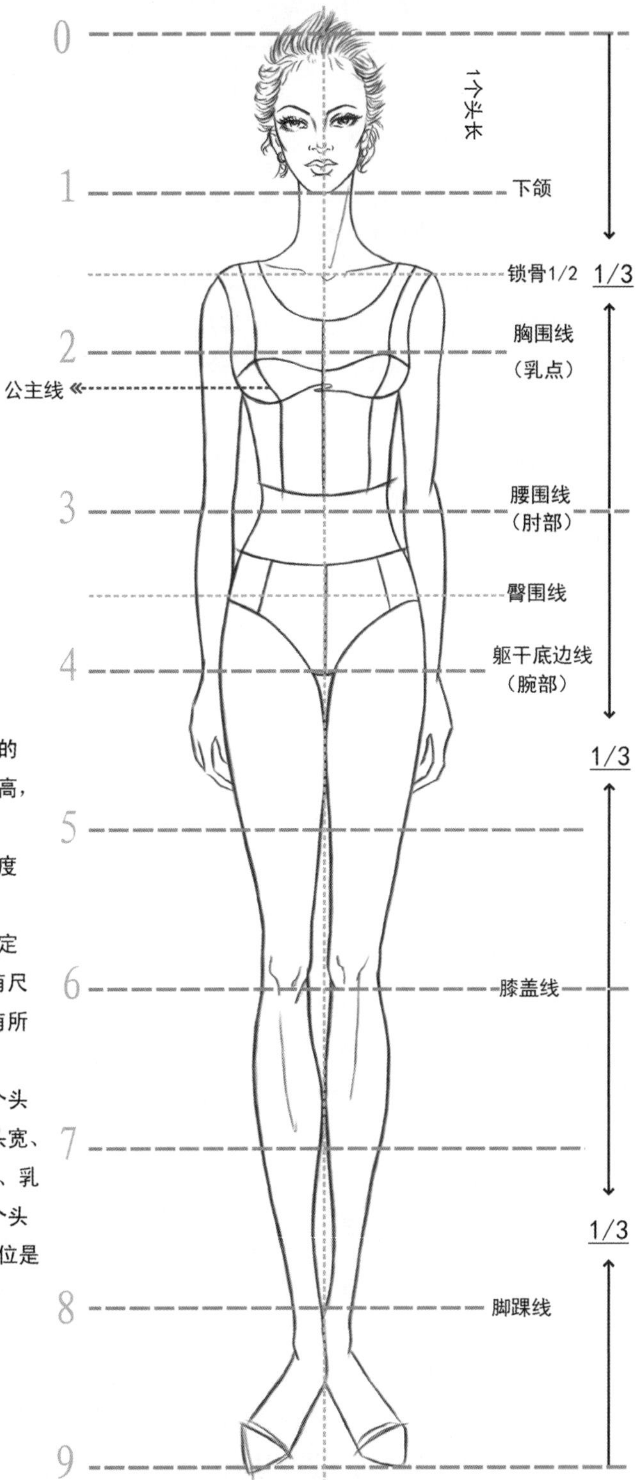

服装人体的比例并不等于真实人体的比例，真实人体的比例大多在7个半头高，而服装人体的比例则在9个头高以上。

画时装人体时，头部的长度是作为度量的单位。

时装人体是设计师根据需要自己确定的，本书以九头身时装人体为例，所有尺寸都是参考值，并且每位设计师都会有所调整。

女性身体较窄，其最宽部位大约两个头宽；颈部宽为头宽的1/2；肩宽为2个头宽、腰宽为1个头长、肚脐位于腰线稍下方、乳头位置距肚脐约一个头长；臀宽1．5个头长，9头以上服装画人体，主要加长部位是脖子和腿部，其余部位变化很小。

图 3-3-1　正面人体比例

二、服装人体动态变化规律

（一）人体的重心平衡规律

人体是服装的载体，人体动态是展现服装设计作品不可或缺的组成部分，在学习时装画时，最基本的就是要将人体的动态画好，通过出色的人体动态来烘托时装设计的最佳艺术效果。人体的动态变化万千，要画好人体动态必须了解人体的重心平衡规律。

1.重心

一个站立的人体，无论动势是屈伸、向前、向后，或向左、向右，身体都能够保持平衡，这都是因为我们人类掌握了重心的缘故。重心就是人体重量的中心，人体各部位重力集中点。美国的乔治·伯里曼在《伯里曼人体结构绘画教学》一书中这样生动地形容人体重心，“某种意义上讲，静态站立着的人体如同垂直悬挂的摆钟，他和这个钟表一样是静止不动的，当钟摆成弧形左右摆动时，它的重心总是固定不变的。钟摆从重心处呈弧形摆置两侧的极限位置，其远离重心的程度，正相当于人体远离平衡的程度。这个位置体现了最大的运动角度。”人体静止时，重心静止不动。运动时，也就是人体在行走奔跑时，重心也随之移动，也就是通过不断地转移重心使自己不断地移动。重心是人类在地球引力的作用下保持身体平衡的平衡点。

站立人体的重心位于锁骨窝处，坐着的人体重心位于盆骨正中，人体运动重心也会随着人体运动而变化。

2.重心线

由人体的重心向地面所引的一条垂线就是人体的重心线。

3.人体的支撑面

人体的支撑面是指两脚所确定的平面或两脚和支撑点之间所确定的平面。

研究人体的动态，就必须要掌握人体的重心、重心线和支撑面对人体动态平衡产生的影响。人体的平衡就是重心的把握，是人体重量的均衡分配。人体的重心线一定要落在人体的支撑面以内，人体才是平衡的。一个站立的稍息状态的人体，重心线应落在承重脚一侧，承受重量的脚正好在颈窝也是人体重心点的正下方，承重腿是直的，不可以弯曲，并且这一侧的髋骨一定是提起的，放松脚的一侧是自由的，可以弯曲。根据重心平衡规律我们可以塑造各种动态的人体，在时装画的表现中，人体的动态表现是很重要的，恰到好处的人体动态能很好地展现服装的款式风格（图3-3-2）。

（二）人体的基本结构

人体的基本结构可以概括为“一竖线、二横线、三体积、四肢”（图3-3-3）。

“一竖线”是指人体的中轴线即脊柱线，是人体的中心对称线，正面直立的人体，“一竖线”是垂直于地面的直线。侧面、扭转、动态时的“一竖线”就变成了曲线，“一竖线”的确立即是确定了人体的中轴线，随着转体，“一竖线”也转向了侧向的一边。“一竖线”决定了人体的总体动态，也称为人体的动态线。动态线和重心线不是一条线，只有在正面直立状态下的人体，动态线和重心线是重合的。动态线的确立是人体动势变化的依据，是动态人体的骨架线。由于透视原理由动态线将人体分成两部分，近的一侧面积大，远的一侧面积小，正侧面的“一竖线”在外侧边缘。

“二横线”是指两肩之间和两髋骨之间的两条连线，正面直立的人体“二横线”是平行的，人体动态或转动时“二横线”是倾斜的，倾斜方向是相反的。所以二横线体现出的状态可以用“>”“=”“<”来表示。动态曲线和二横线是垂直状态，膝围线和髋骨连线是平行的，即承重腿一侧髋部提起，肩部落下，躯

图 3-3-2 人体动态变化规律 1

干部压缩，膝盖也是高于放松腿一侧的（图3-3-2）。

“三体积”是指头腔、胸腔、腹腔三块体积。人体中的“三体积”是固定在脊柱上的。当人体运动的时候，它们可以摆出一定程度的倾斜、俯仰、扭转的不同状态，当三个腔体扭曲旋转时，腔体之间左右的长度会变长、缩短或成螺旋状。它们在人体的扭转中互成夹角，其中胸腔和腹腔倾斜角度是表现动态的关键。人体扭动的优美曲线是依靠这两个腔体的两侧对比变化表现的。伯里曼又将这种运动规律形容成正在拉奏的手风琴，当人体一侧产生棱角分明、刚劲有力的动态时就像用力着的手风琴琴叶一样，用力把形状的两侧往中间挤压，结果产生了动态和相对剧烈的一侧，而相反一方褶皱会变得稀松，动作会变得柔和，幅度平缓。

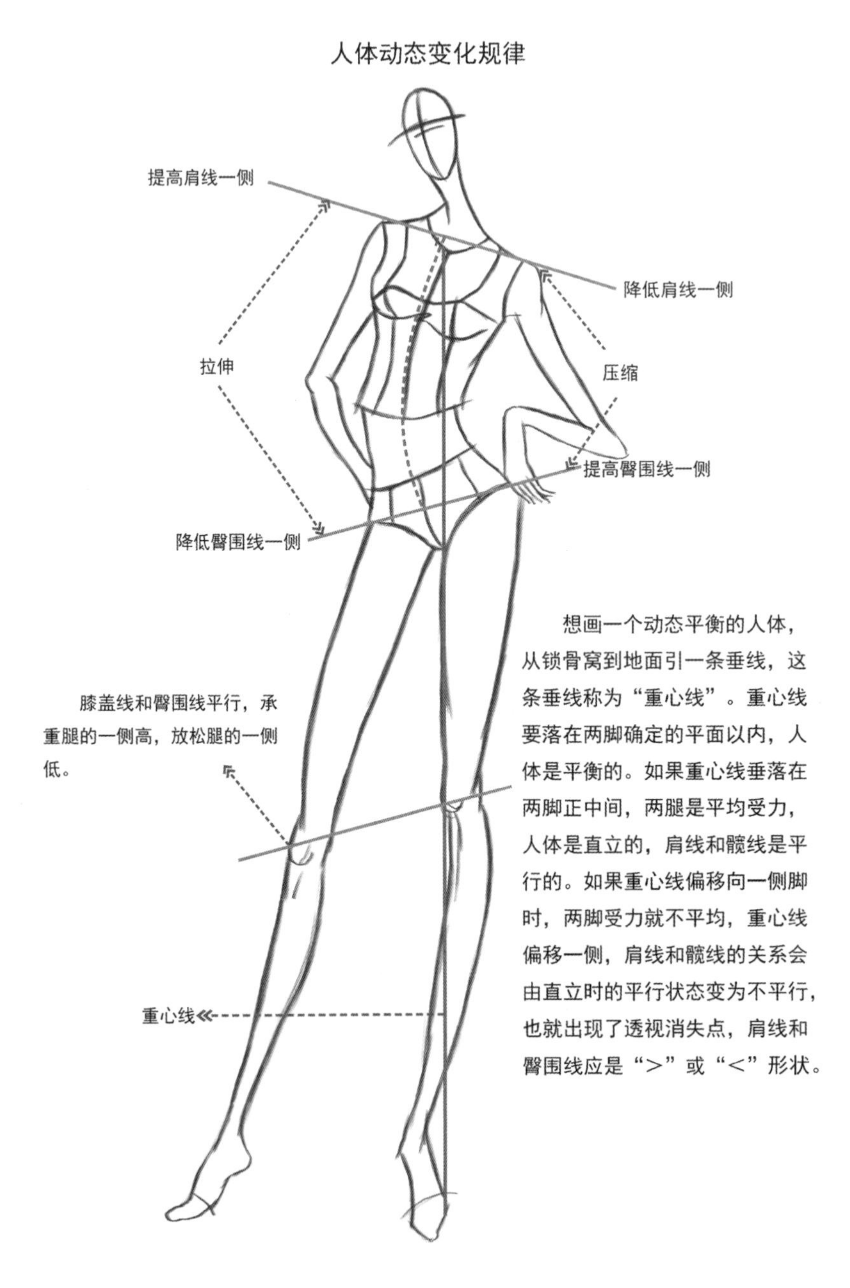

图 3-3-3　人体动态变化规律 2

任务实施实训内容

实训一:绘画各个角度人体动态草图

实训任务指导:在时装画的艺术领域里,画好人体是学习时装画的基础。临摹各个角度的人体动态草图,熟悉人体动态变化规律,并尝试把他们默写下来。时装人体主要以时装的表现为目的,一些特殊的角度动势比如弯腰、跳跃等较大幅度的透视,可以不作为学习的重点,我们只重点表现模特的站姿和走台的姿势即可。常用的服装人体动态主要是站立姿势的正面、侧面和半侧面。绘画草图时要认识模特姿势的根本表现方式,了解模特的姿态、身体的扭转和各个部分比例,并用简单的线条将这些画下来。用一系列的草图来表现,可以让你的眼睛更尖,手更快。进行这样的练习可以让你掌握各种各样的表现技巧。从常用的人体动态开始摹写,逐渐地绘画多角度、多姿态的人体动态造型,再进行夸张和提炼,服装画的感染力才会更唯美和有时尚感。人体站立的动势在一般情况下,人体的重心落在一侧的脚上,表现时应注意肩线和髋线倾斜的角度是相反的透视关系。服装画人体以简洁、概括为准则,无须用繁琐细碎的笔触表达明暗和立体感,绘画者需要把注意力集中在线条的表达上 (图3-3-4~图3-3-6)。

图 3-3-4 人体动态变化草图 1

图 3-3-5　人体动态变化草图 2

图 3-3-6　人体动态变化草图 3

实训二:绘画正面角度女人体

实训任务指导:女人体脖子细长,锁骨明显,肩膀窄小,腰节细长,盆骨较宽。边线勾画的基本方法是按照自上而下,先中间后两边的顺序,左右对称着进行绘画。为了避免正面角度的人体显得呆板,可以将头、颈、肩和四肢的朝向灵活转动一些角度和方向。绘画时首先画一条竖线,定出模特在纸上的大小,然后将这条竖线平均分成9等分,定出头高,确定了头高,用它决定人体横向和纵向的比例关系。最好一开始用笔轻轻勾出一张草图,可以先用线条整体地画出各部位的基本形状走势。基本的外形确定之后,可以深入地刻画五官和细节,用清晰、简洁的线条画出模特的轮廓,没有明暗调子,没有光彩变化,只有简单的线描,线条要连贯流畅 (图3-3-7)。

图 3-3-7 正面人体

实训三：绘画3/4角度女人体

实训任务指导：3/4角度的服装人体，不仅可以清楚地表达出服装的前面和侧面，还能够表达服装的立体效果，因此半侧面服装人体的动态也是进行服装创作时的常用人体动态。在绘画时前中心线的确定起到关键作用，跟正面人体有所不同了，在位置上要靠近离观者远的一侧，同时要考虑近大远小，近的一侧要留出足够的正面和侧面的宽度空间（图3-3-8）。

图 3-3-8 3/4 角度人体绘画

实训四：绘画侧面和背面角度女人体

实训任务指导：侧面人体不是很好画，侧面女性人体是S型，胸部和臀部特别突出，腹部微微鼓起。头和颈的关系要处理正确，大腿和小腿向后倾斜的角度要舒适，重心要稳。人体的侧面前中心线和后中心线与轮廓线完全重合。背面人体肘关节突出，膝关节凹陷。随着人体的扭动，脊柱会呈现动态的优美曲线（图3-3-9）。

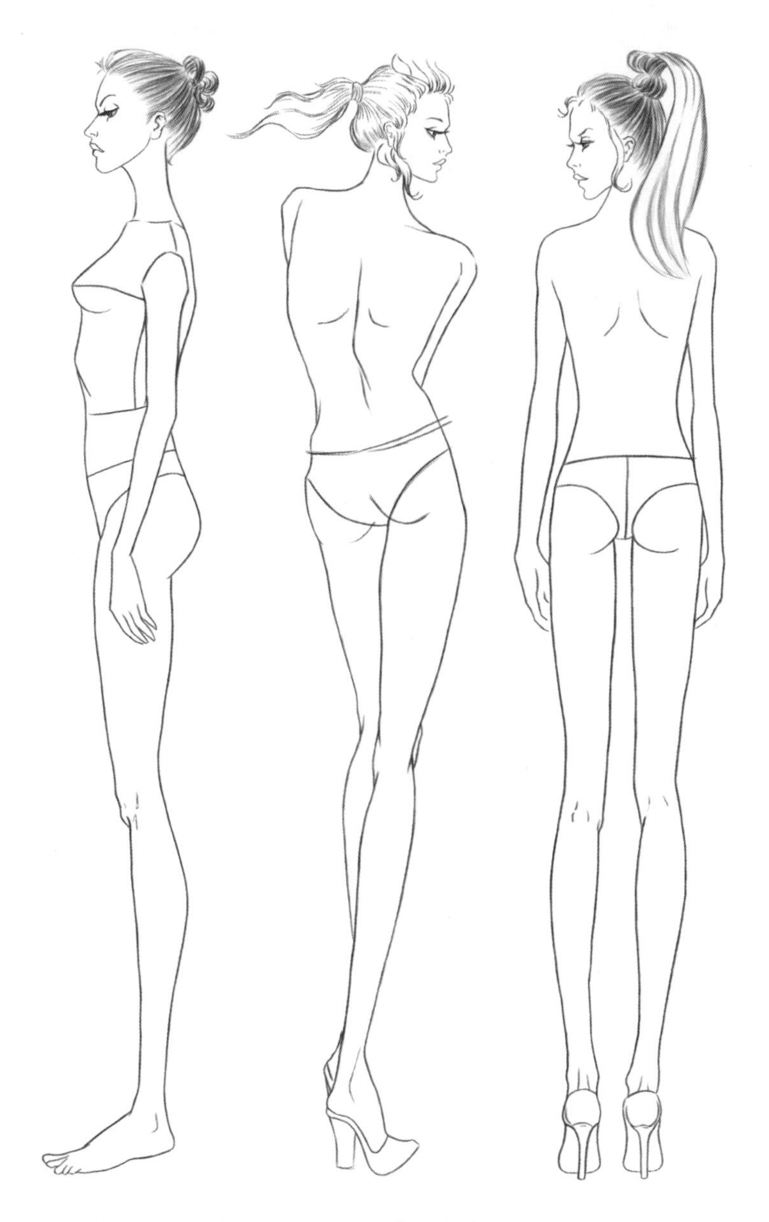

图 3-3-9 侧面和背面人体绘画

实训五：绘画男人体、儿童体

实训任务指导：

1. 男体特征及画法

服装人体中的男人体的勾画和表现，是以女人体的画法为基础的。如果具备了勾画女人体的基础和经验，只要再了解一下男人体的比例和体态特征与女人体有哪些不同，就能很好地把握和勾画出男人体。女性强调苗条、修长的身材，纤细的颈部和腰身，流线的曲线，并强调胸部和臀部的描绘。男人体的特征与女人体相比，躯干部是主要的区别，男人体有较宽的肩膀和较窄的骨盆，呈倒梯形。而女人体正好相反，有较窄的肩膀和较宽的骨盆，呈正梯形。特别明显的是男女乳房造型的差别。女子胸部隆起，使外形起伏变化较大，曲线较多；男子胸部则较为平坦。肩部一般为两个头长，腰部略宽于一个头长，臀部为一个半头长。刻画男人体主要体现在身材魁梧、肌肉结实、胸膛宽厚、四肢粗壮、颈粗短、肩阔、臀窄、腰长、髋低、手脚宽大，以及男性的力度和阳刚之气上，可以对三角肌、肱二头肌、胸大肌、腹直肌以及腿部肌肉做少量的描写，有时可以故意保留草稿的辅助线和修改痕迹，这样能够更好地烘托男性的粗犷阳刚之美。男性的正侧面依然保持倒三角形的状态，胸腔部分最厚重，腹部平坦，臀部凸起但面积较小。走动时的男人体肩部摆动大于臀部摆动（图3-3-10、图3-3-11）。

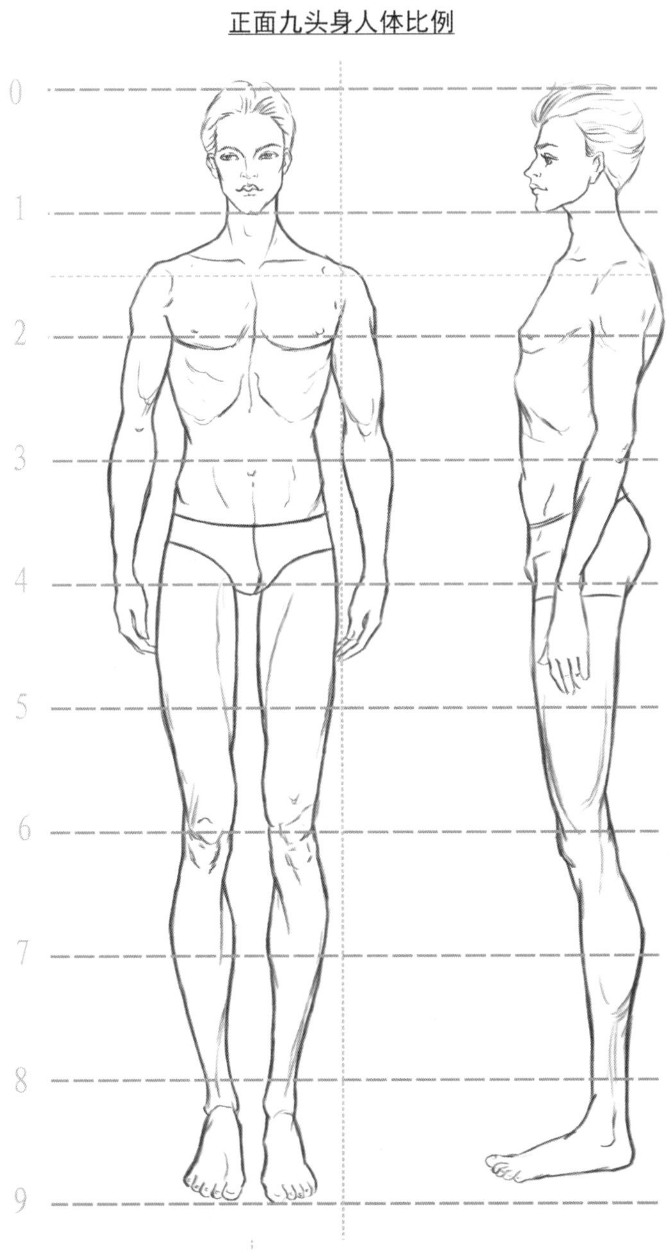

正面九头身人体比例

0
1
2
3
4
5
6
7
8
9

图 3-3-10　男人体绘画比例

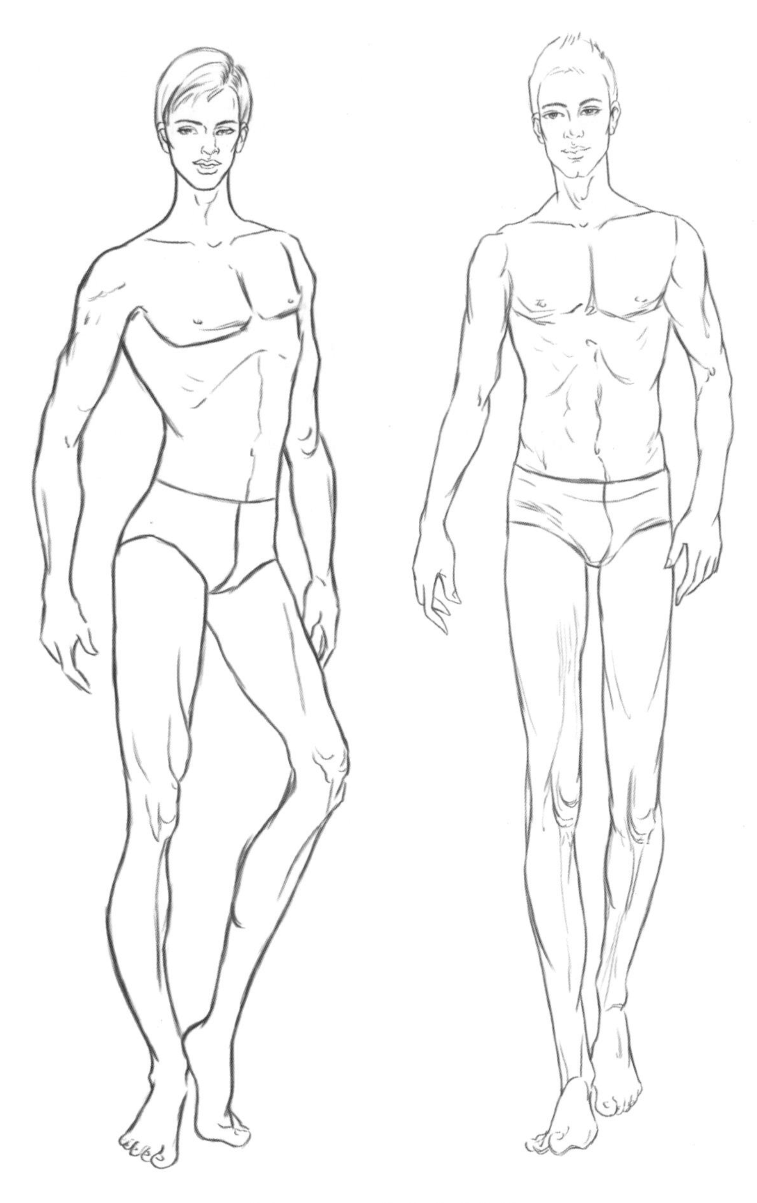

图 3-3-11 男人体动势绘画

2.儿童体特征及画法

由于服装是包装人体的，所以研究人体体型的发育变化规律对于从事服装设计者来说是必不可少的。从新生儿开始，人的体型就在不停地发育变化之中，而在不同的年龄段，人的体型是有各自特点的，进行服装设计时这些特点是需要考虑的要素之一。

儿童的成长阶段可分为婴幼儿期、学龄期、青少年期三个阶段。这三个时期的儿童体在比例上有很大的差异。时装画的儿童体在画法上与成人体有区别，儿童体一般不需要夸张比例，与真实的童体比例一致即可，重点表现孩子天真活泼可爱的特点。

（1）童体的特征

童体的主要特征是头大颈短、无腰、凸腹、四肢短粗、手脚浑圆。因而，在勾画童体动态草图时，是以圆形为基本形来体现儿童体态特征的。

（2）比例关系

婴幼儿期：0~6岁时，大约4~5个头高，肩宽略大于一个头长，腰宽大于臀宽。头大而圆，颈短，肩窄，四肢手脚短小而且胖，骨点位置都是小坑，挺腰，腹部圆滚，腰围大于胸围和臀围，五官占据1/2的脸部，圆圆的小鼻子，鼻梁凹陷（图3-3-12，图3-3-13）。

学龄期：7~12岁时，大约6个头高，与婴幼儿期相比头部增长速度缓慢，身高逐渐增长，身体结实，四肢增长，手脚增大，臀腰差开始明显，臀宽略大于腰宽，腹平腰细，颈部开始增长，肩部逐渐增宽（图3-3-14）。

青少年期：13~17岁时，大约7个头高，脸部清瘦，身高迅速增长，颈部、四肢细长，手脚变大并有骨感，肩宽小于1.5个头长，臀宽大于腰宽。男女性别差异逐渐增大，女孩子胸部开始隆起，腰部变细，臀部凸出，身体呈现曲线美。男孩开始长胡须，肩膀宽平，身高、体重、胸围尺寸迅速增加，肌肉逐渐变得结实，他们有较长的腿和手臂，显露出膝、肘等部位骨骼。青少年时期思想逐渐成熟，对事物有自己的见解，喜好也会很明显，动态上往往表现为“小大人”，在表现上就不能过于可爱了（图3-3-15）。

图 3-3-12 婴幼儿期人体比例 1

图 3-3-13　婴幼儿期人体比例 2

图 3-3-14　学龄期人体比例

图 3-3-15 青少年期人体比例

任务拓展

1.默画各种常用姿态的人体。

2.搜集图片，根据体操、舞蹈、模特走秀等表现人体动态、节奏、韵律美的图片，分析人体的运动特点，并根据图片绘画服装人体动态图。

案例：

提高人体绘画技法一个很有效的方法就是搜集时尚摄影或者走秀的人体动态，加以分析，从中发现丰富多彩的人体姿态，初学者可以根据这些图片为原型，用最少的线条并加以美化，表达丰富的时装画人物姿态，这样能迅速提高手绘技能。经过大量的人体动势练习后，积累了一定数量的姿态，我们就可以把它作为设计创作时勾画草图的模板加以使用（图3-3-16~图3-3-18）。

图 3-3-16 根据图片绘画人体动势 1

图 3-3-17　根据图片绘画人体动势 2

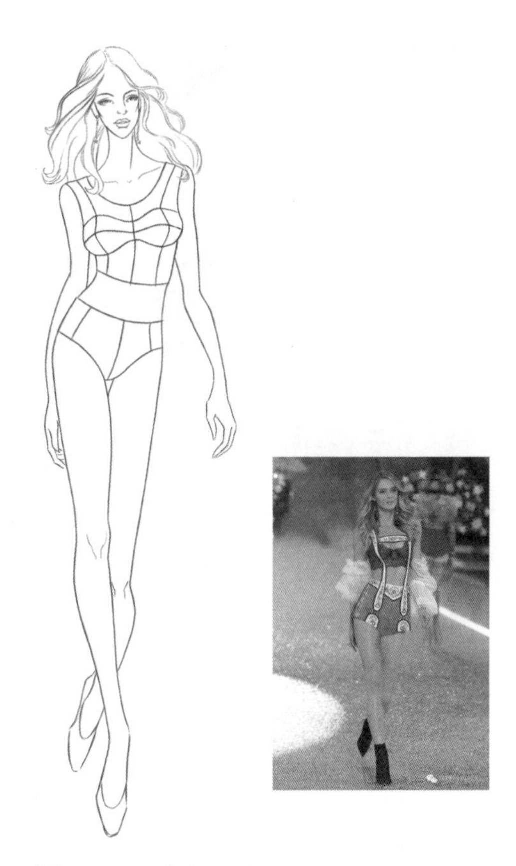

图 3-3-18　根据图片绘画人体动势 3

3.女性人体走路分解步骤。

案例：

模特儿展示服装最常用的动态姿势就是走台的动势，正面行走的姿态生动、气场十足，适合的服装类型比较广泛。一系列行走动作的描画是一次动作的全过程。行走时的女性人体臀部的摆动幅度要大于肩部的摆动幅度。人在走路时重心落在一条腿上，承重脚在颈窝的正下方，头和承重脚画在重心线上。承重腿一侧的髋部提高，另一条腿为迈出腿，由于抬起的透视变化，长度会变短，结构会变形。肩部随走路抬腿的幅度而决定，幅度小肩部可以保持不变，幅度大肩线会倾斜，方向和两髋骨连线相反，也就是髋骨提高的一侧，肩线会降低，这样身体会保持平衡（图3-3-19）。

4.绘画人体模板。

案例：

服装人体绘画技巧的提高需要日积月累地加以练习，当对一些常用人体姿态能够非常熟练地表达时，我们就可以将它们固定作为以后设计的模板了，为以后在人体上的着装设计提供简单快捷的一种方式（图3-3-20）。

图 3-3-19　走路动势步骤图

图 3-3-20　人体动态模板

任务评价

表 3-3-1 任务评价表

学习领域		服装设计基础			
学习情境		服装与人体造型绘画			
任务名称		服装人体绘画		任务完成时间	
评价项目		评价内容	标准分值	实得分	扣分原因
任务分解完成评价	任务实施能力评价	人体比例准确	10		
		人体透视正确	10		
		人体动态美观，符合运动规律	10		
		线条绘画流畅	10		
		细节刻画细致	10		
		画面干净	10		
		画面构图美观合理	10		
	任务实施态度评价	任务完成数量	10		
		学习纪律与学习态度	10		
		团结合作与敬业精神	10		

评价结论	班级		姓名		学号		组别		合计分数	
	评语									
	评价等级		教师评价人签字		评价日期					

知识测试

1.服装人体比例是以什么为计算单位？

2.绘画人体动势肩线和臀围线的关系是怎样的？

3.说出9头高服装人体的具体比例分配。

4.立正人体姿态两肩连线和臀围线处于什么状态？

5.各年龄段儿童体为多少头长？

任务四　人体着装绘画实训

任务描述

服装设计，也就是人体包装设计。我们对人体的结构、造型、动态规律和各部位比例掌握之后，就应将服装款式通过人体的着装动态效果表现出来。本教学任务是让学生利用线条的轻重、粗细、疏密和刚柔表达，对着装人体以及服装及衣纹整体地刻画。

任务目标

1.服装人体画中着装人体的刻画。

2.服装在人体上着装效果的刻画。

3.服装在人体表现上衣纹的刻画。

任务导入

服装造型和服装人体美是一个统一体。人体赋予服装造型以生命感，服装的魅力彰显着无限丰富的人体美。时装效果图的绘画目的在于服装款式的风格、造型和细节在人体上的表现，时装绘画的重点在于服装的外轮廓造型和款式细部的结构设计，以及面料的质感、服装的时尚感和整体配饰的完美表现。这正是时装绘画所要掌握的基本技巧。

任务准备

绘画工具：笔记本、画夹、铅笔（HB~2B）、自动铅笔（0.5）、橡皮、壁纸刀、速写本（纸）等。

资料：搜集走秀等表现人体动态、服装的图片。

必备知识

一、服装与人体的着装绘画

服装与体型的关系，要从画人体开始，进行着装绘画时要让人感觉到人体的线条，同时配合人体的动作，让服装表现得更加生动。服装效果图绘画重点是掌握服装的廓形和人体姿态以及服装款式之间的关系。

服装是包裹人体的，人体又是凸凹起伏的，而制作服装的面料又是柔软的，所以当服装附着在人体上时，因为重力的作用，服装会随着人体的结构自然下垂，这样就与人体的不同部位有紧贴与空荡的关系。在一般状态下人体凸出的部分，比如颈根、肩膀等部位，衣服是紧贴人体的，将衣服撑起来，是服装的纵支撑点；人体侧面突出的部分，比如背部、胸部、腹部、臀部等部位，衣服也是合体的，这些部位会将衣服支撑起来，服装会随着这些横支撑点垂下；除了支撑点以外的部位，比如乳下、腹股沟、踝、腕等部位，衣服处于空荡不紧贴的状态，但在人体运动时，人体关节部位如肘、膝、踝等部位服装是紧贴的（图3-4-1）。

服装是依据人体结构设计的，着装时人体的前中心线（也就是“一竖线”）是很重要的辅助线，它决定服装的前门襟线位置。同时腰节线也要很明确，以腰线突出女性形体轮廓，将服装上衣部分分成上半部和下半部，一般衣长也是参考腰节线确定的，这需要在视觉上达到比例平衡的和谐视觉效果。由于人体是立体有厚度的，以及人体着装后的空间感，服装的边缘线领口、衣摆、裙摆、袖口、脚口等都是下弧曲线，不可以画成直线。

服装廓形有合体式和宽松式，合体的部位要紧贴人体，服装的线条紧贴人体外边画就可以，人体线条一定画准确，这样服装款式的绘画才能准确无误。宽松型的部位比如宽阔的下摆，绘画时要注意下摆会随着人体的动势摆动，为了避免呆板，用线要流畅、自如、轻松，衣纹要疏密得当，避免长短、粗细、疏密一致。裙摆波浪线要画出里和面的关系。同时要考虑面料的质地，厚的硬挺的面料廓形大，线条硬，衣纹少，衣褶大；面料柔软、薄的质地的衣纹细密，纤长，柔软。

在选择人体时，时装画通常是选用站立姿态，姿态放松。休闲装和运动装可以选择动感大一些的姿势。如果要表现袖子的结构，可以选择四分之三角度的人体；如果要表现服装背部的特殊设计，可以选择背面人体角度，也可以多画一幅背部局部放大图，还可以通过背面款式图和文字说明的形式把款式表达清楚。

时装效果图中服装款式的表达不用像美术绘画中那样写实，可以用减法，用简洁、肯定、明确、流畅的线条表达服装款式，阴影并不是必要的表现手法，可以根据织物和款式的需要适当添加。纽扣、拉链、分割、工艺手段、服装款式细节应当重点表现。

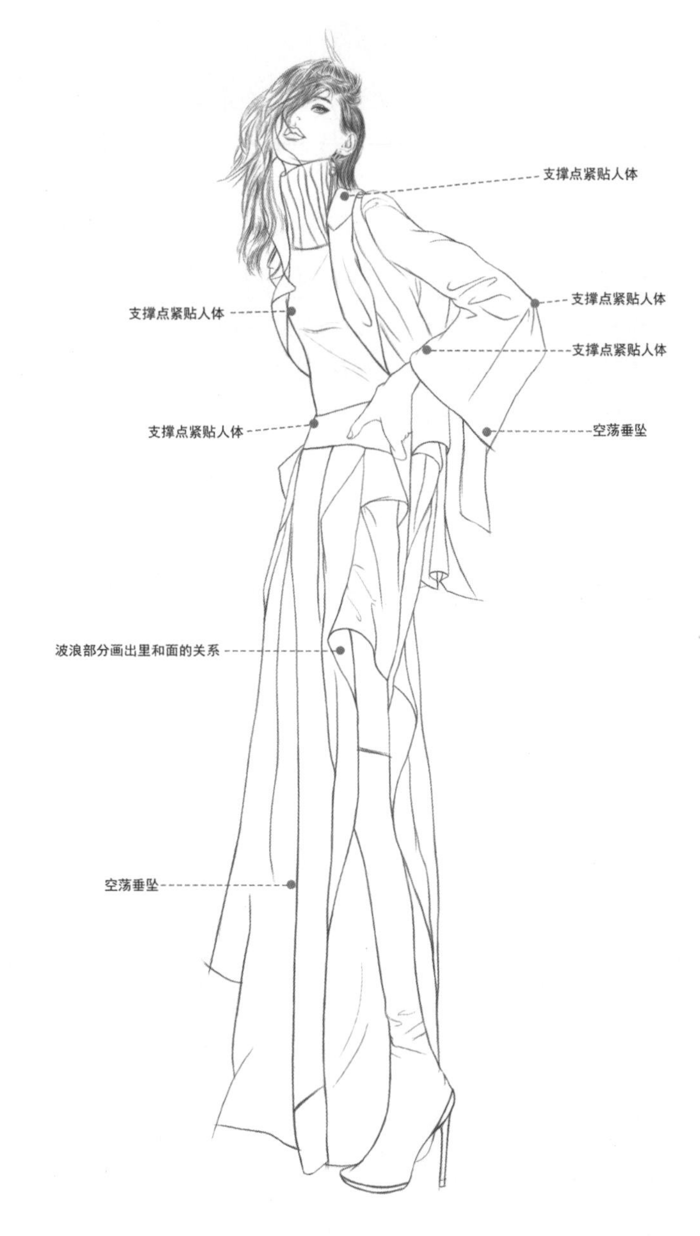

图 3-4-1 服装在人体上表现

二、服装在人体上的局部刻画

一件完整的服装由不同的部件构成，每个部件都具有功能性和装饰性。服装各部位多变的特点构成了设计的多角度变化视点。人体上服装表现的细节较多，上装细节的重点包括领子、袖子、门襟，下装的表现主要是裙子和裤子，另外服装细节的重点表现还包括衣纹和衣褶。绘画的原则是服装细节服从于整体、整体中又有细节的烘托。

1.衣领的表现

领子是人视觉的中心，由于接近人的脸部，对脸部有衬托的作用。领子的设计是以人体的颈部和肩部造型为依据的，尽管设计创意可以天马行空，但服装的结构设计不能超越人的极限。着装绘画领子时，领宽是按照锁骨窝为中心向两边横向扩展的领口宽度，领深是围绕锁骨窝高低进行变化的，领子款式在绘画时要考虑人体的透视变化和立体造型的表现。

2.门襟的表现

门襟是衣服的开口，一方面的作用是穿脱方便，另一方面还有装饰功能。在人体着装绘画时要明确人体的中心线，中心线是画好透视的关键，由中心线确定门襟的位置，绘画细节包括门里襟、衣扣、装饰、工艺细节等的体现。

3.衣袖的表现

衣袖多呈圆筒形，结构包括袖山、袖窿、袖片和袖口的形状。在着装表现上要注意袖子的形状要适合服装的功能要求。衣袖和衣身的连接弧线要表达清楚，插肩袖、连肩袖还是上肩袖在接袖缝线处是有区别的。袖山是平装袖还是泡泡袖，褶皱、款式细节一定要明确，与整体风格协调一致。画袖子时要注意手臂垂直落下时，袖子的造型是展开表现的；手臂弯曲时，袖子肘部会产生放射状的褶皱。

4.下装的表现

裤子和裙子的着装绘画重点要注意人体动态对下装的影响，主要是膝关节和髋关节处动态对下装产生的形态变化。紧身关节部位有横向衣纹产生。裤子和裙子款式变化很大，样式丰富多彩，首先绘画时考虑廓形，然后表现细节，再通过线条表现薄纱面料的飘逸感和中厚面料的厚实感。

5.衣纹的表现

着装效果图绘画中衣纹的绘画也是非常重要的技法，是非常具有表现力的元素。衣纹的产生，一方面是在缝制过程中产生的，这是服装款式本身固有的衣纹，比如褶裥、省道、荷叶边等。这些衣褶是服装工艺中依据设计要求通过抽褶、折叠、抽带等方法形成的有秩序或不规则的褶。另一方面是因为人体的运动致使服装产生的拉伸、挤压、堆积等余量，这种多余的部分堆积就产生了衣纹，主要表现在人体关节转折部位，还有人体对面料的支撑作用力以及重力产生的悬垂衣纹。人体上的服装是通过肩部、胸部、髋部、臀部等部位支撑起来的，没有人体的支撑，服装就是平面的。运动时产生的衣纹比较复杂，主要是拉伸衣纹、挤压衣纹和悬垂衣纹，它必须要考虑服装和人体之间的关系，对人体运动要有所了解，衣纹的位置准确度以及形状大小都将验证人体与服装之间空间关系的合理性。衣纹表现要恰当、合理，并以简洁、概括为原则，适当地进行提炼和取舍，如果过度表现褶纹，会让服装产生陈旧凌乱的感觉。衣纹绘画的关键是用线条的长短、疏密、轻重、缓急、滑涩、顿挫、方向等各种笔触的变化体现不同的质感和动势表达。如果把衣纹画成多条平行线就会使人感到生硬、不自然，要画出长度、方向、疏密的反差。衣纹的线条有虚实变化，人体与服装紧挨的地方要画实，服装与人体没有接触的地方要画虚，要与实处相得益彰。衣褶的表现也能很好地突出人体运动的特点，所以先画人体，在人体上添加服装就会更合理一些，表现才不会出错。人体着装时要考虑服装与人体之间离合变化的空间关系，哪些部位是贴体的，哪些是远离人体的，哪些部位在运动时产生衣纹的变化。大多数情况下衣褶是由重力和人体运动支撑点两种合力所形成，而非单方面的力所决定，因此在绘画时多数褶皱是使用由一个人体节点指向另一个节点的斜线或回头纹，两个节点之间服装的宽松度越大，衣褶的数量也就越多。形体的转折处，比如肘部、腰部、膝部等部位，衣纹的排列要密集一些。在着装绘画时还要考虑服装的透视部分，服装面料对绘画衣纹产生的影响等，用线条的曲直来表现服装材料的质感，丝绸面料的衣纹曲线柔和、轻快、光滑、圆润，亚麻面料的衣纹短促、硬直、多呈折线，厚呢面料的衣纹少而浑圆，薄纱面料的衣纹细密、自然、顺畅，等等。留意观察各种面料的褶纹特征是准确、自然、生动地表达时装绘画十分重要的方面（图3-4-2）。

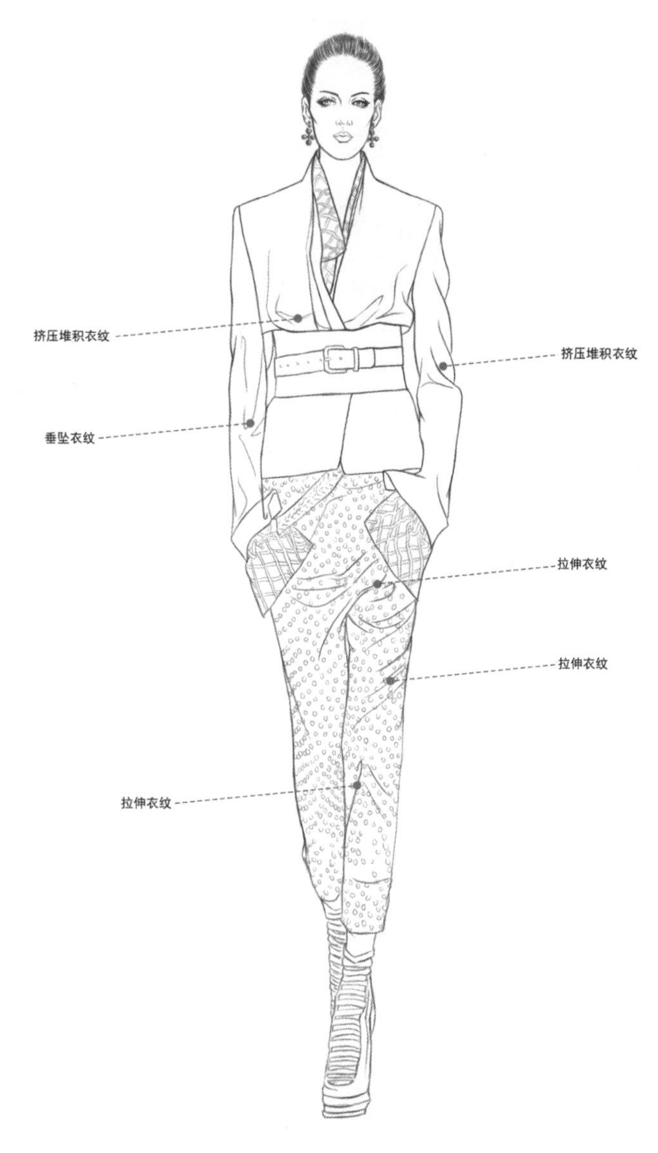

图 3-4-2　服装在人体上的衣纹表现

任务实施实训内容

实训一:人体着装练习

实训任务指导:再大胆标新立异的设计都必须有人体作为支撑,所以不容易出错的绘画方法就是先仔细地描绘出理想人体,然后再将衣服穿上去,初学者对于着装人体的练习通常可以从织物覆盖面积比较小的款式开始练习。首先要根据服装款式图的风格选择恰当的服装人体动态,并将人体基本型描绘出来,人体画好后从宏观入手绘画服装,在人体上根据空间关系,绘出服装的廓形和比例关系。根据人体的前中线确定领口、门襟、结构线的透视关系,依据腰节线确定衣摆的位置,之后细致地刻画服装的领子、门襟、袖型、分割线、衣袋等细节,并配上配饰和五官头部,最后将衣服盖住人体的部分用橡皮擦除,整体进行调整以达到完美,人体着装的绘画就完成了。

女装风格千变万化,多姿多彩,变化丰富,风格迥异,面料丰富,在画女装线描稿时一定要表现各种风格所具有的特征和面料的质感(图3-4-3,图3-4-4)。

图 3-4-3　人体着装步骤 1

图 3-4-4　人体着装步骤 2

实训二：根据服装款式图进行人体着装练习

实训任务指导：为了更好地体现出服装穿在人体上的完美效果，我们根据服装的风格、类别选择合适的人体姿态。运动风格的运动装、旅游装、休闲装可以选择动作幅度较大的姿态；家居服、生活便装可以选择有生活气息的、动作幅度不大的人体姿态，如坐姿、稍息姿态；社交礼仪服装可以带有优雅、惊艳感觉的动态，动作尺度不宜过大；工作装与工作环境、工作类别、工种相配合，符合职场文化；生活时装可以选择带有气场的，髋部摆动幅度大的行走姿态……在选择人体姿态时，还要考虑服装的款式变化，将设计的点完美地展现出来。比如款式重点在背部，人体的姿态就选择背面的动作；设计的重点在袖子，人体就要选择四分之三侧面或正侧面人体的角度。这样才能使设计的重点完美地展示给大家，让大家理解设计意图（图3-4-5）。

图 3-4-5 服装款式图的着装表现

任务拓展

1. 在进行基础训练时首先对书刊杂志媒体上的服装款式，大师的服装秀作品进行摹写，我们必须通过大量的练习掌握服装绘画技巧。临摹的过程就是学习的过程，发现自己潜在的绘画习惯，为形成自己的绘画风格打下基础。在摹写训练中，力争对服装结构的细节能准确把握。

2. 以秀场照片为参考做时装效果图线稿速写式练习。

案例：

时装照片传达着流行讯息，在照片摹写过程中能潜移默化地影响对时尚的感知，提高学生概括能力，加强服装款式造型的理解，提高款式绘画技能。反复的大量的练习可以提高对人体比例和运动规律的认识和把握能力，加深对服装和人体关系的理解。描绘时，一定考虑时装画式速写要按照理想人体进行变化处理，任务要符合时装画的审美需求，拉长人体各部位的比例，主要是腿部的比例线条，表现理想中人物姿态。先分析服装的款式、造型、结构等，再确定人体的动态造型，把握好人体动态线、肩线、臀围线的关系，在人体上画出服装的轮廓线，最后完善细节，把写实的模特画成时装效果图。只有不断地练习，才能达到娴熟的程度（图3-4-6、图3-4-7）。

图 3-4-6　时装秀场速写 1

图 3-4-7　时装秀场速写 2

3.采用拷贝法将服装人体模板放在较薄或透明的纸下面，然后根据下层的人体造型画出服装的款式。这是一种快捷、方便的着装绘画方法。

任务评价

表 3-4-1 任务评价表

<table>
<tr><td colspan="2">学习领域</td><td colspan="4">服装设计基础</td></tr>
<tr><td colspan="2">学习情境</td><td colspan="4">服装与人体造型绘画</td></tr>
<tr><td colspan="2">任务名称</td><td colspan="2">人体着装绘画</td><td>任务完成时间</td><td></td></tr>
<tr><td colspan="2">评价项目</td><td>评价内容</td><td>标准分值</td><td>实得分</td><td>扣分原因</td></tr>
<tr><td rowspan="10">任务分解完成评价</td><td rowspan="7">任务实施能力评价</td><td>人体比例透视准确</td><td>10</td><td></td><td></td></tr>
<tr><td>服装造型准确</td><td>10</td><td></td><td></td></tr>
<tr><td>人体动态美观，符合运动规律</td><td>10</td><td></td><td></td></tr>
<tr><td>线条造型绘画流畅、用笔肯定</td><td>10</td><td></td><td></td></tr>
<tr><td>细节刻画细致</td><td>10</td><td></td><td></td></tr>
<tr><td>画面干净</td><td>10</td><td></td><td></td></tr>
<tr><td>画面构图美观合理恰当</td><td>10</td><td></td><td></td></tr>
<tr><td rowspan="3">任务实施态度评价</td><td>任务完成数量</td><td>10</td><td></td><td></td></tr>
<tr><td>学习纪律与学习态度</td><td>10</td><td></td><td></td></tr>
<tr><td>团结合作与敬业精神</td><td>10</td><td></td><td></td></tr>
<tr><td rowspan="3">评价结论</td><td>班级</td><td colspan="4"><table><tr><td></td><td>姓名</td><td></td><td>学号</td><td></td><td>组别</td><td></td><td>合计分数</td><td></td></tr></table></td></tr>
<tr><td>评语</td><td colspan="4"></td></tr>
<tr><td>评价等级</td><td colspan="4"><table><tr><td></td><td>教师评价人签字</td><td></td><td>评价日期</td><td></td></tr></table></td></tr>
</table>

知识测试

1.举例说明服装细节包括哪些方面？

2.服装的衣纹是怎样产生的？

3.衣领的设计依据人体的哪些部位？

4.袖窿部位有哪些变化？

项目四 服装画技法

项目透视

服装设计师的一门基础必修课就是服装效果图绘画，它是表达设计师意图的必要手段。画一手好的设计手稿是设计师最令人钦佩和羡慕的方面之一。想成为一名优秀的服装设计师，首先要提高服装效果图绘画的能力，掌握熟练的绘画技巧之后，对进一步深入学习服装设计、表达设计构想、理念、结构等都将会得心应手，未来的服装设计之路才会更加顺畅。本项目重点阐述服装效果图的各种表现技法及服装面料的刻画方法，具体包括服装画各种工具的使用技巧与运用，服装面料质感与图案的表达，时装画的勾线技巧与背景处理等。通过勤学苦练的实训，才能找到并形成自己独特的时装效果图绘画风格。

项目目标

技能目标：服装效果图的各种着色技巧。

知识目标：各种绘画工具及不同面料的刻画方法以及时装画的勾线和背景处理的掌握。

项目导读

服装画的表现 ⟹ 头部着色绘画 ⟹ 服装面料绘画 ⟹ 服装画勾线 ⟹ 服装画背景处理

项目开发总学时：25学时

任务一 服装画表现实训

任务描述

服装画表现是学习服装设计首要的必不可少的训练手段，各种服装款式造型的设计都是通过绘画才能很好地展现。不同的手绘工具可以绘出不同的艺术风格。手绘是基础，只有掌握了手绘的技巧，再运用各种软件来绘制服装画才会得心应手。本教学任务是了解服装效果图的各种绘画工具性能，掌握服装画的绘画技巧和要点。

任务目标

1.熟练掌握各种绘画工具的基本特性与绘画风格表现。

2.使学生能够运用各种常用工具熟练绘制服装效果图。

任务导入

服装效果图是对设计构想的准确表达，目的在于设计师将设计创作思维转化为直观的形态，把脑海里所想的创意借助绘画工具媒介物用直接明了的方式呈现出来，让人一目了然，使人们能够很好地了解其设计意图。服装设计绘画表现贯穿于服装设计的全过程，在设计的不同阶段需要有不同形式的表现图，由此可见，服装设计表现是实现服装设计必不可少的条件之一。设计师在具备了良好的专业知识的同时，还必须具备一定的设计表现能力。

服装效果图表现的好坏，直接影响着设计师设计意图的表达。效果图兼有实用与艺术欣赏的功能，而艺术感染力主要来源自各种绘画技巧。绘画中的所有技法在服装效果图表现上几乎都可以应用。除各种不同的表现形式和手法外，各种绘画用品的充分发挥也能加强画面艺术性。服装画使用的绘画工具很多，一般最常用的手绘工具包括水彩、水粉、彩色铅笔、马克笔等。

任务准备

学具：水粉颜料、水彩颜料、彩色铅笔、马克笔、毛笔、笔记本、铅笔（HB~2B）、自动铅笔（0.5）、橡皮、壁纸刀、绘画纸等。

必备知识

不同的绘画工具对于完成的服装画作品会产生不同的视觉效果。绘画的时候又可以相互补充，搭配使用。

一、水粉画法

（一）水粉绘画工具

1.铅笔

铅笔是一切绘画的基本工具，具有携带方便、易修改的特点。时装画的基础造型工具也是采用速写铅笔和自动铅笔。铅笔细腻的笔触可以完整而精致地进行细节的描述。绘画时可以勾线也可以涂抹，利用手腕角度和力量的控制，灵活运用排列方式的变化，实现线条的多样性，在单一的色调中表现丰富的黑、白、灰关系，能够准确地刻画出形体结构以及塑造物体面和体的立体效果。

铅笔规格通常用“H”和“B”来表示。“H”型铅笔，铅芯较硬，颜色较淡，型号有“H~6H”，数字越大，颜色越淡，铅芯越硬。“B”型铅笔，铅芯较软，颜色较重，型号有“B~8B”，数字越大，颜色越重，铅芯越软。介于“H”和“B”之间是常用的“HB”型号。时装效果图画稿用铅笔一般常用HB、B、2B（图4-1-1）。

2.自动铅笔

自动铅笔不要削芯，笔芯均匀，线条细腻清晰，可以根据不同的铅芯产生深浅变化，刻画小的细节更方便。它也是时装效果图常用的绘画工具，用于草图的勾勒和轮廓的绘制（图4-1-2）。

3.炭笔

用炭笔作画的特点是黑白分明，对比强烈，涂抹时不会像铅笔那样反光。炭笔分炭铅笔、炭精条等（图4-1-3）。

4.毛笔

毛笔源于中国传统绘画书写工具，有着悠久的历史，是中国的文房四宝之一，现已逐渐成为绘画的必备工具。在绘画中毛笔运用擦、点、染等技法描绘不同的画法和不同的笔触。毛笔的用法分中锋用笔和侧锋用笔。中锋用笔笔尖垂直纸面运行，手悬腕。侧锋用笔，毛笔侧卧在纸面上运行。时装效果图绘画

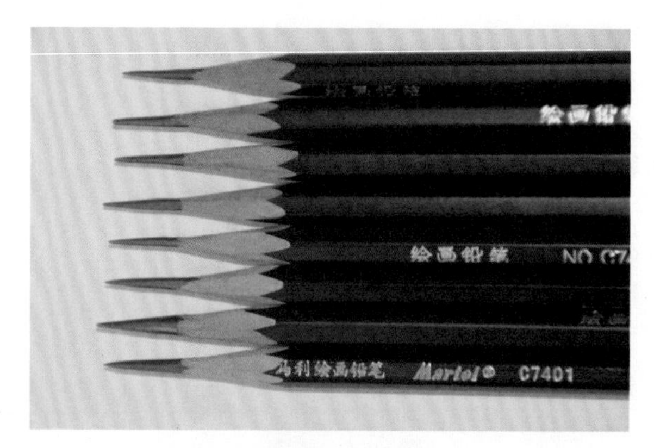

图 4-1-1　铅笔

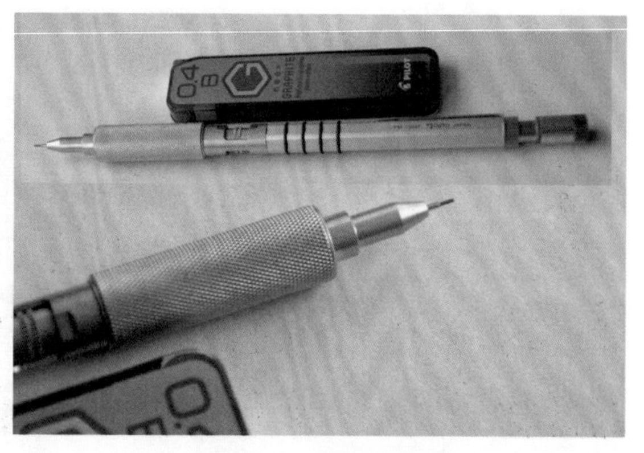

图 4-1-2　自动铅笔

以中锋用笔为主，侧锋用笔为辅。从材质上看，采用动物毛发的笔较好，耐用、聚锋、蓄水性饱满、不易变形。毛笔用过之后要及时清洗，不宜久泡（图4-1-4）。

图 4-1-3　炭笔

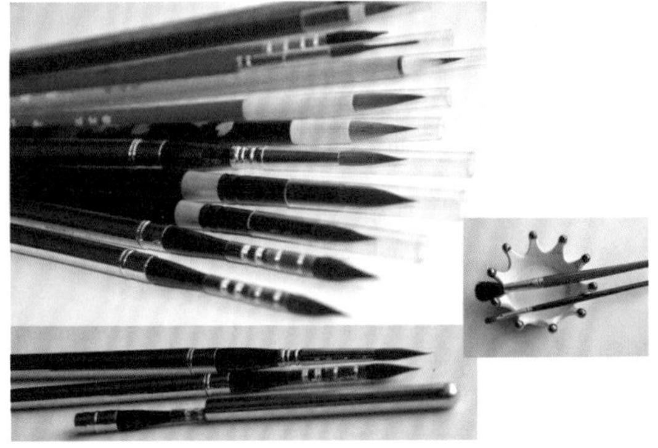

图 4-1-4　毛笔

5.水粉颜料

水粉颜料是较常用的绘画材料，也是时装效果图常用的基础色彩工具。水粉颜料具有较强的覆盖性（图4-1-5）。

6.水粉纸

水粉颜料专业用纸就是水粉纸。水粉纸质地较厚，纸面坚韧，有自然的纹理起到固色作用，吸水性比一般纸要强，也可以画水彩画。水粉纸有粗纹和细纹之分，也分正反面，一般凹凸面为正面（图4-1-6）。

7.白卡纸、色卡纸

白卡纸和色卡纸适合水粉色的表现，上色均匀平整，色卡纸颜色丰富，可以通过卡纸的颜色达到特殊的艺术效果（图4-1-7）。

8.针管笔

针管笔是勾勒轮廓和图案的一种绘画工具。针管笔是速干材料，微溶于水，是一种快速实用的工具，能够勾勒出均匀一致的线条。针管笔有不同粗细型号，也有不同的颜色（图4-1-8）。

图 4-1-5　水粉颜料

图 4-1-6　水粉纸

图 4-1-7　色卡纸　　　图 4-1-8　针管笔

9.小楷笔、美文字笔

小楷笔和美文字笔笔头柔软松动有弹性，可以画出不同粗细的线条，有极细、细字和中粗之分。时装画用小楷笔一般是勾线用，通过手腕力道的改变画出粗细不同的线条（图4-1-9）。

10.高光笔、高光墨水

高光笔和高光墨水是应用在人物和服装高光位置，有时也可用于勾画服装中的白色装饰。高光笔和高光墨水覆盖性强，在其他颜色上不会渗透，有提亮和画龙点睛的作用，是手绘设计必不可少的工具，一般应用在作画的最后步骤（图4-1-10）。

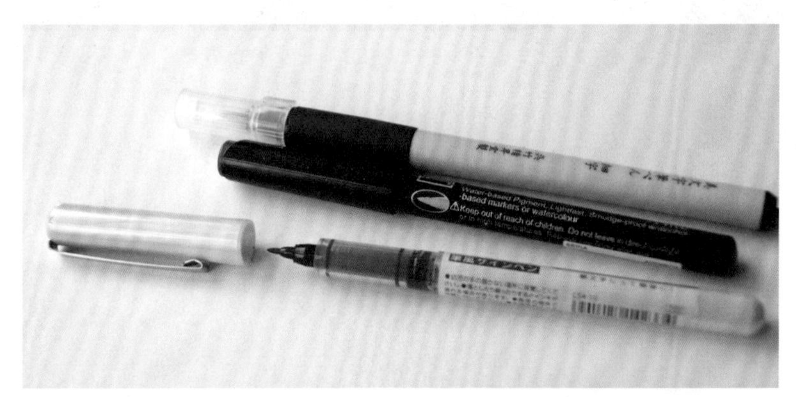

图 4-1-9　小楷笔、美文字笔

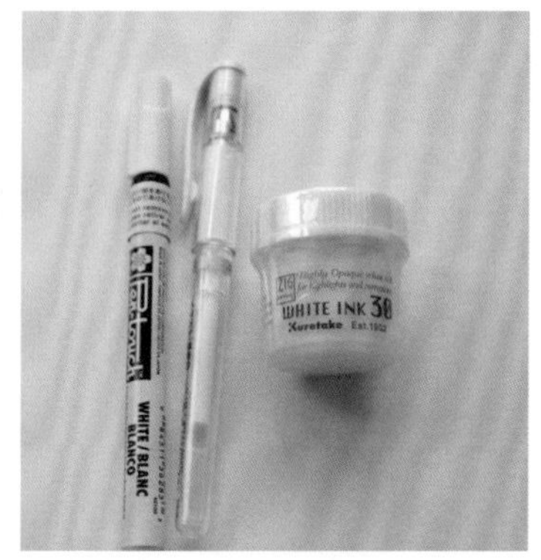

图 4-1-10　高光笔、高光墨水

11.水粉笔

水粉笔笔头以扁平形为主，也有扇形，按照笔头的大小水粉笔分为很多型号。动物毛制成的水粉笔比较柔软，而尼龙材料制成的水粉笔笔头毛质较硬（图4-1-11）。

12.排刷

排刷是扁宽形的大刷子，其特点是可以大面积的刷色或刷水，在时装画中常常用于背景的绘制，同时也可以用来进行作画之前的裱纸工作。

13.画板

画板是用来支撑画纸和裱纸的特制木板，有大小之分，时装画通常用4开画板和8开速写夹。

14.调色板

调色板是在水粉和水彩作画时必备的美术用具，是用来进行色彩调和的工具。有塑料和陶瓷的调色板和调色盘，以白色为主（图4-1-12）。

15.橡皮

橡皮是用来修改铅笔稿的，作用是擦除画错的铅笔线条，同时也可以调节影调的浓淡变化，制造漂亮的笔触。橡皮有笔状、条状、块状之分。橡皮型号有2B、4B、6B等型号。橡皮的软硬度相差很大，有可塑橡皮，类似于橡皮泥一样，是一种非常好的涂改工具（图4-1-13）。

16.美工刀

美工刀在时装绘画中主要用于裁切画纸和削铅笔。

除了以上常见的工具种类以外，在日常的绘画工具中还包括剪刀、图钉、洗笔筒、吸水海绵等。除了水粉颜料，以上这些工具在水彩色绘画中也是必不可少的。

图 4-1-11　水粉笔

图 4-1-12　调色板

图 4-1-13　橡皮

（二）水粉画法

水粉色技法在服装画表现中应用广泛，是常用的技法之一。水粉色的特点是含粉性质和覆盖性强，固色效果非常好，色彩艳丽厚重、变化丰富，易于修改，可以刻画得细致入微。手绘时装画中，运用水粉上色，平涂和套色表现厚重材质和图案化的效果比其他画材突出，画面感单纯、稳定、简洁、明快。

水粉技法可以采用厚画法（干画法），也可以采用薄画法（湿画法）。厚画法是利用水粉的覆盖性特性，层层覆盖涂抹，表现颜色的单纯厚重和色彩空间的冲击感。切忌不要来回涂抹，以免底色泛起。薄画法是利用大量水分，表现高明度色时不要加白，要加适量的水，使颜色看上去有透明感，表现柔和、通透的效果，适合轻薄、飘逸的面料，如果加白就不具有通透性了。在实际绘画中也可以干湿画法结合引用，比如在肤色处理上用湿画法，面料图案表现用干画法，使用涂擦、点彩等技法表现面料的肌理和图案，透纱、雪纺面料用湿画法等。

水粉技法绘画时可以依据个人习惯从亮部到暗部或从暗部到亮部进行刻画。服装画也可以从中间固有色开始，然后提亮和加深刻画立体层次，使服装款式清晰。

水粉颜料表现效果可以用平涂法或明暗法，最适合表现的是平涂技法。平涂法是最常用的时装画技法之一，简便易学。它采用每块颜色均匀平涂的方法，平涂时色块界限要明确，平涂要均匀。含胶量大的颜色可以先做脱胶处理，否则很难涂匀。颜色要一次调够，颜色未干时不要进行重复涂色，或进行紧挨色块的涂色，这样颜色会脏掉。平涂法分两种，勾线平涂和无骨平涂。勾线平涂是在平涂色块的外围或依照服装款式结构，用线进行勾勒，平涂在先，勾线在后，勾线要在平涂干后才进行，这是勾线平涂最常用的方法。勾线平涂易获得装饰性效果，可根据色块分割和服装结构与衣纹需要适当留飞白，不仅可以产生一种光感，还可以让颜色之间具有通透感。无骨平涂是利用色块之间明度、色相、纯度的关系，产生一种整体的形象感，并不是依靠线组织形象。色块之上，还可以叠加如点、线等的装饰，增强装饰性。水粉画技法也可以采用明暗法用晕染的方式来表现。晕染法是从中国工笔画技法中汲取的一种时装画技法。采用两支毛笔交替进行，一支上色，另一支沾清水在上色未干时，快速由深至浅均匀染色。这种技法可以用于时装画中的人物、有光泽的面料、薄料等的表现。

二、水彩画法

（一）水彩绘画工具

1.水彩颜料

水彩颜料是服装效果图中最常用的、效果最突出的优秀画具之一。水彩颜料颗粒细腻,与水溶解会产生晶莹、轻薄、透明的效果，使用便捷、快速、方便，易出效果。水彩颜料分固体水彩和管状液体水彩。固体水彩携带方便，被分装在整齐的小格子里，作画时用毛笔蘸清水涂抹颜料表面溶解后，在调色板上调色即可以使用。管状液体水彩比较常见，色彩饱满，用时直接挤到调色盘上加水即可使用，每次作画剩余的颜料可以不用冲洗掉，保留到下次用水稀释就可以继续使用。管状水彩颜料被风干了也可以加水溶解后继续使用。水彩的稀释剂是水，色彩的饱和度取决于加水稀释的程度（图4-1-14）。

2.水彩纸

水彩颜料的专用纸张就是水彩纸。水彩纸的特性是吸水性比一般的纸高，磅数较厚。一般选择200~300g左右的纸张，克数越大吸水性就会越好，重复上色率就会越高。根据表面的质地，水彩纸有粗纹、细纹和滑面之分。水彩纸的价格不一，质量与画的效果有很大的关系。好的水彩纸纸面厚实坚韧，吸水性适度，不会因为反复涂抹而起球、破损，上色稳定，并且使画面颜色鲜亮持久不变。为了防止纸面因为大量用水而起皱，最好在作画前把画纸装裱在画板上。水彩纸有白色的，也有彩色的。水彩本采用冷压处理，有粗纹、中粗和细纹之分，绘画效果稳定、持久。水彩本有四面封胶的，解决了裱画的环节（图4-1-15）。

3.珠光颜料、亮粉胶颜料

颜色饱满、闪亮、浓重、鲜润，不会产生“脏”“灰”的现象，适合表现服装中的亮片效果（图4-1-16）。

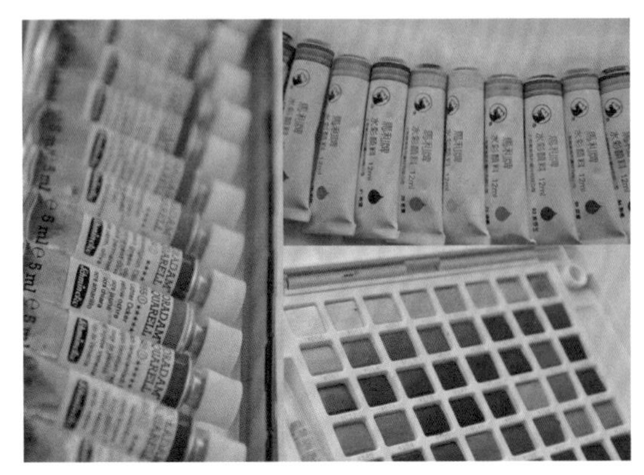

图 4-1-14　水彩颜料

图 4-1-15　水彩本

4.牛胆汁、阿拉伯树胶

牛胆汁在水彩画中的作用是提高润湿度，增强水彩的流动性，阻止水聚成水珠，减慢水彩干的速度，提高水彩颜料的扩散性，使好几笔连在一起都没有笔触和水痕，特别适合大面积的薄涂层，可以得到均匀的一层，在第一遍颜色未干时上第二遍颜色用牛胆汁混合颜料干得慢，两种颜色慢慢地混合在一起，就不会产生边缘开花水痕。

阿拉伯树胶有些画材是直接添加了的，它的作用是增强颜料的光泽度和透明度，可以使颜料看起来鲜亮，防止变灰（图4-1-17）。

图 4-1-16　珠光颜料、亮粉胶颜料

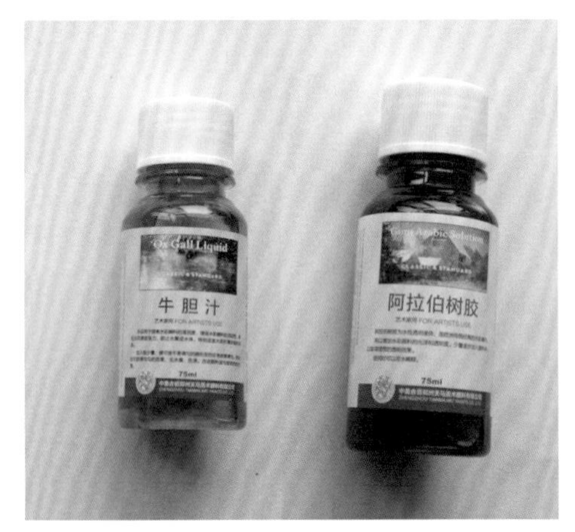

图 4-1-17　牛胆汁和阿拉伯树胶

5.留白液

留白液是遮盖用品，很像胶水，它在液态的时候溶于水，但是水干之后就变成了水进不去的封胶状。绘制时装画时，我们可以在服装面料图案或画面背景时采用这种方法。纸张最好选用细腻纸纹的画纸，先将需要盖住的图案部分用画笔（留白胶毁笔，可以用不太好使的破笔或专用的硅胶画笔）蘸取留白液（留白液和水要1∶1混合）进行遮盖，防止大面积铺底色时颜色渗透到图案上，底色干了之后撕掉或用橡皮擦擦掉留白液，再进行描绘（图4-1-18）。

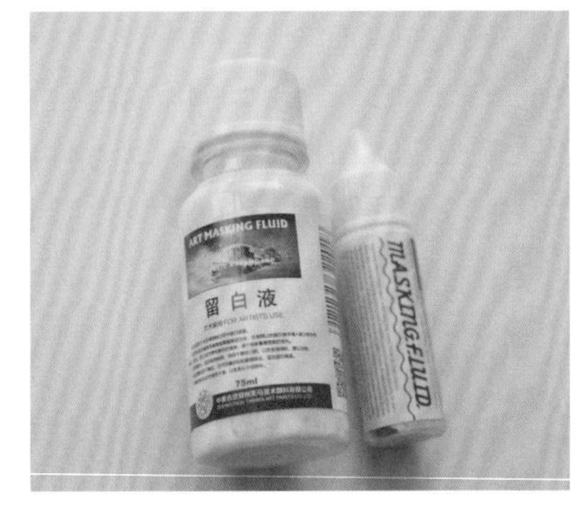

图 4-1-18　留白液

（二）水彩画法

用水彩绘制服装效果图是最基本的绘画方法，具有普遍性。水彩画之所以受到服装设计师的青睐，是因为它有与众不同的特性。水彩色有着不可替代的透明性，而且具有绘制快速、颜色易干，色彩层次丰富、技巧性强、表现范围广的特点，具有很强的表现力，还可与水粉、钢笔、铅笔、马克笔等结合使用，使效果图更具丰富多彩的表现魅力。

服装画水彩技法绘画分干湿两种技法，湿画法的特点是将笔触的强度大大削弱，水在颜料与颜料之间互相混合，形成柔和、扩散的朦胧效果。在绘画时先将画面用清水打湿，趁湿着色，能很好地衔接过渡，具有丰富的色彩变化效果，但细致造型不好控制。干画法是不需要用清水打湿纸面的，用色阶来表现形体结构，适合刻画严谨的细节。绘画时可以干湿结合，灵活的把握各种面料的特性和整体效果。一般可以用湿画法铺大效果、大面积，用干画法修饰细节和服装转折处。

水彩画的落笔必须考虑周密，做到意在先，落笔不改，主次分明，虚实有度。这主要是由于水彩色不宜覆盖和修改，颜色尽量少调和，调和过多容易变脏，保持水彩色的新鲜感和自然性，就不要在同一个位置过多重复。水彩画注重画面的清透，由浅入深，留白，层层递进。为了保持水彩的透明性，在需要上高明度色时，要用水而不是白色调和。在水彩画基础训练时，要能恰当地运用水彩画的水色交融，练习渗化、润合等湿画技巧，以使画面透明、流畅而增强画面的艺术感。

调色过程不容马虎，应在白色调色盘中，将颜色充分混合。水彩由湿变干的过程中，色彩也会相应地产生变化，经常会出现色彩变浅，所以在绘画之前要做好预判，如果发现色彩变浅，需耐心调整。在绘画秩序上应当注意服装着色的顺序是由上到下，由大到小，最后修饰细节。

服装画的水彩画法适合表现淡彩，淡彩法较为简洁明快，方法易于掌握且较为快捷。淡彩法以勾线为主，在时装画的主要部位，简略地敷以色彩。由于水彩色的透明性，勾线可以在上色前先勾，但要用油性勾线笔，这样上色过程中就不会糊掉。在上完色之后勾线还是普遍的。勾线的工具，可以选择钢笔、针管笔、小楷笔、美文字笔、毛笔等。

三、彩色铅笔画法

（一）彩色铅笔绘画工具

1.彩色铅笔

彩色铅笔又称“彩铅”，具有勾线和平涂两种画法。颜色多种多样，色彩表现清新。分水溶彩铅和不溶水彩铅。水溶彩铅在没遇到水之前和一般彩铅效果一样，可遇到水之后就会溶解，有水彩色的效果。颜色易于衔接，色彩柔和，但不容易擦掉（图4-1-19）。

图 4-1-19　彩色铅笔

图 4-1-20　肯特纸

2.肯特纸

肯特纸适合用彩铅画。肯特纸表面比较粗糙，彩铅比较容易附着，有特殊的质感效果（图4-1-20）。

（二）彩色铅笔画法

彩色铅笔是一种非常容易掌握的涂色工具，是一种半透明材料，颜色多种多样，能够细腻地刻画细节，可与很多材料混合。绘画的过程类似于铅笔，可以无限地重叠和覆加，彩铅是叠色的艺术，层次丰富的色彩过渡是彩铅画的精髓。

彩色铅笔的用法对于初学者要相对简单一些，易于掌握。绘画通常采用明暗法，借助素描的表现手法来表现形体和服装的立体效果，再加以颜色处理和烘托。笔触跟着结构走，通过线条的排列，层层叠加，由浅及深，由亮及暗，应注重多种颜色的混合使用，在统一的色调中寻求色彩的丰富变化。

不溶水彩铅与水溶彩铅区别在于，不溶水彩色铅笔画时不易涂改，因此落笔要做到心中有数，精心安排。使用的纸张要选择纸面较粗糙的为宜，太光滑的纸面，用笔会打滑。一般情况下彩色铅笔可以排线或平涂，排线时应该一丝不苟地去排，切勿心浮气躁，否则画出来的东西和儿童画无异。排线方法不同于铅笔素描的鱼纹交叉线，通过排线形成色块，以色彩叠色和混色来组合出无数的变化。

水溶铅笔加水溶解会出现水彩画的效果，因此它是彩色铅笔与水彩笔两者兼备的特殊工具。使用水溶彩铅笔一般采用干湿结合的画法。先用水溶彩铅笔画出颜色，再用毛笔沾水加以晕染溶解，类似水彩与彩铅的混合技法，使画面出现干湿相融的丰富效果。用水溶彩铅笔画图，最好选用水粉纸或素描纸等纸面颗粒适中的纸，为了防止画面遇水出褶皱，可以在绘画前做裱纸处理。

四、马克笔画法

（一）马克笔绘画工具

1.马克笔

马克笔（亦称“麦克笔”）是一种线性的画材，笔触大多以线的形式出现。马克笔分油性马克笔、水性马克笔和酒精马克笔三种类型，笔头形状可分为尖头形和斧头形两种，尖头形又分为软头和硬头，斧头形又分为宽头和窄头，可以满足上色和勾线的不同要求。油性马克笔耐水、快干、颜色多次叠加柔和度不变，不伤纸。水性和酒精马克笔颜色亮丽、有透明感，颜色多次叠加容易变灰，现在好的马克笔可以灌水，重复使用。每次用完要盖好盖子，否则颜色会干掉，涂不出色。服装画一般采用水性马克笔和酒精马克笔（图4-1-21）。

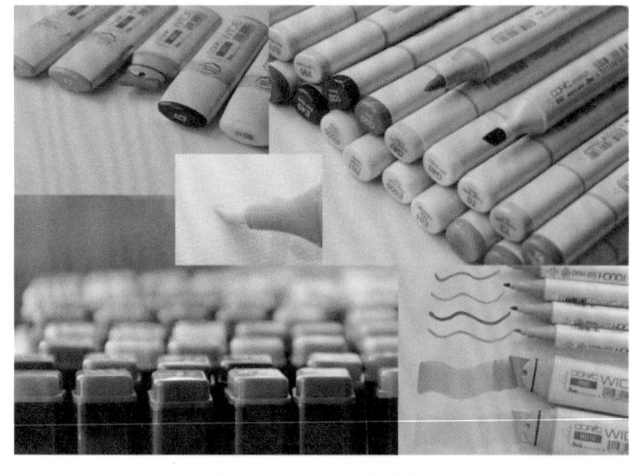

图4-1-21　马克笔

图4-1-22　马克笔专用纸

2.马克笔专用纸

马克笔专用纸张表面光滑，颜色不易渗透到背面，较透明（图4-1-22）。

（二）马克笔画法

马克笔是一种方便快速的绘画工具。具有透明感、绘画速度快、着色简便，绘制效果流畅、大气、洒脱等特点，具有很强的视觉冲击力。不足之处是色彩间过渡容易显得生硬，笔触难以修改。马克笔笔触的疏密排列、形状走向能够使画面产生空间关系和虚实层次，传递表达出你的设计意图和情感，是一种快速的表现服装画的手段。

马克笔色彩丰富，中间色色阶齐全，绘画工具简便，在绘画时不用调色，可以直接运用。色彩具有透明性，可以运用色彩的叠加获得丰富的色彩变化。着色需要根据服装的结构特征，用笔要果断、干练、准确、快捷，运笔要放得开、敢画才会使画风具有张力，不会显得小气。

马克笔绘画笔触多种多样，具体表现在绘画细节部位，比如人物的头部、配件等，笔触相对要小、细致，通过点和线进行描绘，配合针管笔0.05棕色和黑色勾线。大面积部分刻画时，要采用平涂、扫色和重复叠色来进行表现，各种笔触灵活生动相互结合，可以使画面生动、具有可看性。衣服轮廓线用小楷笔勾，涂色时不要越过轮廓线，不要有过多的回笔和反复的重色，会造成颜色脏掉，失去马克笔透明和干净的特点。色彩要用同色系，分开层次表现立体明暗。用排笔的方法先上浅色，再上深色，因为马克笔覆盖性差，浅色无法盖住深色。在第一遍颜色干了之后再上第二遍颜色，以免造成色彩浑浊。涂色时用笔的方向要一致，下笔要灵活，留出款式结构线。马克笔有硬头和软头之分，也有宽头、窄头之分。宽头笔和窄头笔是硬头，宽头适合表现大面积色和背景色。尖头有硬头和软头之分，适合表现小面积色和细节。软头是根据毛笔的效果，近几年才出现的一种笔头，克服了以往硬头的局限，可以通过落笔的轻重、顿挫表现粗细、深浅的多变效果，表现力强，具有吸引人的冲击力。

五、电脑服装画画法

随着计算机技术的日新月异，借助电脑及应用绘画软件可以高效地表现服装效果图的各种视觉效果，轻松便捷地进行编辑、修改、变化、渲染等各项处理工作，电脑绘画和处理技能已经是现代服装设计师必不可少的技能之一。

常用的服装绘画软件包括CorelDraw、Illustrator和Photoshop。CorelDraw和Illustrator是矢量图绘制软件，多用于服装款式图的绘制。而Photoshop是位图，表现力强，具有强大的功能，适合表现服装效果图和图形图像的处理。

任务实施实训内容

实训一：彩铅服装效果图绘制

彩色铅笔绘制服装效果图的方法以素描为基础，适合表现写实风格，细描慢写，层次关系逐层渐进表现明暗虚实，绘画时运用素描排线法多色叠加绘制服装的图案、装饰和冷暖光影等，先涂浅色、再逐层覆盖加深。可加一些对比色穿插在暗部，避免色彩的单一。水溶性彩铅需要用水彩纸，效果比普通彩铅颜色更加浓郁、透明、亮丽，需要灵活掌握水分。

绘画步骤（图4-1-23）：

1.浅色铅笔勾画初稿。下笔不要太重，以免修改麻烦。线稿可以不要过多深入刻画。先画出九头身正确的人体动态，在人体上画出衣服，注意面料与人体间的空间关系，以及面料与面料间的重叠、扭转。

2.彩铅勾线，肤色用彩色铅笔棕色勾线，服装用黑色勾线，也可以用较深的同类色勾线。

3.肤色底色上色，肤色明暗处理，五官和头发的刻画。服装固有色涂色，上色时线条要方向一致，均匀而有层次，可留出高光部位，使层次更加丰富。用色铅笔根据不同的颜色及色彩关系着色，着色时要注意对形体的塑造，要考虑色与色之间相叠、并置、交叉后产生的视觉效果，比如一条黄线和一条蓝线并置或交叉会产生绿色。用笔方法与画素描一样，用密排的线表现色块。上色的笔触要细腻，画出明暗的层次变化。

4.细部刻画进行整体调整，对各部位进行矫正，加重暗部，拉开画面对比度，使明暗自然，色彩协调，达到想要的理想效果。

图 4-1-23　彩铅效果图绘画步骤

实训二：水彩服装效果图绘制

在画水彩时装画时，由于水彩的覆盖性弱，所以着色顺序应该由浅入深。水彩上色可以用国画的晕染法，两支笔一支沾色一支清水，由浅至深多次染色，色彩细腻自然、层次丰富、装饰效果强，绘制过程中要注意叠加关系。

绘画步骤（图4-1-24）：

1.绘制线稿，由于水彩不易修改，线稿一定要准确、细致。用概括的单线条，保证画面的干净整洁。

2.确定画面的光源位置，受光部分留白，进而涂皮肤颜色。由于时装效果图头部画面较小，不用先打湿肤色位置，直接用晕染的方法画出人物的肤色。

3. 待颜色半干再涂阴影部分的深色，阴影的位置要准确，符合背光面和人体动态关系。强化脸部的结构，深入刻画五官细节，突出眼部的描画。深入刻画头发，注意头发的飘逸感。

4.根据材料特征，可以将服装部位用清水打湿，趁湿铺底色和明暗，等水分稍微干了再上色，进一步刻画层次和细节。

5.全面调整细节，准确细腻地刻画服装的结构、衣褶以及服装的图案，要层次丰富，用白色或高光墨水画出高光，用毛笔、小楷笔或美文字笔勾线，勾线要果断、顺畅，最后整理完成。

图 4-1-24 水彩效果图绘画步骤

实训三：水粉服装效果图绘制

水粉上色技法适合于平涂。颜料和水的比例混合要适中才可以平涂均匀，每一笔运笔方向顺序都要一致，不可参差乱涂，笔触之间衔接都要在湿的状态下有规律地衔接，一笔一笔渐进推移，水分过多过少、笔痕没有趁湿衔接都会引起平涂不匀的现象。注意色彩的边界要留白，使画面具有透气感。用水粉颜料绘画明暗技法时加黑色调暗，加白色调亮，根据加入黑白的多少控制色调的层次。白色覆盖力强，在暗处不要轻易加入白色，否则画面会灰，可以用同色系的重色代替。相反地，亮处不要轻易加入黑色，会显得脏。

绘画步骤（图4-1-25）：

上色前要先假定一个光源，如果光源安排在人体的侧面，上色时背光的一侧根据衣纹和外轮廓走向需加深处理，光源一侧轮廓边留出亮部。受光部的面积线条要根据人体结构来设定，要画成不规则的形状，使画面更生动。如果光源设定在人体正前方，背光部就在人体的两侧部位，中间位置为高光部，绘画时注意明暗交界线位置的表达。

1.画出铅笔稿。尽量少用橡皮，避免纸面破损，不容易涂色。

2.画出头部及身体其他裸露部位的肤色，画出头发的基本色。

3.皮肤加深明暗，刻画五官及深入刻画头发层次。

4.调出足够量的颜色，根据线稿，平涂大面积的色块，平涂时不要涂得太满，适当留出衣纹和服装结构线，留白的技法可以使服装结构和光影感更突出。

5.画出小面积的色块，颜色干后画出细节。最后画面完全干后进行勾线。

图 4-1-25 水粉效果图绘画步骤

实训四：马克笔服装效果图绘制

马克笔绘制服装效果图充满了现代艺术气息。用马克笔绘制服装画一般采用水性麦克笔，落笔时要有序、果断干脆、不停顿、一气呵成，要适当在高光处留白。排线时运用不同的笔尖产生不同的线条和色块，粗笔头表现大效果，细笔头刻画细节。

绘画步骤（图4-1-26）：

1.打铅笔稿，上色之前用橡皮将多余和线条过重的部分擦拭一下，保持画面的干净。铅笔稿之后是勾线，用棕色0.05针管笔勾皮肤色，用黑色小楷笔或美文字笔勾服装的结构轮廓。

2.涂皮肤色和服装基本色。

3.加深明暗，画细节，点高光，整理完成。

图 4-1-26　马克笔效果图绘画步骤

实训五：电脑效果图绘画

用电脑绘制服装效果图，可以很好地弥补手绘在材料上以及技法上的局限性，提高设计表现的实现效率。在用Photoshop绘制服装效果图之前，首先要了解Photoshop软件的功能和应用范围。Photoshop软件目前有Photoshop CS5、Photoshop CS6、Photoshop CC等很多版本，版本越高，功能越强大。熟练掌握软件的基本绘图和编辑命令的操作方法和步骤。绘画时配合手绘板进行效果图的绘制。电脑服装效果图绘画见图4-1-27~图4-1-31）。

图 4-1-27　电脑时装画绘画 1

图 4-1-28 电脑时装画绘画 2

图 4-1-29 电脑时装画绘画 3

图 4-1-30 电脑时装画绘画 4

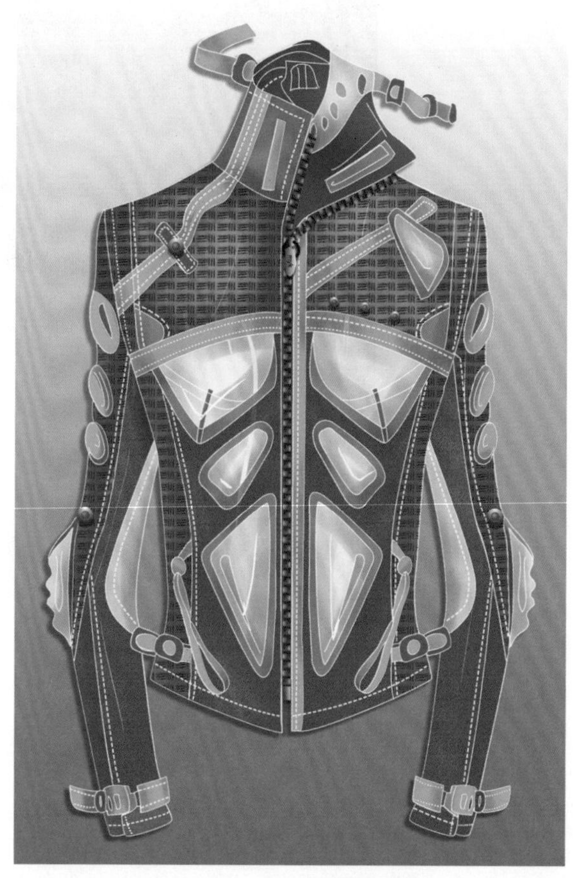

图 4-1-31 电脑款式图绘画

任务拓展

1. 服装设计表现用的绘画工具很多，在进行训练时，应多尝试用新的工具，如油画棒、色粉笔等。这些新绘画工具的使用，可以给表现图新的面貌。

2. 参考各种资料，进行服装效果图作品临摹，参考资料可以选用设计的优秀作品，时装照片等（图4-1-32，图4-1-33）。

图 4-1-32 效果图绘画案例 1

图 4-1-33 效果图绘画案例 2

3.做色彩在干、湿状态下的变化对比，做相同颜色、相同款式服装绘画干、湿画法效果的对比练习。

任务评价

表 4-1-1 任务评价表

<table>
<tr><td colspan="2">学习领域</td><td colspan="4">服装设计基础</td></tr>
<tr><td colspan="2">学习情境</td><td colspan="4">服装效果图绘画</td></tr>
<tr><td colspan="2">任务名称</td><td colspan="2">不同绘画材料的服装效果图绘画</td><td>任务完成时间</td><td></td></tr>
<tr><td colspan="2">评价项目</td><td>评价内容</td><td>标准分值</td><td>实得分</td><td>扣分原因</td></tr>
<tr><td rowspan="10">任务分解完成评价</td><td rowspan="7">任务实施能力评价</td><td>人物造型准确美观</td><td>10</td><td></td><td></td></tr>
<tr><td>服装刻画细致合理，衣纹表达准确</td><td>10</td><td></td><td></td></tr>
<tr><td>着色技法运用恰当、准确</td><td>20</td><td></td><td></td></tr>
<tr><td>线条绘画流畅</td><td>10</td><td></td><td></td></tr>
<tr><td>画面构图美观合理</td><td>10</td><td></td><td></td></tr>
<tr><td>画面干净</td><td>10</td><td></td><td></td></tr>
<tr><td></td><td></td><td></td><td></td></tr>
<tr><td rowspan="3">任务实施态度评价</td><td>任务完成数量</td><td>10</td><td></td><td></td></tr>
<tr><td>学习纪律与学习态度</td><td>10</td><td></td><td></td></tr>
<tr><td>团结合作与敬业精神</td><td>10</td><td></td><td></td></tr>
<tr><td rowspan="3">评价结论</td><td>班级</td><td colspan="4"> | 姓名 | | 学号 | | 组别 | | 合计分数 | </td></tr>
<tr><td>评语</td><td colspan="4"></td></tr>
<tr><td>评价等级</td><td colspan="4"> | 教师评价人签字 | | 评价日期 | </td></tr>
</table>

知识测试

1. 时装效果图常见的绘画工具有哪些?

2.水彩颜料的特性有哪些?

3.彩色铅笔根据特性分为哪几种?

4.水粉颜料适合表现哪些技法?

任务二 服装人物面部特写实训

任务描述

在创作以人物为主的服装效果图中,五官的结构及其形成的面部表情是整幅画面的关键之一,好的效果图一定要表现出人物的气质和神韵,使整个作品生动起来。人物头部结构复杂,刻画时有一定难度,绘画时要抓住结构和绘画要点进行细致描画。

任务目标

1.让学生掌握时装画中头部五官的位置及画法。

2.熟练掌握面部和头发的上色技巧。

任务导入

服装人物离不开对人物头部的刻画，为不同年龄性别的人物设计服装款式，就要掌握不同人物面部的形象描绘，画出模特的美感和精神气质，增强时装画的感染力。

任务准备

绘画工具：水粉颜料、水彩颜料、铅笔（HB~2B）、自动铅笔（0.5）、橡皮、水彩纸、调色板等工具。

资料：教师搜集准备相关的图片、教学课件等。

必备知识

头部的画法

人物头部是视线的焦点，不同的人种，不同的年龄，每个人面部都有其独特的个性特征，每个人又有自己的审美品味。在绘画时应该把每个人的风格展现出来，根据不同的服装款式改变其妆容和发型，以便更好地与服装相协调。

时装画调肤色，水粉颜料可以用多一点的白色加少量的大红、土黄再加一点点绿，水彩颜料可以用熟褐、橘黄、赭石等调出来再加大量的水，第一遍上色基本平涂，然后逐步深入刻画暗部。如果是大幅的水彩头部绘画，肤色可以用晕染的方法，先用清水打湿，笔蘸颜料要充分饱满，趁湿晕染，动作要迅速，纸张干了就不好处理了。小幅的头部肤色绘画可以直接用分染法，两支笔，一支蘸肤色，一支蘸清水，涂一笔颜色就用另一支清水笔按照明暗分染过渡。肤色的明暗立体效果要根据脸部结构起伏变化加重肤色，肤色的深浅和色调要一致，加重的部分就是凹陷产生阴影的部位，包括眼窝、颧骨下面、太阳穴以及嘴巴下面。为了让脸看起来更立体，在脸颊两侧打上阴影，突出骨骼。相反凸起的部分如额头、鼻梁和鼻头要留出高光。

一张完美的头像，五官是最能打动观者的，而眼睛和嘴唇是妆容的灵魂所在。眼睛周围阴影也是刻画的重点。欧美人五官立体，眼睛深邃，所以在眉毛和眼睛之间眼窝部分比较深，中间过渡出高光。上眼睑线和瞳孔用色在整个脸部是最深的，深色的眼线会使人在视觉上有放大眼睛轮廓的效果，显得大而有神，需要加重处理。瞳孔是真正的暗色，不要涂得太满，要留反光点，让眼睛更加明亮动人，也可以最后用高光笔或高光墨水点上去。虹膜接近上眼睑部分由于上眼睑的阴影略深，颜色可以有变化，可以刻画出蓝色、棕色等不同人种的眼睛。下眼睑外眼角颜色重，向内眼角逐渐变浅。睫毛根部粗，尖部细。唇部的上色按照妆容的不同，一般要薄而透明，控制好水分。按照形的起伏加深，突出结构，留出高光。在自然光下，上唇要画出阴影，将光线反射在下唇上。上下嘴唇塑造完之后用深棕色加深嘴角颜色，调整颜色关系，把嘴唇的空间和层次关系表现出来。下嘴唇下面有阴影。人物的妆容要根据服装仔细刻画，不要简单地画一个五官就算了，妆容是服装整体设计的一部分，是设计师要表达的东西。

仔细观察模特的头发，发型是个整体，分清主次，顺着头发的走向把头发一缕一缕地画出来，掌握好明暗对比头发就会有层次感，注意头发的受光部、层次感、发丝走向和阴影。行走的模特头发最好要画出有风的感觉。

头部的着色绘画见图4-2-1。

图 4-2-1 头部着色

任务实施实训内容

实训:临摹绘画女性头部

实训任务指导:绘画步骤见图4-2-2~图4-2-4。

1.用铅笔绘制草稿,对五官细节进行精细的勾勒,并注意脖子和肩部的透视和动态。

2.肤色底色上色,平涂也可以留出高光部分。对肤色进行明暗处理,注意边缘线的深浅虚实变化。用深棕色及赭石在脸部凹陷的位置用遮挡产生阴影部位,比如鼻根眼窝处,鼻头下面,脸颊凹陷处,被头发遮挡边缘处等进行暗部色调上色。

3.五官的刻画。人的五官最重要的是眼睛,所以先画眼睛。而要画眼睛,就要先画眼睛周边的面部。第一遍上色依然注意要淡,为后期做铺垫即可。加深上眼睑线、睫毛,瞳孔颜色最深,留出反光点,虹膜可以变化颜色。鼻子是脸部的中脊,要点是将鼻子画得挺拔立体,因此可适当在鼻翼鼻底加入暗色,画鼻子还要把人中处理好,为嘴的刻画做铺垫。嘴唇用笔多用弧线以增加立体感,另外留白可以夸大一点来突出光感。嘴带动了脸部绝大部分肌肉的运动,所以别忘了对嘴角、脸颊、下巴等部位的描绘。

4.头发刻画,先从重要的几股头发开始,注意重点刻画。上色顺序基本是从上至下,从左至右,以免把画好的颜色蹭脏。细致深入画出丝般顺滑细腻的发丝,顺着头发走向用笔,要保持笔尖的尖度。

5.用小楷笔或毛笔进行勾线。需要注意,在眼角、嘴角、颧骨等转折部位进行适当的停顿,使线条更具有对比度和张力。

图 4-2-2　女性头部着色步骤 1

图 4-2-3　女性头部着色步骤 2

图 4-2-4　女性头部着色案例

任务拓展

1.绘画各透视角度的头部着色(图4-2-5)。

图 4-2-5　女性头部各角度着色

2.用电脑进行服装效果图头部绘画摹写(图4-2-6)。

图 4-2-6　电脑头部着色

3.搜集模特各种风格的头部特写或半身像，这些素材为我们进行头像写生提供了清晰的优秀素材，帮助我们了解人物头部整体造型的个性表达。在选择图片时要选择有特点、有个性的人物头像，然后摹写绘画（图4-2-7）。

图 4-2-7 头部着色摹写

任务评价

表 4-2-1 任务评价表

<table>
<tr><td colspan="2">学习领域</td><td colspan="8">服装设计基础</td></tr>
<tr><td colspan="2">学习情境</td><td colspan="8">服装效果图绘画</td></tr>
<tr><td colspan="2">任务名称</td><td colspan="4">服装人物面部特写</td><td colspan="2">任务完成时间</td><td colspan="2"></td></tr>
<tr><td colspan="2">评价项目</td><td colspan="3">评价内容</td><td>标准分值</td><td colspan="2">实得分</td><td colspan="2">扣分原因</td></tr>
<tr><td rowspan="10">任务分解完成评价</td><td rowspan="7">任务实施能力评价</td><td colspan="3">人物头部比例绘画准确</td><td>10</td><td colspan="2"></td><td colspan="2"></td></tr>
<tr><td colspan="3">人物透视正确</td><td>10</td><td colspan="2"></td><td colspan="2"></td></tr>
<tr><td colspan="3">人物着色技法得当，画面效果好</td><td>10</td><td colspan="2"></td><td colspan="2"></td></tr>
<tr><td colspan="3">线条绘画流畅</td><td>10</td><td colspan="2"></td><td colspan="2"></td></tr>
<tr><td colspan="3">细节刻画细致</td><td>10</td><td colspan="2"></td><td colspan="2"></td></tr>
<tr><td colspan="3">画面干净</td><td>10</td><td colspan="2"></td><td colspan="2"></td></tr>
<tr><td colspan="3">画面构图美观合理</td><td>10</td><td colspan="2"></td><td colspan="2"></td></tr>
<tr><td rowspan="3">任务实施态度评价</td><td colspan="3">任务完成数量</td><td>10</td><td colspan="2"></td><td colspan="2"></td></tr>
<tr><td colspan="3">学习纪律与学习态度</td><td>10</td><td colspan="2"></td><td colspan="2"></td></tr>
<tr><td colspan="3">团结合作与敬业精神</td><td>10</td><td colspan="2"></td><td colspan="2"></td></tr>
<tr><td rowspan="3">评价结论</td><td>班级</td><td></td><td>姓名</td><td></td><td>学号</td><td>组别</td><td></td><td>合计分数</td><td></td></tr>
<tr><td>评语</td><td colspan="8"></td></tr>
<tr><td>评价等级</td><td colspan="2"></td><td colspan="2">教师评价人签字</td><td colspan="2">评价日期</td><td colspan="2"></td></tr>
</table>

知识测试

1.水粉颜料如何调肤色？

2.面部肤色如何绘画？

3.唇部着色的要点是什么？

4.眼睛各部位的上色方法？

5.如何对头发进行着色？

任务三 服装面料的绘画方法实训

任务描述

服装构成的三大要素包括面料、色彩和款式。面料是服装的根本，设计师会通过面料体现自身的特点和独创性。服装画技法中面料的质地和图案的画法表现也因此显得尤为重要。画好服装效果图必须清楚地表明服装款式的特点、面料的花色和质地。

任务目标

1.使学生能够掌握不同材质面料的特点。

2.熟练掌握各种常用面料质地的绘画。

任务导入

在服装设计效果图表现中，对服装的细节和面料的质感做强化处理，是设计师对创意的表达和情感传递的视觉展现，也是对观者进行视觉引导的有效方式。好的服装设计图，对服装面料材质美的追求是必不可少的。质感表现的好坏直接影响到最终产品的效果，因此在基础训练时，要多练习各种材质面料的刻画，针对不同的材质在色泽度、肌理变化、软硬度、厚薄、通透性、悬垂性、图案等视觉元素方面，归纳总结相应的表现方法。

任务准备

绘画工具：水彩颜料、水粉颜料、彩色铅笔、马克笔、铅笔（HB~2B）、自动铅笔（0.5）、橡皮、壁纸刀、画纸、调色板等。

资料：搜集各种面料小样。

必备知识

介绍几种常见的、在视觉上差距较大的服装面料表现方法和绘画要点。

1.镂空、蕾丝面料

镂空、蕾丝面料精致而繁复，会产生透视感。绘画时，要先着底层的颜色。底层可以是面料也可以是皮肤，根据具体的服装线稿来确定，底层的结构不要勾线，只需要涂稍浅一些的颜色即可。画蕾丝效果时可以先画出不光滑质感的效果，再画出明暗的色调，可以局部强调蕾丝的立体关系，结合虚实和前后层次的表现，将纹样大体的结构和颜色表现出来即可。

2.绸缎刺绣类面料

丝绸、绸缎类面料给人的感觉柔软、滑爽、悬垂性很强。丝绸材料的表现用线要流畅、顺滑，褶裥的表现也一定是圆润的，反光的丝绸面料要留出高光的部位，高光的部位要多，高光的形状看上去像流水一样，流动感强。强调人体转折处的明暗交界线，受环境色的影响，边缘部位可以用一些醒目的颜色来表现。绸缎面料由于轻薄,人体着装状态要表现人体轮廓的起伏,人体的支点、服装紧贴人体的部位就是人体曲线的展现,宜用纤细、柔软的笔触,衣褶数量较多。远离人体的部位,由于面料的悬垂性,宜用长而连续的线条,运笔要纤长、顺畅。调色时适当增加水分,笔触要圆润丰满,用笔的方向要顺着衣纹结构下笔,忌讳反复涂抹,面料会显脏。

绸缎与刺绣结合,服装的褶皱是描绘绸缎的重点,根据衣身的大褶皱分成几个部分。图案要顺从面料的起伏变化,先用笔用清水打湿,涂固有色,趁湿用比固有色深的暗色晕染过渡,形成明暗立体效果。刺绣纹样需要厚涂,按照花纹的线条准确勾出,在花纹光影地方加重阴影,表现立体感。

3.图案面料

面料的花纹是时装画表现的一部分,花型千变万化,在表现时可以根据不同的服装风格和类型选择不同风格的花纹,整体要协调。

无论是条纹格子、几何抽象纹样还是具象印花面料,对图案和肌理效果都需要认真地考虑其组合方式、色彩、图形大小等。绘画时对于色彩丰富、结构复杂的图案,我们一般采用概括、简练、层层设色、逐步深入的方法,刻画时要掌握整体的面料效果。因人体的凸凹透视变化,服装的图案也随之产生变化,根据款式特点、人体外形、人体动势和透视变化以及光源进行细致合理地描绘。

表现条纹面料时,条纹走向是随着人体而变化的,切忌将条纹画成横平竖直,这样会显得呆板僵硬,条纹面料在凹凸人体上表现时也是曲线条纹。条纹要注意疏密、虚实、粗细、空间大小的对比,同时要注意条纹的各种交叉和重叠以及方向上的变化。

通常图案是连续纹样,循环出现的,也有独立存在的单独纹样。服装面料图案包括具象纹样和抽象纹样,我们可以在图案上添加花卉图形、动物图案、几何纹样等。复杂的纹样需要简化和概括,保留纹样的特点即可,不可面面俱到,将服装主要部位的纹样进行细致刻画,其他部位简略处理。绘画服装上的图案程序一般都是先平涂面料的底色,之后根据服装的结构做阴影的处理,再按照图案的造型逐层勾画。

4.透纱面料

透纱面料包括雪纺、乔其纱、双绉类软质透明面料和硬纱、网纱、欧根纱等硬质透明面料。透纱面料精致、轻薄、通透、朦胧,面料的表面呈现柔和的光感和飘逸感,易产生密集的碎褶。大多数这类面料都是多层叠加的。绘画时适合水彩色用透叠法来表现,以薄画法、淡彩法、晕染法进行色与色的逐层相加,产生另一种色相、明度、纯度等不同的色彩。绘画初期颜色宜浅不宜深,可以多次进行叠色,由浅至深,逐层晕染。重点是先把里面画好,再罩外面的透纱效果,层次分明,线条要简洁、流畅、轻松、自然,宜使用较细而平滑的线,而不宜使用粗而阔的线。在涂色时多加水,第一遍色干后,在多层褶皱处叠色,透纱重叠两三层以上就不透明了,用较深的颜色画碎褶的重叠部位。双层色颜色干后,再表现暗部深色。薄料在穿着之后,有贴身与飘逸之分,前者可以着重表现,而后者则可以略为虚之。透出人体的部位,要注意虚实变化,先在人体上着色,颜色可以比其他肤色稍浅,不要勾线,之后在人体上罩染透纱面料,露出皮肤的底色,形成通透的效果。

为了充分表现面料的飘逸、膨松、透明及流动的感觉,可以采用吸水较慢且纸张纹理较细的水彩纸。可先用清水将纸刷湿,待水在纸上充分渗透后,便可开始上色,这样纱的质感就能体现出来。

纱料的图案可以是印花或刺绣,印花的纱料图案,由于面料的通透性,不宜画得过于清晰和完整,只需要进行虚实的渲染即可;刺绣或珠片透纱面料会产生悬垂感,图案部位要清晰、细致地处理。

5.裘皮类面料

裘皮类面料有典型的面料质地特性，具有蓬松、无硬性转折、体积感强等特点。裘皮面料的着装效果，人体轮廓线完全被厚实蓬松的面料所覆盖，看不到人体的起伏，人体与服装之间因为厚度，距离较大。注意人体的比例即可。

在画裘皮类面料时应注意刻画皮毛边缘的轮廓，毛皮的外轮廓线是非闭合的，要根据各类皮毛的特点、毛皮的走向、花纹、长短，把蓬松感和厚度表现勾画出来。

绘画时可以先采用湿画法，在整件衣服上先涂一层清水，趁水分未干时快速按照服装的结构和毛皮的走向涂上固有色和明暗色，不要将轮廓线全部涂满，边缘留出1~2cm，颜色会不规则地扩散渗透到边缘，形成自然的分簇、分绺的一丛一丛绒毛效果。画毛针时，可以采用撇丝法。这是中国画、染织图案设计中的一种技法。在毛笔敷底色之后，将毛笔尖捏散开，形成间隔，采用干画法用曲线、波浪线、点状线勾出一组一组的针毛，避免僵硬的折线线条，注意运笔的松动、虚与实的对比和色彩渐次的晕染。画毛时要按照毛的生长规律，用笔尖从根部向外延伸，延伸的方向要符合自然引力下垂的方向。而延伸长度不宜过长，线条相对密集，注意毛堆积的厚度所产生的素描关系，可以适当留白，而在背光处一般颜色要加深。裘皮图案中常见的有“条状”“斑点状”“豹纹”等。绘画时要表现动物生长自然形成的视觉效果，注意图案色彩和毛皮底色要自然柔和过渡，边界不要僵硬。

6.编织类面料

编织类面料因材料粗细和编织花纹不同而外观呈现不同的视觉效果。针织面料是利用单线套圈编结而成，具有良好的拉伸性、弹性、抗皱性、悬垂感和透气性等特点。它的表面编织痕迹比较明显。所以，在画针织毛衫时要抓住编织面料表面纹理这一特征进行描述，就能得到比较好的效果。可以画满编结针迹，或者只在明暗交界线位置画出针迹。对于某些平针织物、表面细腻的针织物，要把握针织服装质地柔软、轮廓线条圆润的特点，简略地表现一下编织纹理特征就能取得效果。材料较粗、织物表面较毛糙、外观浑圆的针织物，褶皱线条要粗壮、圆厚，注意服装的转折及下摆的形状。

编制类面料无论是宽松的还是贴体的，都会是柔软的、弹力大的，衣纹要画成圆润、柔软的曲线。绘画时先用织物的固有色将整件服装按照人体起伏造型涂上颜色，可以在边缘留出光影。用较浅于固有色的颜色画出受光部和凸出部位的织物图案，注意虚实关系，再用较深的颜色勾画转折处、结构线和图案的凹处，突出重点。

针织物的表现集中在特有的针法变化上。编织物常见的织纹有平纹、螺纹、麦穗纹、波纹、人字纹、菱形纹、8字扭纹等。绘画针织物的图案可以选用彩色铅笔或淡彩加线描的方法进行勾画，一般在暗面简略地表现出纹理的效果即可，也可以运用阻染法利用油性颜料与水性颜料相互不容的特性绘画。比如运用油画棒先画出毛衣的纹理图案，再用水彩色或水粉色进行覆盖，利用油画棒的排水性特征产生两种颜料的分离性，油画棒涂上的部位就会清晰地呈现出来，形成编织物粗糙的质感。

7.皮革类面料

皮革面料给人硬朗、柔韧度好、厚重、圆润、弹性十足的感觉。表面细滑，反光性较强，暗部与亮部反差大，明暗交界线和明暗面在皱褶、转折处过渡明显。皮革面料和丝绸面料的反光很像，绵长而弯曲的衣褶线也会出现，但皮革比丝绸面料挺括，所以衣服的褶裥不易画得过密。大多数皮革面料硬挺，几乎没有因为重力作用产生的悬垂褶。皮革的衣纹多是因为人体产生的动态线。绘画时要分固有色、浅色、深色三个层次、概括地表现其光泽的特性，可先平涂灰调部分，留出高光及反光部分，然后再加深暗部。皮革面料分正反面制作，可以单色，也可以拼色。大部分皮装用正面制作，光泽感很强。画深色皮革面料时，可采用吸水少的卡纸和光面纸，可以先打湿画面，用稍微饱和的颜料在水分未干时快速着色，同时在褶皱的凸出部位留出高光。颜色的明度对比要大，而深浅之间的水分掌握尺度要适度，不宜反复上色和来回涂抹，在过渡中自然地融合起来。而皮革面料反过来做，如麂皮绒表面的光亮感不强，表面粗糙，且无规律是它最大的特征，所以，只要把握特征依然能表现好的效果。

8.丝绒面料

丝绒也是天鹅绒面料，质地柔软、厚实、光泽较弱、表面有绒毛，绘画时分层次进行，明暗交界线的边缘要显得柔和，形成一种模糊的感觉，利用水分未干时颜色的扩散性形成绒毛的特征。注意纸的干湿度，趁湿完成绘画，留有各层次的笔触。

9.人字呢、粗纺呢面料

人字呢、粗纺呢面料视觉效果是厚重、硬朗、悬垂性较差、色泽柔和、织物表面粗糙、图案粗犷。由于面料厚度的影响，衣褶较少，没有细碎的褶皱，宜用挺括的线条和圆弧来表现服装结构、轮廓线和转折处。呢子的反光性较弱，色彩柔和，过渡要细腻，适合厚画法，可利用平涂、磨擦等较为方便的方法表现出这种感觉来。服装对人体的覆盖较强，人体的外轮廓起伏减少，人体与服装要有空隙。绘画时先涂底色，再渲染明暗关系，然后用较细的画笔将人字呢、方格呢、粗花呢的纹路勾画在上面，注意面料在人体上的起伏、转折、虚实、疏密和大小对比关系和颜色深浅的调整。

10.羽绒类面料

羽绒类服装面料是冬季常用外套首选，有厚重蓬松的羽绒填充物，表面的凹凸感很强，在绘画时注意表现体感和绗缉效果，外观造型要浑圆呈圆弧形。

绘画时要尽量减去复杂细小的衣纹，鼓泡状态绗缝线迹处为暗部，多褶皱且颜色深，凸起部分为亮部，少纹且颜色最浅。在铅笔稿完成后，涂上固有色，用笔走向跟随衣纹，不要杂乱无章，要果断、灵活地留有笔触。之后用较深的颜色画出衣纹、褶皱的凹处。除了增加阴影部分的处理，还得在绗线的两边画上一些类似于抽褶后产生的自由线，用来加强表现羽绒服的效果。再用浅色或白色对衣纹和凸出的部位进行渲染，加强明暗层次，突出艺术效果。

11.牛仔类面料

牛仔面料表面粗糙、质地有厚薄之分，穿着舒适、透气，适合做休闲装。成衣款式一般有做旧和磨白效果，醒目的明缉线采用撞色处理是显著的特征。

牛仔通常以蓝色为主，但也有浅蓝、深蓝和靛蓝之分，还有少量的黑、白及彩色牛仔。由于牛仔面料是由一根蓝色纱线和一根白色纱线色织而成，所以牛仔面料表面的蓝色不会很纯。要表现这样的效果时，就不能使用平涂的方法，而应该相应留白并对周边进行颜色的过渡处理。上底色应该小心地避开结构线和高光区域，产生一种蓝中带白的朦胧美。绘画时可以采用涂抹和干擦的技法表现布料粗犷的纹理，也可考虑用彩铅或油画棒在比较粗糙的纸上作画，比如用白铅笔在深色的地方画出斜纹布的肌理，在高光部位用蓝色铅笔打斜纹肌理，效果也会比较好。也可以将颜色涂在粗糙的斜纹布上再沾到画面上也能营造逼真的纹理效果。

常见的牛仔服装要做水洗、磨砂、猫须、手擦、马骝等做旧处理，会处理成记忆锯齿褶，在膝盖等部位人为处理成经常弯曲状态造成的永久性的褶皱痕，褶皱痕的颜色还会处理成摩擦而渐渐发白的磨白效果，有些还会处理成破洞造成时尚的既视感。在绘画时画出这些牛仔的典型特点，就会使面料效果显得真实。

任务实施实训内容

实训:常用服装面料写生练习

实训任务指导:面料写生是掌握面料质感表现的重要方法,根据面料真实的质感,运用合适的绘画工具进行写生绘画,能够迅速提高面料的表现力。这对服装画的表现是十分重要的,提升了画面的真实性。想画好服装面料,在技法的基础上要靠自己的勤学苦练,多多实践后才能掌握手感。

1.镂空、蕾丝面料绘画步骤(图4-3-1)。

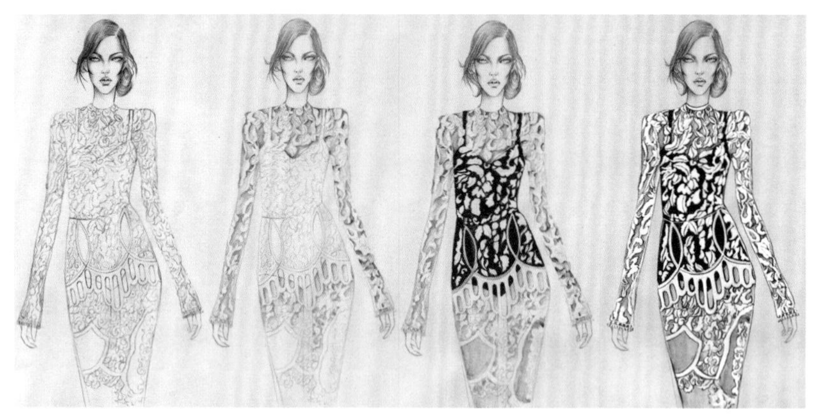

图 4-3-1 镂空、蕾丝面料绘画步骤

2.绸缎类面料绘画步骤(图4-3-2、图4-3-3)。

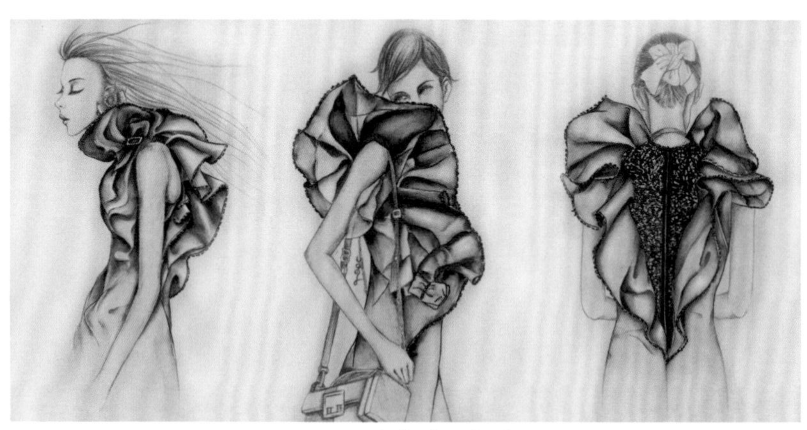

图 4-3-2 绸缎类面料绘画

图 4-3-3 绸缎刺绣类面料绘画步骤

3.图案面料绘画步骤（图4-3-4、图4-3-5）。

图 4-3-4　图案面料绘画步骤 1

图 4-3-5　图案面料绘画步骤 2

4.透纱面料绘画步骤（图4-3-6）。

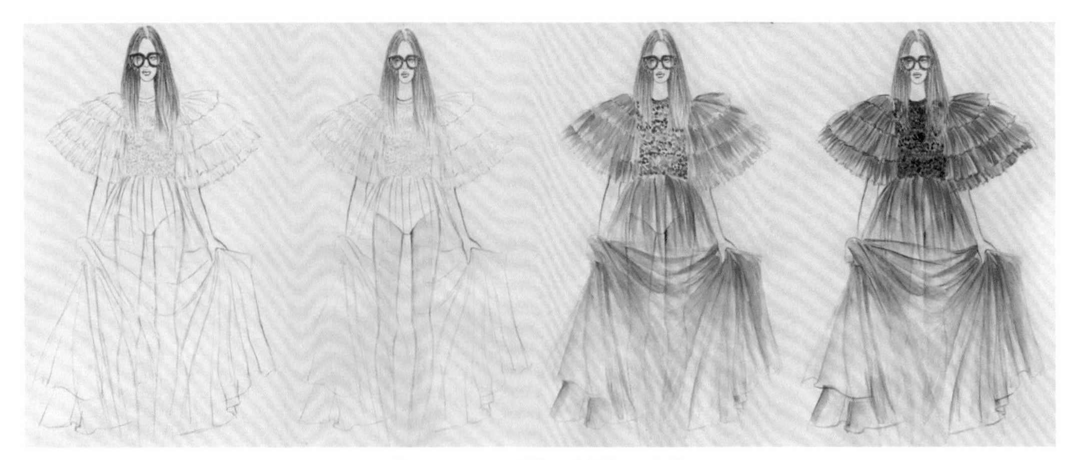

图 4-3-6　透纱面料绘画步骤

5.裘皮类面料绘画步骤（图4-3-7、图4-3-8）。

图 4-3-7　裘皮面料绘画步骤 1

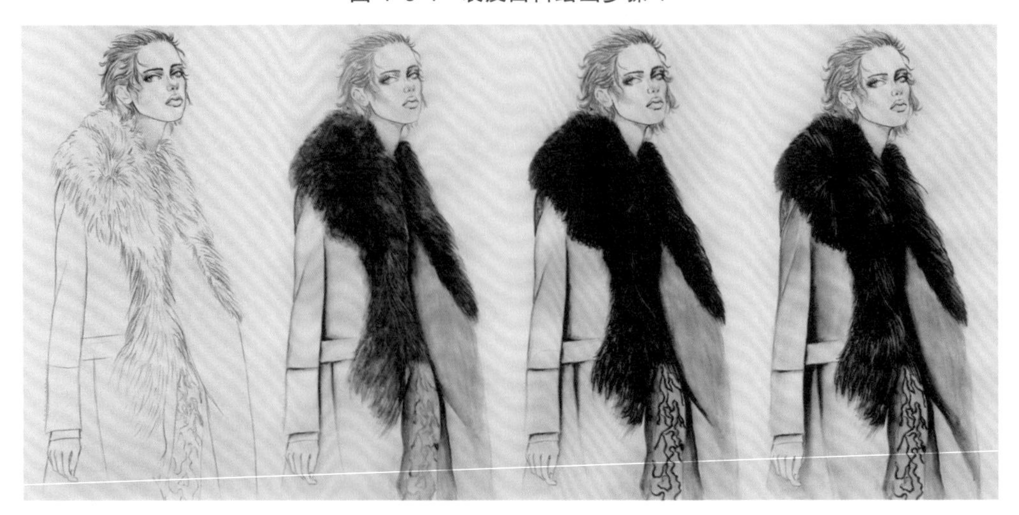

图 4-3-8　裘皮面料绘画步骤 2

6.编织类面料绘画步骤（图4-3-9）。

图 4-3-9　编织面料绘画步骤

7.皮革类面料绘画步骤（图4-3-10）。

图 4-3-10　皮革面料绘画步骤

8.丝绒面料绘画步骤（图4-3-11）。

图 4-3-11　丝绒面料绘画步骤

9.人字呢、粗纺呢面料绘画步骤（图4-3-12）。

图 4-3-12 粗纺格呢面料绘画步骤

10.羽绒类面料绘画步骤（图4-3-13）。

图 4-3-13 羽绒类面料绘画步骤

11.牛仔类面料绘画步骤（图4-3-14）。

图 4-3-14 牛仔类面料绘画步骤

任务拓展

1. 同种材质面料用不同的绘画工具做效果图练习。

2.搜集各种不同的面料小样，观察面料的视觉特征，并把它们绘制出来。

任务评价

表 4-3-1 任务评价表

<table>
<tr><td colspan="2">学习领域</td><td colspan="4">服装设计基础</td></tr>
<tr><td colspan="2">学习情境</td><td colspan="4">服装效果图绘画</td></tr>
<tr><td colspan="2">任务名称</td><td colspan="2">服装面料质感表现</td><td>任务完成时间</td><td></td></tr>
<tr><td colspan="2">评价项目</td><td>评价内容</td><td>标准分值</td><td>实得分</td><td>扣分原因</td></tr>
<tr><td rowspan="10">任务分解完成评价</td><td rowspan="7">任务实施能力评价</td><td>面料技法绘画得当</td><td>10</td><td></td><td></td></tr>
<tr><td>面料质感表达真实</td><td>10</td><td></td><td></td></tr>
<tr><td>画面效果好、艺术性强</td><td>10</td><td></td><td></td></tr>
<tr><td>线条绘画流畅</td><td>10</td><td></td><td></td></tr>
<tr><td>细节刻画细致</td><td>10</td><td></td><td></td></tr>
<tr><td>画面干净</td><td>10</td><td></td><td></td></tr>
<tr><td>画面构图美观合理</td><td>10</td><td></td><td></td></tr>
<tr><td rowspan="3">任务实施态度评价</td><td>任务完成数量</td><td>10</td><td></td><td></td></tr>
<tr><td>学习纪律与学习态度</td><td>10</td><td></td><td></td></tr>
<tr><td>团结合作与敬业精神</td><td>10</td><td></td><td></td></tr>
<tr><td rowspan="3">评价结论</td><td>班级</td><td colspan="4"> | 姓名 | | 学号 | | 组别 | | 合计分数 | </td></tr>
<tr><td>评语</td><td colspan="4"></td></tr>
<tr><td>评价等级</td><td></td><td>教师评价人签字</td><td>评价日期</td><td></td></tr>
</table>

知识测试

1.牛仔面料的特点有哪些？

2.常用的服装纺织品种类有哪些？

3.镂空面料的绘画顺序是什么？

4.丝绸类面料的绘画技巧有哪些？

5.羽绒类面料的外观特点有哪些？

任务四　服装画的勾线技巧实训

任务描述

在时装画的表达中，勾线是时装效果图绘画不可缺少的重要组成部分。好的勾线能够清楚地表达服装的款式和细节，体现着设计师高超的绘画技艺。不同形状、不同性格的线条是设计师个人绘画风格和精神内涵的抒发，是强化设计者的主观意念和烘托整体画面气氛的一种表现手法。

任务目标

1.明确服装效果图各种匀线的方法。

2.熟练掌握各种线的变化。

任务导入

线条是时装画的骨，线是面的边界，线条的流畅与变化是对人物及服装刻画的关键。时装画中的线，主要是通过粗细、曲直、浓淡、疏密来进行勾勒，从而塑造线、面和体。

任务准备

绘画工具：毛笔、针管笔、小楷笔、画夹、铅笔（HB~2B）、自动铅笔（0.5）、橡皮、画纸等。

必备知识

时装画的勾线起源于东方传统的勾线方法，传统的勾线利用行笔的力度和速度，形成线条的粗细、转折、虚实、连断、浓淡和顿挫。不同风格的线条会产生不同的视觉效果，时装画的勾线一般中锋用笔，线条要挺健流畅、力透纸背，忌涩、飘和散。勾线时，小处连，大处断，小处扎实准确，大处笔断意不断，虚实相生。任何一根线都由起笔、行笔和收笔三个部分组成，正确掌握和运用这三个动作是勾线成败的关键。行笔前要呼吸均匀、气息流畅，这样才能勾出"春蚕吐丝"般劲健连绵的线条。

时装画技法中的勾线主要包括以下三种形式。

一、匀线勾线法

匀线勾线是指线条没有粗细宽窄，不追求变化，笔尖在运笔时压力保持均匀一致。它的特点是线迹均匀、清晰、流畅、规整、细致、平实、简洁、应用普遍。这种勾线方法类似于白描，具有一定的装饰性，适合表现图形的轮廓和处理阴影暗部的排线。细的匀线有轻薄、细腻的质感，粗的匀线则相对表现厚重、粗犷的面料质地。在时装效果图表现中可以粗细匀线结合使用，在不同的部位、不同的材质上分别使用不同粗细、密度的匀线，会使画面表现力增强，细节表现精致。

适合服装画匀线勾线的画具包括针管笔、铅笔、钢笔、签字笔、描线毛笔等。直立使用笔尖，利用手腕对笔缓缓发力，追求端庄稳重，力透纸背（图4-4-1）。

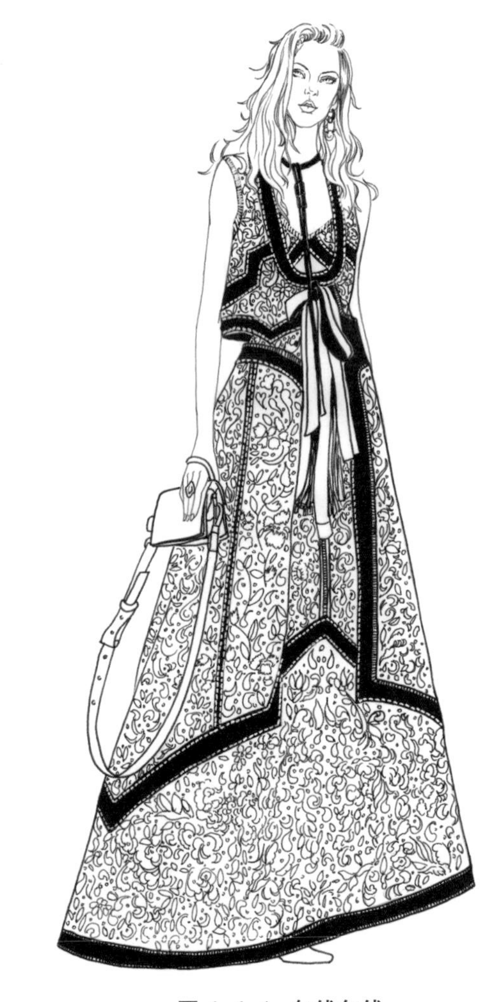

图 4-4-1 匀线勾线

二、写意勾线法

写意勾线法，特征是丰富自由、笔法挺拔、张弛有度、抑扬顿挫、干练利落、刚柔并济、跌宕起伏，下笔时而利落如刀锋，时而飘逸流转如行云流水，无穷的变化是写意勾线的魅力所在。服装效果图中写意勾线类似速写的笔触，勾线时使用聚锋好的毛笔或软头的美文字笔、小楷笔，利用笔的中锋和侧锋，悬腕，通过对笔尖实施不同压力使线条产生浓淡、粗细和形状上的变化，自如控制、随心而动。具体表现在勾画时用线的粗、重部位线条表现服装和人物的硬朗、凹陷、背光部和厚实的部位，凸起为细、转折为粗，褶线要有连贯性。这样勾线，服装的整体造型及艺术气氛更生动、强烈，增强了服装的立体效果（图4-4-2）。

三、不规则勾线法

不规则勾线的特点是偶然性和不可复制性，表现为苍劲有力、丰富随意、奔放而有力度，具有较强的个性美，适合表现面料丰富的肌理变化以及质感对比强烈的织物。绘画时多用粗犷的毛笔、炭笔等，类似枯笔的效果，水份干涩，倾斜笔尖，利用手腕的速度创造出参差的笔触变化，线条追求不规则的视觉效果。这种勾线方法适合表现粗纺厚重的秋冬面料、手工编织和表面凹凸不平的肌理再加工面料（图4-4-3）。

图 4-4-2 写意勾线

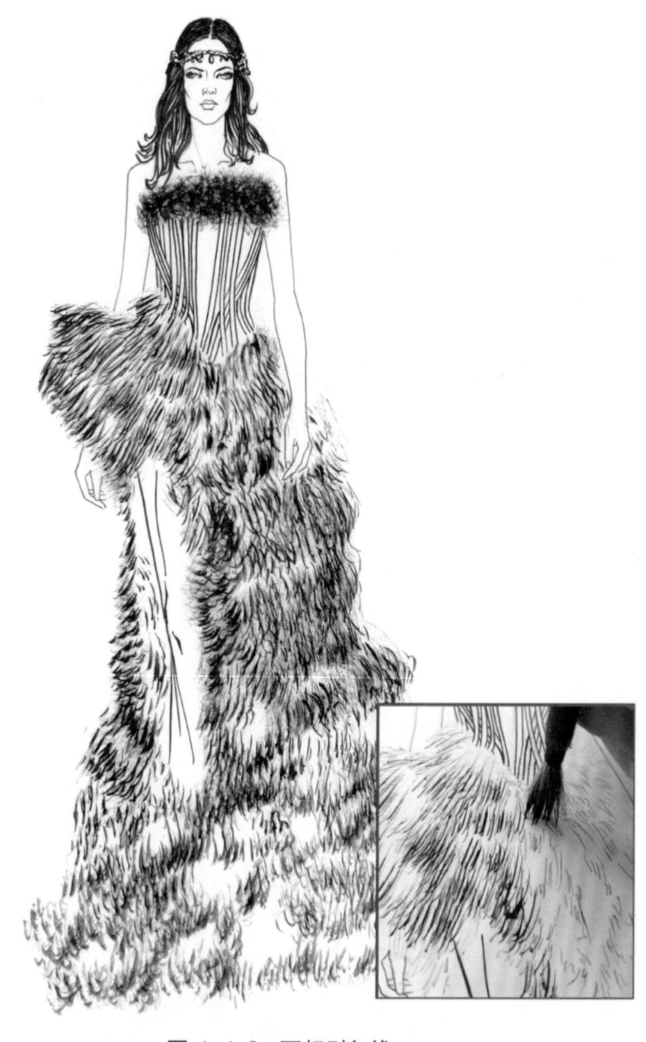

图 4-4-3 不规则勾线

以上三种勾线方法各具特点，在服装效果图创作中可以根据不同的面料质感和不同的服装造型来灵活选择、结合使用。

任务实施实训内容

实训：服装效果图勾线技法实训

实训任务指导：服装效果图勾线对于服装材质的表达至关重要，皮草服装使用参差的短线，丝绸面料要使用顺滑的长线，面料挺而薄适合用刚劲挺拔、流畅清晰的线条来表现，呢料使用有力度的线条等等。勾线时要笔法流畅，一气呵成，切忌犹豫停顿，反复重描。勾线行笔不要太快，要有节奏。勾短线腕肘着桌面做支撑点，以手指活动为主；勾长线悬腕肘着桌面，以腕部活动为主。勾线实例见图4-4-4、图4-4-5）。

图 4-4-4　匀线勾线案例

图 4-4-5　写意勾线案例

任务拓展

1. 以秀场照片为参考，做时装效果图线稿速写式勾线练习。

2.中国传统艺术就是一种线性艺术，中国画是极讲究用线之美的，线是中国造型艺术的精髓和灵魂，以中国传统绘画为素材进行勾线练习，提高勾线表达能力（图4-4-6）。

图 4-4-6 国画线描练习

任务评价

表 4-4-1 任务评价表

<table>
<tr><td colspan="2">学习领域</td><td colspan="4">服装设计基础</td></tr>
<tr><td colspan="2">学习情境</td><td colspan="4">服装效果图绘画</td></tr>
<tr><td colspan="2">任务名称</td><td colspan="2">服装画勾线方法</td><td>任务完成时间</td><td></td></tr>
<tr><td colspan="2">评价项目</td><td>评价内容</td><td>标准分值</td><td>实得分</td><td>扣分原因</td></tr>
<tr><td rowspan="10">任务分解完成评价</td><td rowspan="7">任务实施能力评价</td><td>勾线准确到位</td><td>10</td><td></td><td></td></tr>
<tr><td>勾线笔法流畅、用笔肯定</td><td>10</td><td></td><td></td></tr>
<tr><td>勾线技法准确</td><td>10</td><td></td><td></td></tr>
<tr><td>画面构图美观合理恰当</td><td>10</td><td></td><td></td></tr>
<tr><td>细节刻画细致</td><td>10</td><td></td><td></td></tr>
<tr><td>画面干净</td><td>10</td><td></td><td></td></tr>
<tr><td>人物比例准确、美观</td><td>10</td><td></td><td></td></tr>
<tr><td rowspan="3">任务实施态度评价</td><td>任务完成数量</td><td>10</td><td></td><td></td></tr>
<tr><td>学习纪律与学习态度</td><td>10</td><td></td><td></td></tr>
<tr><td>团结合作与敬业精神</td><td>10</td><td></td><td></td></tr>
<tr><td rowspan="3">评价结论</td><td>班级</td><td></td><td>姓名</td><td></td><td>学号</td><td></td><td>组别</td><td></td><td>合计分数</td><td></td></tr>
<tr><td>评语</td><td colspan="9"></td></tr>
<tr><td>评价等级</td><td></td><td>教师评价人签字</td><td></td><td>评价日期</td><td></td></tr>
</table>

知识测试

1.服装效果图勾线方法有哪些?

2.匀线勾线法的特点有哪些?

3.写意勾线法的特点有哪些?

任务五　服装画的背景处理实训

任务描述

时装画背景的处理，是通过整体环境气氛的渲染来更加突出主体人物的着装效果，能更好地烘托设计者的设计意图和设计思维，使设计作品更具有感染力。

任务目标

1.了解服装效果图背景处理的方法。

2.能够掌握合理地运用背景烘托人物。

任务导入

服装效果图中的背景是指作品中烘托人物背后的衬景。时装画背景和环境描绘的目的是，强调人物空间位置、渲染、补充，使画面更加完整。

任务准备

绘画工具：笔记本、水彩颜料、铅笔（HB~2B）、自动铅笔（0.5）、橡皮、壁纸刀、画纸等。

必备知识

一、写实背景

时装画写实背景具有完整的、具体的写实形象和纹理。色彩不可太跳跃，对比不可太强烈，宜选择纯度较低的颜色，体量感可以厚重一些，聚集焦点，烘托主体人物所身处的具体环境特点。

二、干净式背景

干净式的时装画背景是完全不作任何处理，洁净的画面，明确而强烈地突出主体人物。这种方法在服装效果图绘画上也是很普遍的，主体突出、简便、易于操作。

三、分割式背景

时装画的分割式背景就是将人物所处的背景空间分割成独立的小部分，这种空间分割法起到丰富空间肌理和聚焦视线的作用。在分割小空间时，每一部分的小面积不可分割得太细碎，破坏整体感。

四、自由式背景

时装画自由式背景是将与主体人物相协调的一切视觉设计元素，比如文字、图像、点线面抽象图形等有机地组合拼贴。元素的选择必须依据设计的主题内涵，用以烘托和深化主体形象。

五、边缘式背景

时装画边缘式背景处理是在主体人物的边缘做描边，使人物的轮廓更加突出，主要目的是加强服装人物的主体形象。在描边处理时可以根据光源方向在背光一面进行描边，这样使人物具有光感和空间感的变化。

六、窗式背景

时装画窗式背景指在主体人物后添加一个任意形状的色块或者边框，使人物仿佛置身于窗前，增加了画面的层次感和空间感。

任务实施实训内容

实训：服装效果图背景添加练习

实训任务指导：时装画是将服装与人和环境完美协调地成为一个统一体。时装画的背景处理一般不宜过于具体和细致，可以进行虚淡化、局部化、单纯化、平面化、抽象化等处理，以免喧宾夺主。具体应用见图4-5-1~图4-5-7。

图 4-5-1 时装画背景处理 1

图 4-5-2 时装画背景处理 2

图 4-5-3 时装画背景处理 3

图 4-5-4 时装画背景处理 4

图 4-5-5　时装画背景处理 5

图 4-5-6　时装画背景处理 6

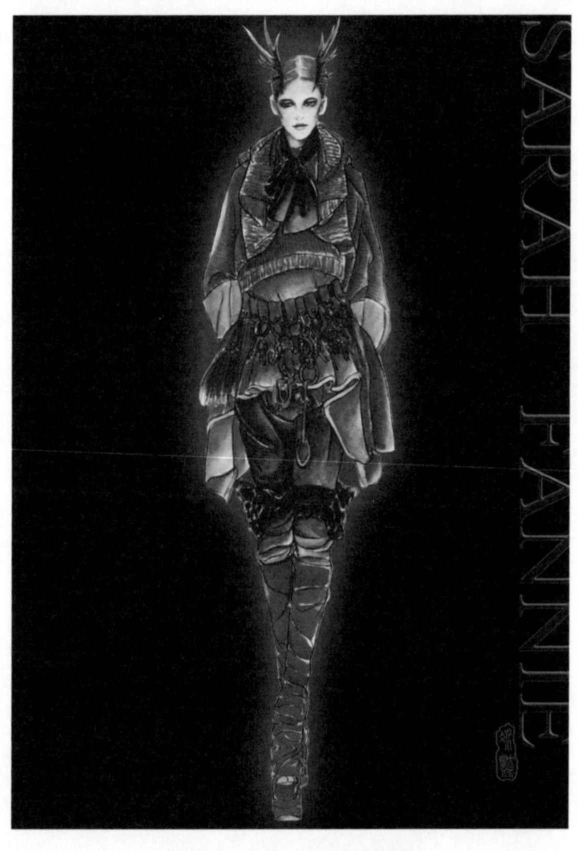

图 4-5-7 时装画背景处理 7

任务拓展

1. 选择一个设计主题，根据人物服装风格搭配一个合适的背景。

2. 将服装效果图做三种以上的背景搭配对比。

任务评价

表 4-5-1　任务评价表

<table>
<tr><td colspan="2">学习领域</td><td colspan="4">服装设计基础</td></tr>
<tr><td colspan="2">学习情境</td><td colspan="4">服装效果图绘画</td></tr>
<tr><td colspan="2">任务名称</td><td colspan="2">服装效果图的背景处理</td><td>任务完成时间</td><td></td></tr>
<tr><td colspan="2">评价项目</td><td>评价内容</td><td>标准分值</td><td>实得分</td><td>扣分原因</td></tr>
<tr><td rowspan="10">任务分解完成评价</td><td rowspan="7">任务实施能力评价</td><td>背景处理合理、恰当、烘托人物</td><td>20</td><td></td><td></td></tr>
<tr><td>服装造型准确</td><td>10</td><td></td><td></td></tr>
<tr><td>人体动态美观，符合运动规律</td><td>10</td><td></td><td></td></tr>
<tr><td>线条绘画流畅、用笔肯定</td><td>10</td><td></td><td></td></tr>
<tr><td>细节刻画细致</td><td>10</td><td></td><td></td></tr>
<tr><td>画面构图美观、合理、恰当</td><td>10</td><td></td><td></td></tr>
<tr><td></td><td></td><td></td><td></td></tr>
<tr><td rowspan="3">任务实施态度评价</td><td>任务完成数量</td><td>10</td><td></td><td></td></tr>
<tr><td>学习纪律与学习态度</td><td>10</td><td></td><td></td></tr>
<tr><td>团结合作与敬业精神</td><td>10</td><td></td><td></td></tr>
</table>

<table>
<tr><td rowspan="3">评价结论</td><td>班级</td><td></td><td>姓名</td><td></td><td>学号</td><td></td><td>组别</td><td></td><td>合计分数</td><td></td></tr>
<tr><td>评语</td><td colspan="9"></td></tr>
<tr><td>评价等级</td><td colspan="2"></td><td colspan="2">教师评价人签字</td><td colspan="2"></td><td colspan="2">评价日期</td><td></td></tr>
</table>

知识测试

1.举例说明常用的服装效果图背景处理方法有哪些？

2.背景处理原则有哪些？

3.服装效果图背景和人物的关系是什么？

模块三

服装设计理论和方法

项目五　形式美法则应用

项目透视

服装的形式美即服装的外观美，服装的实用功能具有相对的稳定性，如遮体、御寒对绝大多数人的意义几乎是一致的。而服装的外观美则是具有很大的可变性，不同时间、不同民族、不同着装个体对此都有不同的要求。因此，服装的外观美是服装设计者必须认真研究的课题。而且服装形式美的基本法则是服装外观美的主要构成要素。

项目目标

技能目标：通过讲练结合，培养学生分析、判断、解决问题的能力和求变的思维能力，开拓眼界，提高创作能力。

知识目标：通过本项目的学习，了解和掌握各种形式美法则，并能合理地运用到服装设计中，以适用不同设计的需求，为以后的设计打下良好的基础。

项目导读

点、线、面、体 ⟹ 形式美法则

项目开发总学时：8学时

任务一　服装中形式美法则构成的基本要素应用实训

任务描述

本项目以点、线、面、体构成形式为基础，探讨和研究服装款式构成的形式和原理。服装款式构成是有规律的，掌握了款式构成的规律并能运用美的法则去表现服装美的形式，也就掌握了服装表现的语言，这些法则对提高我们的艺术修养和创作能力有良好的指导意义。

任务目标

1.了解点、线、面、体的特点以及与服装之间的关系，找出点、线、面运用的优秀设计案例。

2.将教师给出的服装进行改造设计，注意运用点、线、面、体的基本知识。

任务导入

服装设计就是运用美的形式法则有机地组合点、线、面、体，形成完美造型的过程，点、线、面、体既是独立的因素，又是一个相互关联的整体。

必备知识

构成，也就是组合。在服装设计中，服装造型属于立体构成。服装设计就是运用美的形式法则把点、线、面、体有机地结合起来，形成完美造型的过程。点、线、面、体既是独立的，又是相互关联的。

一、点

在几何学上，点只有位置，没有面积。但若见之于图形，则点有不同大小和面积。至于面积多大才算是点，则要根据画面整体的大小和其他要素的比较来决定。

点是构成中最小、最灵活的要素。如纽扣、胸花、口袋、衣领、小面积的装饰等。点的设计在服装中可以起到画龙点睛的作用。在服装设计中，点的大小和形状是不固定的。

1.单点:标明位置,注意力集中(图5-1-1)。

图 5-1-1 单点在服装中的应用

2.两点:稳定,视觉效果丰富(图5-1-2)。

图 5-1-2 两点在服装中的应用

3. 多点：大小相等的点数量增多组合一起，给人以层次感、次序感，注意力分散（图5-1-3）。

图 5-1-3　多点在服装中的应用

4.大小点：一定数量，大小不等的点的排列，给人有组织、有重点、有节奏、跃动、随意的感觉（图5-1-4）。

图 5-1-4　大小点在服装中的应用

二、线

点的运动轨迹形成线。线也是一切边缘和面的交界。几何学上的线是没有粗细的，只有长度和方向，但若见之于图形，线就有了宽窄粗细，有了可塑性。

线作为重要的造型元素，以抽象的形态存在于自然形态中，是一种重要的构成语言。每一条线都有它自己的特性，这很大程度上取决于它的定位、方向、连续性和描绘时所使用的材料。

线可分为直线、曲线和折线，它又有长短、粗细、位置以及方向上的变化。在服装中线的运用非常广泛，如外轮廓造型线、剪缉线、省道线、褶裥线、装饰线以及面料线条图案等。不同特征的线也给人们不同的感受。

1.直线:最简洁、明了的线。特点是硬直、坚强、单纯、规整、刚毅等。直线可分为水平线、垂直线、斜线三种,设计中男装应用较多(图5-1-5)。

图 5-1-5　直线在服装中的应用

2.曲线:点做弯曲移动时形成的轨迹。特点是圆润、委婉、飘逸、柔软、优雅等。曲线可分为几何曲线、自由曲线两种,设计中多用于女装(图5-1-6)。

图 5-1-6　曲线在服装中的应用

3.折线：多条线段首尾依次相接组成的曲折连线。特点是尖硬、锐利、不安定、有张力等。设计中男女装均可（图5-1-7）。

图 5-1-7 折线在服装中的应用

三、面

线的移动轨迹形成了面。面具有长度、宽度，无厚度，其表面受线的界定，具有一定的形状。实面，指有明确形状并能实在看到的面。虚面，指不真实存在但能被我们感知的面。

面就是比点感觉大，比线感觉宽的大块形态。主要表现在服装的裁片，分割后的面，如衣身，衣袖、裙片等。从形态上可分为几何形、有机形、偶然形、不规则形四种。

服装是立体的，服装上的面也不会是完全平坦的，其表面有不平整性。将面当作一个"平面"来研究，是为了把服装形态简单化。服装中被结构线或装饰线包围的不同色彩、不同肌理、不同材料、不同形状的衣片及大面积的图案等均可看做是面。归根结底面在服装中是通过色彩、面料、衣片、图案的块面来表现的（图5-1-8）。

图 5-1-8 面在服装中的应用

四、体

体是由面与面的组合而构成的，有三维空间的概念。不同的角度，体将会有不同的视觉形态。

体是自始至终贯穿于服装设计中的基础要素，设计者要树立完整的立体形态概念。一方面服装的设计要符合人体的形态以及运动时人体变化的需要，另一方面通过对体的创意性设计也能使服装别具风格（图5-1-9）。

图 5-1-9　体在服装中的运用

点、线、面、体是款式构成的基本要素，在整套服装中，常常要综合运用这些要素，但要突出重点，合理搭配（图5-1-10）。

图 5-1-10　点、线、面、体在服装中的综合运用

任务实施实训内容

运用形式美构成要素中点、线、面、体做款式构成设计（图5-1-11、图5-1-12）。

图 5-1-11　点、线、面、体在服装设计中的运用 1

图 5-1-12　点、线、面、体在服装设计中的运用 2

任务拓展

1. 找出班级同学的服装中运用点、线、面的设计。
2. 收集著名设计师的作品，挑出有点、线、面、体设计要素的作品，并加以分析。
3. 运用点、线、面知识对自已的作品进行重新的设计改造，完成彩色效果图。

任务评价

表 5-1-1　任务评价表

<table>
<tr><td colspan="2">学习领域</td><td colspan="4">服装设计基础</td></tr>
<tr><td colspan="2">学习情境</td><td colspan="4">服装中形式美法则构成的基本要素</td></tr>
<tr><td colspan="2">任务名称</td><td colspan="2">运用点、线、面、体的构成要素设计服装款式</td><td>任务完成时间</td><td></td></tr>
<tr><td colspan="2">评价项目</td><td>评价内容</td><td>标准分值</td><td>实得分</td><td>扣分原因</td></tr>
<tr><td rowspan="10">任务分解完成评价</td><td rowspan="7">任务实施能力评价</td><td>点、线、面运用合理准确</td><td>30</td><td></td><td></td></tr>
<tr><td>线条绘画流畅</td><td>10</td><td></td><td></td></tr>
<tr><td>服装款式表达美观合理</td><td>10</td><td></td><td></td></tr>
<tr><td>色彩搭配合理</td><td>10</td><td></td><td></td></tr>
<tr><td>画面干净整洁</td><td>10</td><td></td><td></td></tr>
<tr><td></td><td></td><td></td><td></td></tr>
<tr><td></td><td></td><td></td><td></td></tr>
<tr><td rowspan="3">任务实施态度评价</td><td>任务完成数量</td><td>10</td><td></td><td></td></tr>
<tr><td>学习纪律与学习态度</td><td>10</td><td></td><td></td></tr>
<tr><td>团结合作与敬业精神</td><td>10</td><td></td><td></td></tr>
</table>

<table>
<tr><td rowspan="3">评价结论</td><td>班级</td><td></td><td>姓名</td><td></td><td>学号</td><td></td><td>组别</td><td></td><td>合计分数</td><td></td></tr>
<tr><td>评语</td><td colspan="9"></td></tr>
<tr><td>评价等级</td><td colspan="2"></td><td colspan="2">教师评价人签字</td><td colspan="2"></td><td>评价日期</td><td colspan="2"></td></tr>
</table>

知识测试

1.形式美法则的基本要素包括哪些？
2.什么是点？点在服装设计中如何体现？
3.什么是线？服装中线的种类有哪些？
4.什么是面？服装中的面主要指什么？
5.什么是体？如何把握服装设计中的立体结构？

任务二　形式美基本原理和法则在服装设计中的应用实训

任务描述

本项学习让学生熟练掌握形式美法则定义和使用原理，使学生能够理论与实践相结合，培养提高实际操作能力和综合知识的运用能力。

任务目标

1.结合服装案例理解形式美基本原理和法则在服装设计中的应用。

2.运用形式美法则进行服装作品设计。

任务导入

服装造型设计的形式美法则，主要体现在服装款型构成，色彩配置，以及材料的合理搭配上。要处理好服装造型美的基本要素之间的相互关系，必须依靠形式美的基本规律和法则。

任务准备

学具：教材、笔记本、铅笔（HB~2B）、自动铅笔（0.5）、橡皮、壁纸刀、水粉颜料、八开水粉纸、范画图片。

必备知识

形式美法则是一种艺术法则，是事物要素组合构成的原理，服装形式美法则就是指服装构成要素进行组合构成的原理。

一、对称与均衡

（一）对称

对称是服装造型的基本形式，表现为在对称轴的两侧或中心点的四周，图形或造型元素在大小、高低、线条、色彩、图案等完全相同的装饰组合。对称形式多用于工装、军装、制服等服饰，在多变的时装中也存在着局部对称（图5-2-1）。

对称的特点是单调、稳定、庄严、整齐、朴素，呈现一种静止的状态，处理不当易显呆板、生硬。

图 5-2-1　对称在服装中的应用

（二）均衡

均衡是一种不对称的平衡，表现为在中轴线两侧或中心点四周的图形或造型元素在大小、长短、疏密、虚实等虽然不相同，但可以变换位置、调整空间、改变面积等使得整体视觉上的平衡（图5-2-2）。

均衡的特点是生动、活泼、轻松、多变、新潮，处理不当易显凌乱而不协调。

图 5-2-2　均衡在服装中的应用

二、对比与调和

（一）对比

对比是两个性质相反的元素组合在一起，产生强烈的视觉反差，通过对比增强自身的特性。如过多运用会使设计的内在关系过于冲突，缺乏统一性。

1.形态对比：通过形状的大小、粗细、长短、曲直、高矮、凹凸、宽窄、厚薄，方向的垂直、水平、倾斜，数量的多少，排列的疏密，位置的上下、左右、高低、远近等多方面的对立因素来达到的（图5-2-3）。

图 5-2-3　形态对比在服装中的应用

2.色彩对比:利用色相、明度、纯度的差异,或利用色彩的形态、面积、空间的处理形成对比,构成鲜明、夺目的色彩美感(图5-2-4)。

图 5-2-4　色彩对比在服装中的应用

3.面料对比:通过面料的质感肌理,如厚薄、明暗、粗细、软硬、干湿、糙滑、轻重等进行对比(图5-2-5)。

图 5-2-5　面料对比在服装中的应用

(二)调和

调和是指形与形、色与色、材料与材料之间的相互协调与完美,给人以安静、舒适、柔和之感。在不同造型要素中强调其共性,达到协调统一。调和并不仅仅指有相同的因素,它是适度的、不矛盾的、不分离、不排斥的相对稳定状态(图5-2-6)。

图 5-2-6 调和在服装中的应用

三、比例与分割

（一）比例

比例是服装设计的重要法则。服装上的比例是指服装各个部位之间的数量比值，它涉及长短、多少、宽窄等因素。要想服装整体美观，服装比例非常重要，比如上衣与下装、腰线分割、衣长和领长、领宽和肩宽、附件与服装、附件与附件之间。如果不同颜色组合服装，每种颜色所占面积要适当；如果有装饰图案，图案的大小、位置也要适当。这样才能呈现完美的比例关系（图5-2-7）。

图 5-2-7 比例在服装中的应用

（二）分割

分割就是把一个大形态切割成两个或多个小形态。分割既是服装裁剪制作的结构需要，也是服装设计装饰的需要。分割作为一种设计手段和表现形式，具有以下五方面的作用。

1.分割可以充实款式细节，增加表现内容。分割越多，款式效果越活泼。

2.分割可以加入拼色效果，分割线起到装饰作用。

3.可以在分割线中增加或减少衣片面积，造成服装的凹凸效果，使服装更加适体或向外扩张，如在分割线内收省或抽褶等。

4.可以运用分割线的位置、方向，造成面积对比，并产生视觉上的横向、纵向或斜向的移动，增加视觉感受。

5.可以充分利用小块面料，以便降低成本，如皮革服装的拼接。

就分割的形式而言，有以下四种分割形式。

（1）竖线分割　使服装显得修长，视线可上下移动，分割线一般以单线、双线、三线为宜。分割过多，修长感改变。

（2）横线分割　有平静感，视线可左右移动，分割线的上下位置，可诱使视线的提高或降低。分割线过多，也会产生堆积感。

（3）斜线分割　活泼、有动感。左右斜向对称分割，稳定感增强。动感减弱。

（4）曲线分割　柔美婉约，女性化特征强，但制作难度大。

分割，具有较强的表现力，是服装设计中常用的手法之一，可以增加服装的视觉感受和美感，改变服装的呆板样式。但分割数量要适中，分割过多会显得服装凌乱。多种分割形式，可以综合利用，相得益彰（图5-2-8）。

图 5-2-8　分割在服装中的应用

四、呼应与强调

（一）呼应

呼应是事物之间互相照应、互相联系的一种形式。是艺术作品各部分之间的彼此对应关系，服装设计中指服装与服装之间、服装与各部分之间、服装装饰形象之间的照应关系。如服装的上下或前后处理上的相互联系；领、袖、袋的同形、同质等，以求得服装统一、协调的美感（图5-2-9）。

图 5-2-9 呼应在服装中的应用

（二）强调

强调是使服装的某些部分加强和突出。在服装款式构成中，强调是常用的设计手法。强调可以用于款式构成的各个方面，如形态的强调、色彩的强调、比例的强调等。

尽管强调可以加强服装效果，但也不能用得过多、过杂，应以一种主要的强调方式为主。否则，会使人产生视觉疲劳，想突出的反而不突出了（图5-2-10）。

图 5-2-10 强调在服装中的应用

五、节奏与韵律

（一）节奏

节奏在服装构成中，运用点、线、面等排列的疏密变化，色块的明暗变化，面料相拼的质感变化，经反复、渐变、交替形成节奏感，表达设计情调。节奏在服装中可以表现为有规律节奏和无规律节奏。

1.有规律的节奏

服装中的构成元素以有次序的形式反复出现。如百褶裙，它以同一宽度的褶连续反复出现，每褶大小都相等，或是等距离的格子、大小相等的块面或点（扭扣），都会产生有规律的带有机械性的重复的韵律。特点是规律性强，整齐，生硬（图5-2-11）。

图 5-2-11　有规律的节律在服装中的应用

2.无规律的节奏

服装中的构成元素以没有规律、变化的形式反复出现。用长短、大小不同的点、线、面，再加上不同的色彩，不定向、不等距的交错排列的重复处理，带来视觉上的不同刺激，增强了动感效果。如无规则的褶裥，面料上无规则反复的图案或装饰等（图5-2-12）。

图 5-2-12　无规律的节奏在服装中的应用

3.等级性的节奏

指同种形态要素按某一规律阶段性的逐渐变化的重复，是一种递增递减的变化，也叫渐变重复。其特点是流动感强（图5-2-13）。

图 5-2-13　等级性的节奏在服装中的应用

（二）韵律

服装设计的韵律，指衣片的大小、宽窄及长短，色彩的运用和搭配，服饰配件的选择，比例及布局等表现出像诗歌一样的优美情调。其表现在点、线、面及色彩的变化，也可体现轻、重、缓、急等有规律的节奏变化。韵律变化的形态富有新奇、刺激感（图5-2-14）。

图 5-2-14　韵律在服装中的应用

六、主次与多样统一

（一）主次

主次是对事物中局部与局部之间、局部与整体之间组合关系的要求，是任何艺术创作都必须遵循的形式法则。在艺术作品中，各部分之间的关系不能是平等的，必须有主要部分和次要部分的区别。服装的美最终是与人结合在一起表现的，服装与人之间，人是主体，服装永远处于陪衬地位，服装的款式、色彩、图案、材质的设计都要以表现人的美为原则。另一方面，服装还有相对独立性，有时人们会脱离人体去鉴赏服装的美。服装作为独立的审美对象时，其外观形式也应处理好主次关系。款式、色彩、材质、图案是构成服装外观美的主要因素。如一套服装，应以其中一个因素为主，或突出款式，或突出色彩，或突出图案，或突出材质，而让其他因素处于陪衬地位。如一件衣服以款式变化为主时，其附件和分割可能比较复杂，这件服装的图案、色彩和材质的变化应尽可能简单，否则款式的特点就会被掩盖。当以图案变化为主时，款式、材质和色彩的变化则要有利于图案的表现，使图案的作用充分发挥出来。

（二）多样统一

多样统一是宇宙的根本规律，也是对比例、平衡、呼应、节奏、主次等形式法则的集中概括。它要求在艺术形式的多样性、变化性中体现内在的和谐统一，反映了人们既不要呆板又不要杂乱的审美心理。

七、省略与夸张

（一）省略

省略即简略或简化，删繁就简。对所要表现的事物进行高度的概括，在有限中表现无限，在有形中表现无形（图5-2-15）。

图 5-2-15　省略在服装中的应用

（二）夸张

夸张是指运用丰富的想象力来扩大事物本身的特征。在服装中表现为夸张服装造型的某一部分，以增加其表现效果。比如服装的袖子，领子、肩部等部位进行夸张处理，但运用时要符合设计风格，掌握分寸，不能夸张过头，适得其反（图5-2-16）。

图 5-2-16 夸张在服装中的应用

任务实施实训内容

运用形式美法则做款式构成设计（图5-2-17）。

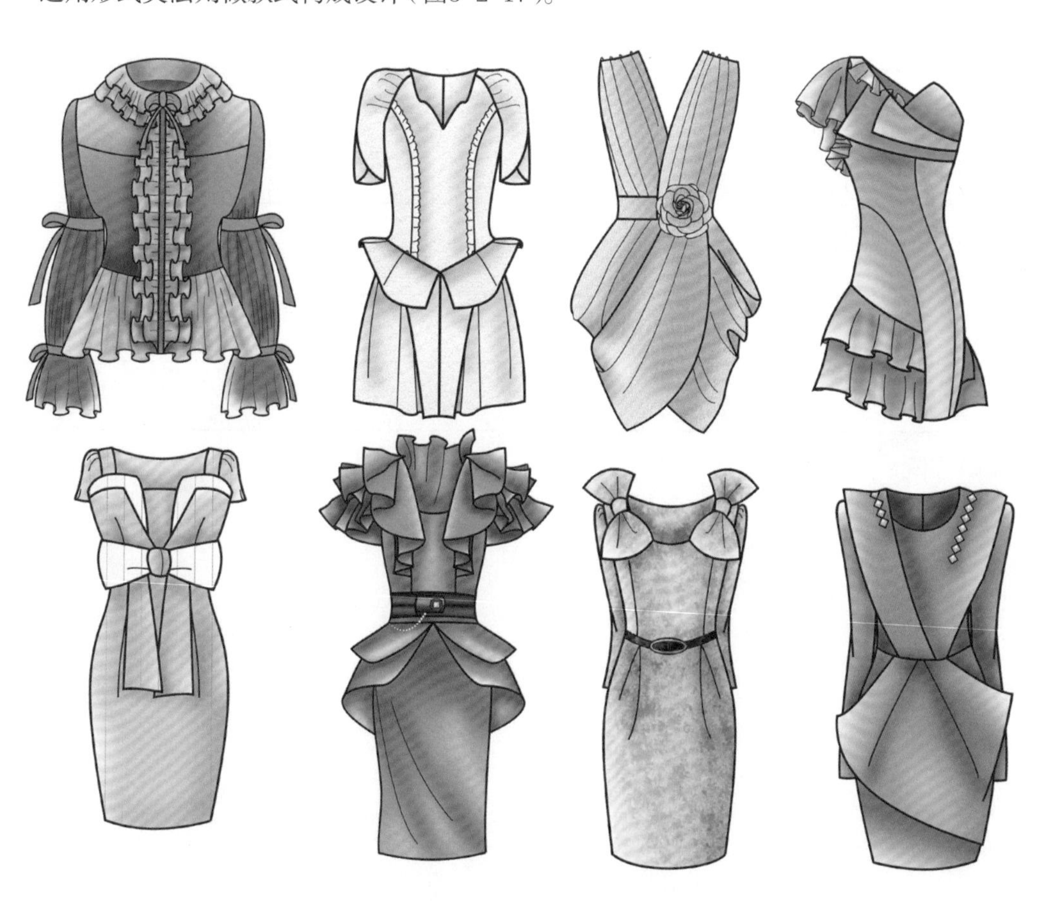

图 5-2-17 形式美法则在服装设计中的应用

任务拓展

1. 根据老师提供的著名设计师的作品，请同学分析作品的成功之处，形成文字说明。
2. 运用所学的形式美法则对设计师作品进行设计改造，并说出自已的改造思路。
3. 找出身边同学服装中形式美的运用。

任务评价

表 5-2-1　任务评价表

<table>
<tr><td colspan="2">学习领域</td><td colspan="9">服装设计基础</td></tr>
<tr><td colspan="2">学习情境</td><td colspan="9">形式美基本原理和法则在服装设计中的应用</td></tr>
<tr><td colspan="2">任务名称</td><td colspan="5">运用所学的形式美法则对设计师作品进行设计改造</td><td colspan="2">任务完成时间</td><td colspan="2"></td></tr>
<tr><td colspan="2">评价项目</td><td colspan="3">评价内容</td><td colspan="2">标准分值</td><td colspan="2">实得分</td><td colspan="2">扣分原因</td></tr>
<tr><td rowspan="10">任务分解完成评价</td><td rowspan="7">任务实施能力评价</td><td colspan="3">作品分析准确</td><td colspan="2">20</td><td colspan="2"></td><td colspan="2"></td></tr>
<tr><td colspan="3">运用形式美法则改造合理</td><td colspan="2">20</td><td colspan="2"></td><td colspan="2"></td></tr>
<tr><td colspan="3">改造构思清晰，有创意</td><td colspan="2">20</td><td colspan="2"></td><td colspan="2"></td></tr>
<tr><td colspan="3">文字表达准确</td><td colspan="2">10</td><td colspan="2"></td><td colspan="2"></td></tr>
<tr><td colspan="3"></td><td colspan="2"></td><td colspan="2"></td><td colspan="2"></td></tr>
<tr><td colspan="3"></td><td colspan="2"></td><td colspan="2"></td><td colspan="2"></td></tr>
<tr><td colspan="3"></td><td colspan="2"></td><td colspan="2"></td><td colspan="2"></td></tr>
<tr><td rowspan="3">任务实施态度评价</td><td colspan="3">任务完成数量</td><td colspan="2">10</td><td colspan="2"></td><td colspan="2"></td></tr>
<tr><td colspan="3">学习纪律与学习态度</td><td colspan="2">10</td><td colspan="2"></td><td colspan="2"></td></tr>
<tr><td colspan="3">团结合作与敬业精神</td><td colspan="2">10</td><td colspan="2"></td><td colspan="2"></td></tr>
<tr><td rowspan="3">评价结论</td><td>班级</td><td></td><td>姓名</td><td></td><td>学号</td><td></td><td>组别</td><td></td><td>合计分数</td><td></td></tr>
<tr><td>评语</td><td colspan="9"></td></tr>
<tr><td>评价等级</td><td colspan="2"></td><td colspan="2">教师评价人签字</td><td></td><td colspan="2">评价日期</td><td colspan="2"></td></tr>
</table>

知识测试

1.举例说明服装形式美原理和法则有哪些？

2.形式美法则中平衡包括哪两个形式？

项目六　服装色彩构成设计

项目透视

色彩是服装构成的基本要素，是服装设计的重要内容。色彩很神秘，很难明确界定。它是一种主观经验，是大脑的一种感觉，它取决于三项相关要素：光波、物体、视觉。在服装设计当中，色彩显得尤为重要，它是第一时间映入我们眼睛的，同时也刺激着我们的感官。我们需要了解色彩，通过训练掌握它的基本规律，这是服装产品设计中不可或缺的学习内容。训练的过程中，通过基础的对比和调和，到服装色彩与视觉心理的实训，帮助我们加强对基础的认知，接下来会有服装配色规律的实训，在这项实际的训练当中解决我们对于配色难的问题。而流行色是服装设计中最具有活力和时尚的色彩了，通过流行色的应用实训，把握住服装流行的主动脉。

项目目标

技能目标：能熟练运用服装配色规律对服装色彩进行对比和调和的设计。

知识目标：了解色彩的基本概念、属性和色彩的视觉心理。

项目导读

色彩的对比与调和 ⟹ 服装色彩与视觉心理 ⟹ 服装配色规律 ⟹ 服装流行色运用

项目开发总学时：16学时

任务一　色彩的对比与调和实训

任务描述

色彩是生活中随处可见的，从自然界的动植物到生活中的衣、食、住、行方方面面，它看起来简单，其实包含着许多深奥的内容。色彩是设计当中最基本的内容，掌握色彩的基础知识，尤其是色彩的对比与调和等内容，对于后面进行色彩搭配应用有着重要的作用，是服装设计中不可或缺的首要环节。

任务目标

1. 掌握色彩的基础理论知识。

2.掌握色彩对比的几种现象。

3.掌握色彩调和的几种现象。

4.熟练地运用色彩对比与调和表现服装。

任务导入

色彩的基本属性是学习服装色彩设计的核心内容，通过对基础理论的学习后逐一练习，进一步加深对于相关色彩知识在服装运用中的效果。

任务准备

绘画工具：铅笔、橡皮、水粉颜料、水粉纸、毛笔等绘画工具。

资料：教师搜集准备相关的图片、教学课件等。

必备知识

一、色彩设计的基础

1.色彩的产生

每天,从睁开眼睛开始,色彩就映入我们眼帘,生活中无处不在的色彩提醒我们这个世界的丰富多彩。是什么让我们看见了色彩呢?除了大脑中第一时间浮现的眼睛以外,还有光线和物体。光线、物体、眼睛,构建了感知色彩的三个条件,也就是色觉三要素。当太阳直射的能量产生光,物体接收到光的能量,眼睛捕捉到光的信息并传达给大脑,感知到了物体的颜色,没有这三个条件其中任何一个,我们就没有办法感知色彩。

2.色彩的种类

主要是指有彩色和无彩色,在光谱中的全部色都属于有彩色。以红、橙、黄、绿、青、蓝、紫为基本色,基本色之间不同比例的混合,以及基本色与黑色、白色、灰色之间不同比例的混合,产生了成千上万种有彩色(图6-1-1)。无彩色是指黑色、白色、灰色这类只具备明度而不含色彩倾向的颜色(图6-1-2)。

图6-1-1 有彩色

图6-1-2 无彩色

3.色彩的三要素

色相、明度与纯度(彩度),是色彩的三个基本属性。色相是指色彩的相貌,明度是指色彩的明暗程度,纯度是指色彩的鲜艳程度。这三者之间相互独立,又相互关联制约(图6-1-3)。

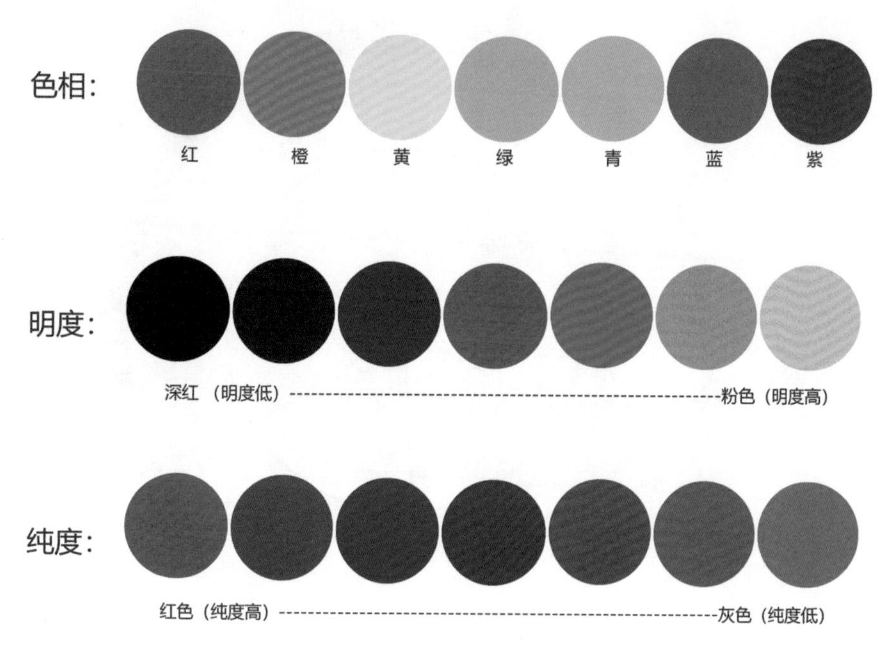

图 6-1-3　色彩的三要素

二、色彩对比

我们经常在逛服装店的时候，买了自己喜欢的衣服，回来第二天穿的时候，会发现感觉怎么跟在店里看见的颜色有点不一样。因为服装店的照明效果以及装饰色彩的影响，自然跟家里的色彩环境不同，于是服装的颜色也会略有不同。我们不可能单独观察任何一种颜色，一定是跟周围的其他颜色一起进行观察的。单独观察一种颜色与其他颜色组合在一起进行观察时，相同的颜色看起来会有所不同，像这样颜色与颜色之间相互影响，并且实际的颜色差得到强化的现象，就是对比想象。

色彩对比可以分为连续对比和同时对比。

1.连续对比

连续对比是指时间上相邻颜色的对比。比如在你盯着观察某种颜色的时候，如果移动目光观察另一种颜色，会受到先前观察颜色的影响，此时你所观察的颜色与实际颜色会发生一些变化，这就是连续对比。补色关系的两种颜色，如果观察一种颜色，当移动目光时，可以看到这个颜色的补色现象称为补色残像，当然，补色残像也是一种连续对比。色相环180° 为补色关系（图6-1-4）。

2.同时对比

是指空间上相邻颜色的对比。它包括色相对比、明度对比、纯度对比、补色对比、边缘对比以及色阴现象。

（1）色相对比

色相对比是指不同色相的颜色放在一起进行配色时，就会发生色相对比，我们的眼睛为了识别色彩，就会自动强化两个颜色之间的差异。根据周围的颜色，而颜色本身的色相看上去会有所改变。也就是说，比起实际的颜色看上去会偏蓝一些或者偏红一些，这种现象是因为周围颜色的心理补色方面产生的。色相对比时，如果周围颜色与图案面积比很大，明度越是接近，效果会越明显。此外，用高纯度的色相系列进行组合，对比效果也会更明显（图6-1-5）。

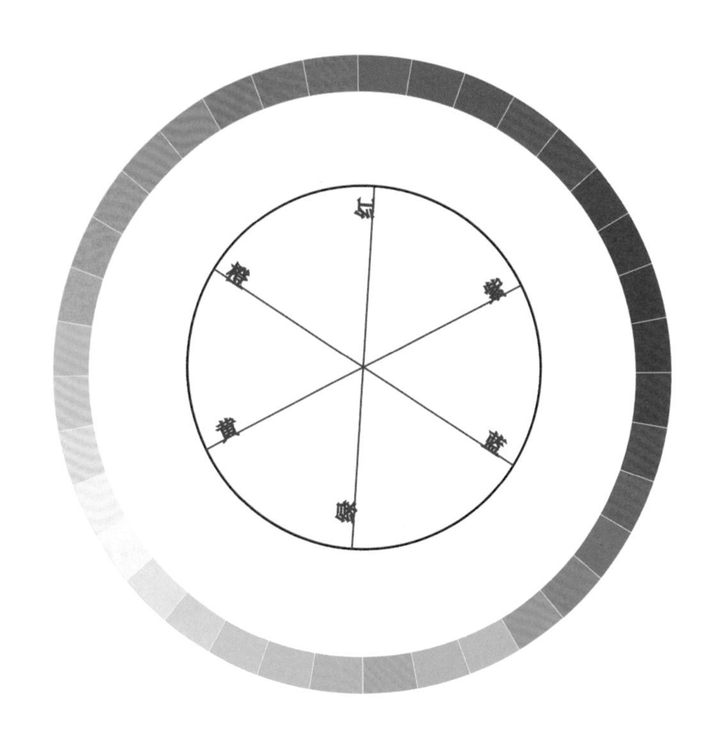

图 6-1-4　色彩环 180°为补色关系

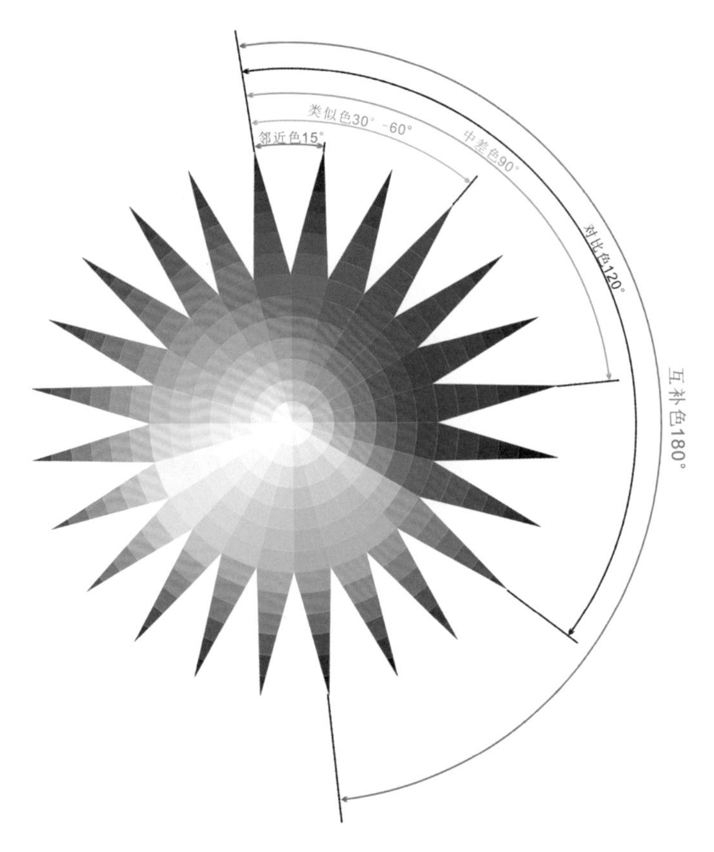

图 6-1-5　色相对比

（2）明度对比

明度对比是指不同明度的颜色搭配在一起时，由于明度不一样，会出现颜色明度感觉上的变化。原本明度高的颜色看起来会更加明亮，明度低的颜色会显得更加灰暗。明度对比不仅限于无彩色之间的对比，有彩色之间也有明度对比（图6-1-6）。

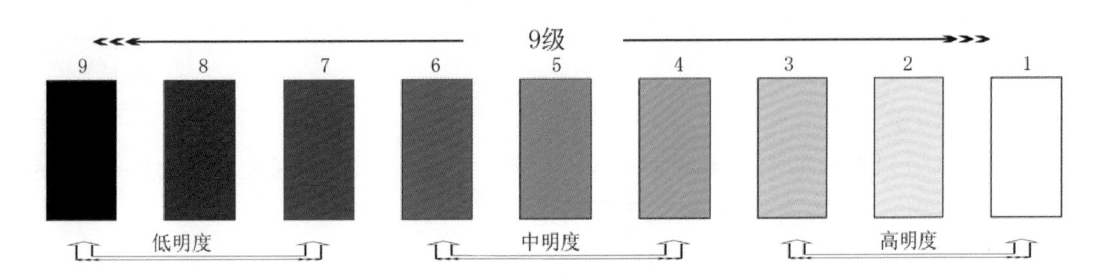

图 6-1-6　明度对比

（3）纯度对比

纯度对比是指当纯度不同的颜色进行搭配时，原本纯度高的颜色看起来会更加鲜艳，纯度低的颜色会显得更加暗淡。纯度是色彩三要素中较为微妙的要素，不如明度变化那么敏感。对于纯度的对比，更需要细心地观察，尤其是在服装配色上纯度的变化（图6-1-7）。

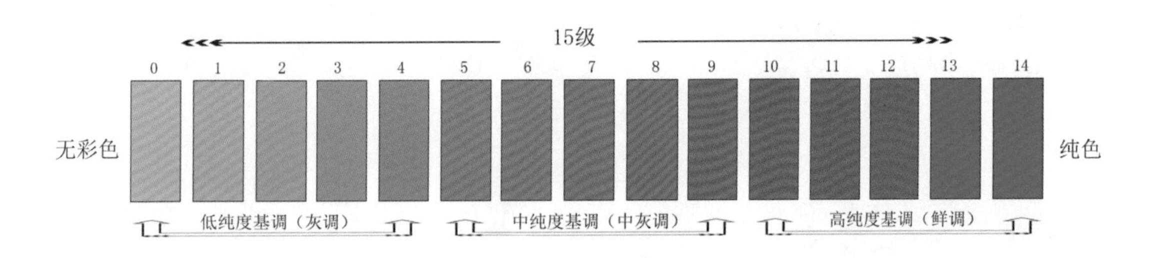

图 6-1-7　纯度对比

（4）补色对比

绿色在鲜艳的红色背景下，会显得更艳丽。当前景色与背景色呈补色关系时，我们会感觉前景色的纯度增加，这样的现象就是补色对比。绿色在其补色红色背景中会看起来比单一绿色更鲜艳，同样地，红色在其补色绿色背景中会看起来比单一红色更鲜艳。

（5）边缘对比

高明度灰色方块和中明度灰色方块并排摆放时，相邻的界面会出现明度对比现象。同一灰度的色块，当它与暗灰色块连接时，交界处看起来更明亮；当它与亮灰色块连接时，交界处看起来更灰暗。不同色块相接时，在它们的交界处都会出现明显的边缘对比现象。边缘对比在色相、明度、纯度三方面都会出现对比现象。

（6）色阴现象

当把无彩色放置在有彩色当中时，被有彩色包围的无彩色看上去泛有彩色的心理补色，我们把这种现象称为色阴现象。这是因为我们的眼睛在看到无彩色的灰色时，作为背景色的有彩色的心理补色和中间的色彩重合起来而产生的效果。

三、色彩调和

色彩一般来说不是单独存在的，当我们观看某色彩时，会受周围其他色彩的影响，从而产生比较的关系。当两种或两种以上的色彩，合理组织搭配在一起时，能产生统一和谐的效果就叫色彩调和。它有两种解释，一种指有差别的，对比着的色彩，为了构成和谐而统一的整体所进行的调整与组合的过程；另一种是指有明显差别的色彩，或不同的对比色组合在一起能给人以不带尖锐刺激的和谐与美感的色彩关系。这个关系就是色彩的色相、明度、纯度之间的组合的“节律”关系。色彩调和的基础是色彩对比。

（一）类似调和

1.同一调和

指色彩三要素中，保持一个要素相同，变换其余要素。我们在服装中常见的同一调和方法有混入黑色调和，混入白色调和，混入灰色调和，混入同原色调和，用点缀色调和等方法（图6-1-8）。

图 6-1-8　同一调和

2.近似调和

指色彩差别很小，近似成分多，避免对比形成的调和。一般来说有以下规律：

（1）黑白灰的明度近似组成的高中低调。

（2）同色相、同纯度的明度近似调和。

（3）同色相的明度与纯度近似调和。

（4）同色相、同明度的纯度近似调和。

（5）同纯度、同明度的色相近似调和。

（6）三要素都近似的调和。

在孟塞尔色立体中，凡在色立体上相距只有两三个阶段的色彩组合，不管三属性还是含黑量、含白量、色量的近似，都能得到近似调和。距离阶段越少，调和程度越高。

（二）对比调和

1.秩序调和

以色相推移渐变的方法，将多种色彩按照色相环的顺序排列，使其逐渐过渡和接近。或运用纯度推移渐变的方法，在两个对比或互补色中按一定比例逐渐加入无彩色或两者的中间色，以及两者按一定比例互混，形成纯度渐变系列，使之达到调和。

2.互混调和

是指在不协调的色彩组合中，混入同一原色或间色，或一色不变，把一种色混入另一色中，任选补色一对，相互混合或两者分别与同一灰混合。互混调和会增加共同因素达到调和。

3.分割调和

是指在对比色或互补色之间嵌入金、银、黑、白、灰，任何一色，或嵌入对比或互补色的中间色，如红和绿之间嵌入黄，黄与紫之间嵌入蓝等，采取包边线或色带、色块间隔的方法，作为两色之间的缓冲色，从而缓解了对比色或互补色直接对比的强度，使其配色达到调和。

总之，在实际的生活中我们不难发现色彩对比与调和紧密结合的例子，在当下的服装设计上，在色相、明度、纯度三者间强调变化而组合的和谐色彩。在整个色调中，三要素都处于对比状态，使色彩富有生动、鲜明的效果。它不依赖于要素的一致，而是靠某种组合秩序来实现调和。服装的色彩，以强烈、活泼的色彩成为视觉的焦点，色彩中有一定的等差、等比的渐变结构，使对比趋于柔和，不至于太耀眼；或在对比色中混入同一色，使各色具有和谐感；或置以小的饰物，如服饰品等，以小面积的色增加对比调和感。

在了解对比调和的同时，更应该认识到两者的关系是对立而又统一的，同时又存在着竞争与合作。只有调和对比同时存在才能体现一个事物的完整艺术形象。两者是对立的统一体存在，如果没有对比，调和将是含糊而单调的；如果没有调和，色彩对比将是生硬而乏味的。而正是由于两者协调而又统一的结合在一起才使得所要表现的设计作品更具欣赏性。在服装设计作品中，丰富的素材和色彩，表现手法的多样化可丰富作品的艺术形象，使其统一于各种新的视觉形象，这样才能构成一种有机整体的形式。而正是其中色彩的对比和调和，才使得一个好作品更具有生命力、表现力，才能创造出完美、成功的作品。

任务实施实训内容

实训一：色相对比的配色练习

实训任务指导：在有彩色中选两个颜色，最大程度地发挥色彩对比的魅力，建议尽量选用高纯度的颜色。但在配色练习的时候，要注意服装的类别选择 (图6-1-9)。

图 6-1-9 色相对比

实训二：明度对比的配色练习

实训任务指导：选取同一色相或者类似色相的不同明度的颜色来进行，突出明度的变化 (图6-1-10)。

图 6-1-10 明度对比

实训三：纯度对比的配色练习

实训任务指导：之前提到过纯度变化是比较细微的，它在服装色彩的学习中非常重要。很多色彩的色彩倾向、细腻变化都跟纯度有关联，利用单一色相不同明度等纯度对比，注意配色时拉开明度的距离，会取得比较良好的效果 (图6-1-11)。

图 6-1-11 纯度对比

任务拓展

1.用类似调和色为服装配色。

2.试用补色对比做服装配色。

3.利用色阴现象做服装的配色。

任务评价

表 6-1-1 任务评价表

<table>
<tr><td colspan="2">学习领域</td><td colspan="4">服装设计基础</td></tr>
<tr><td colspan="2">学习情境</td><td colspan="4">服装色彩构成设计</td></tr>
<tr><td colspan="2">任务名称</td><td colspan="2">服装色彩的对比与调和</td><td>任务完成时间</td><td></td></tr>
<tr><td colspan="2">评价项目</td><td>评价内容</td><td>标准分值</td><td>实得分</td><td>扣分原因</td></tr>
<tr><td rowspan="10">任务分解完成评价</td><td rowspan="7">任务实施能力评价</td><td>色彩运用准确</td><td>10</td><td></td><td></td></tr>
<tr><td>符合色彩要求</td><td>10</td><td></td><td></td></tr>
<tr><td>配色美观和谐</td><td>10</td><td></td><td></td></tr>
<tr><td>人物图案比例美观</td><td>10</td><td></td><td></td></tr>
<tr><td>绘画细致认真</td><td>10</td><td></td><td></td></tr>
<tr><td>画面干净</td><td>10</td><td></td><td></td></tr>
<tr><td>画面构图美观合理</td><td>10</td><td></td><td></td></tr>
<tr><td rowspan="3">任务实施态度评价</td><td>任务完成数量</td><td>10</td><td></td><td></td></tr>
<tr><td>学习纪律与学习态度</td><td>10</td><td></td><td></td></tr>
<tr><td>团结合作与敬业精神</td><td>10</td><td></td><td></td></tr>
<tr><td rowspan="3">评价结论</td><td>班级</td><td colspan="4"> | 姓名 | | 学号 | | 组别 | | 合计分数 | </td></tr>
<tr><td>评语</td><td colspan="4"></td></tr>
<tr><td>评价等级</td><td colspan="4"> | 教师评价人签字 | | 评价日期 | </td></tr>
</table>

知识测试

1. 什么是色彩三要素？
2. 什么是色相对比？明度对比？纯度对比？
3. 残像属于什么对比？
4. 色阴现象是指什么？
5. 统一调和是什么意思？
6. 你认为色彩对比和调和之间的关系是什么样的？

任务二　服装色彩与视觉心理实训

任务描述

光是色彩的命，无光即无色。光照的度，光照的色，决定色彩的性质。物是色彩的魂，物体材质激励反射的光波，决定色彩的灵魂。眼睛是色彩的觉，是光波刺激的感知体，没有眼睛，色彩也就没有了意义。色彩从视觉形态到作用心理，不仅是对某个物体或是物体颜色的个别属性反应，而是一种综合的、整体的心理反应。由于每个人的生活背景和经历都不相同，因此大家的心理状态和对色彩的感知力也各不相同。研究服装色彩心理能帮助我们更加深入到服装设计中去。

任务目标

1.掌握色彩的性格特性。

2.掌握色彩的感觉。

3.了解色彩的心理联想。

4.熟练地运用色调的变化。

任务导入

学习服装设计，必不可少地要学习掌握色彩视觉心理，培养对色彩的感觉能力，体会色彩的表达意义以及在服装中的实际作用。

任务准备

绘画工具：铅笔、橡皮、水粉颜料、水粉纸、毛笔等绘画工具。

资料：教师搜集准备相关的图片、教学课件等。

必备知识

不同波长色彩的光信息作用于人的视觉器官，通过视觉神经传入大脑，经过思维，与以往的记忆及经验产生联想，从而形成一系列的色彩心理反应。

一、色彩性格

色彩性格是指某一个单独颜色的色彩性格，简称色性。它们与人类的色彩生理、心理体验相联系，从而使客观存在的色彩仿佛有了复杂的性格。

1.红色

红色的波长最长，穿透力强，感知度高。它易使人联想起太阳、火焰、热血、花卉等，感觉温暖、兴奋、活泼、热情、积极、希望、忠诚、健康、充实、饱满、幸福等向上的倾向，但有时也被认为是幼稚、原始、暴力、危险、卑俗的象征。红色历来是我国传统的喜庆色彩。

2.橙色

橙色与红色同属暖色，具有红色与黄色之间的色性，它使人联想起火焰、灯光、霞光、水果等物象，是最温暖、响亮的色彩。感觉活泼、华丽、辉煌、跃动、炽热、温情、甜蜜、愉快、幸福，但也有疑惑、嫉妒、伪诈等消极倾向性表情。含灰的橙色呈咖啡色，含白的橙色呈浅橙色，俗称血牙色。橙色本身是服装中常用的甜美色彩，也是众多消费者特别是妇女、儿童、青年喜爱的服装色彩。

3.黄色

黄色是所有色相中明度最高的色彩，具有轻快、光辉、透明、活泼、光明、辉煌、希望、功名、健康等印象。但黄色过于明亮而显得刺眼，并且与他色相混即易失去其原貌，故也有轻薄、不稳定、变化无常、冷淡等不良含义。含白的淡黄色感觉平和、温柔，含大量淡灰的米色或本白则是很好的休闲自然色，深黄色却另有一种高贵、庄严感。由于黄色极易使人想起许多水果的表皮，因此它能引起食欲感。黄色还被用作安全色，因为它极易被人发现，如室外作业的工作服。

4.绿色

在大自然中，除了天空和江河、海洋，绿色所占的面积最大，草、叶植物，几乎到处可见，它象征生命、青春、和平、安详、新鲜等。绿色最适应人眼的注视，有消除疲劳、调节功能。黄绿带给人们春天的气息，颇受儿童及年轻人的欢迎。蓝绿、深绿是海洋、森林的色彩，有着深远、稳重、沉着、睿智等含义。含灰的绿色，如土绿、橄榄绿、咸菜绿、墨绿等色彩，给人以成熟、老练、深沉的感觉，是人们广泛选用及军、警规定的服色。

5.蓝色

与红、橙色相反，是典型的寒色，表示沉静、冷淡、理智、高深、透明等含义。随着人类对太空的不断开发，它又有了象征高科技的强烈现代感。浅蓝色系明朗而富有青春朝气，为年轻人所钟爱，但也有不够成熟的感觉。深蓝色系沉着、稳定，为中年人普遍喜爱的色彩。其中略带暖味的群青色，充满着动人的深邃魅力，藏青则给人以大度、庄重印象。靛蓝、普蓝因在民间广泛应用，似乎成了民族特色的象征。当然，蓝色也有其另一面的性格，如刻板、冷漠、悲哀、恐惧等。

6.紫色

具有神秘、高贵、优美、庄重、奢华的气质，有时也有孤寂、消极之感。尤其是较暗或含深灰的紫色，易给人以不祥、腐朽、死亡的印象。但含浅灰的红紫或蓝紫色，却有着类似太空、宇宙色彩的幽雅、神秘之时代感，为现代生活所广泛采用。

7.黑色

黑色为无彩色无纯度之色，往往给人感觉沉静、神秘、严肃、庄重、含蓄。另外，它也易让人产生悲哀、恐怖、不祥、沉默、消亡、罪恶等消极印象。尽管如此，黑色的组合适应性却极广。无论什么色彩特别是鲜艳的纯色与其相配，都能取得赏心悦目的良好效果。但是不能大面积使用，否则，不但其魅力大大减弱，相反会产生压抑、阴沉的恐怖感。

8.白色

白色给人印象为洁净、光明、纯真、清白、朴素、卫生、恬静等。在它的衬托下，其他色彩会显得更鲜丽、更明朗。多用白色可能产生平淡无味的单调、空虚之感。

9.灰色

灰色是中性色，其突出的性格为柔和、细致、平稳、朴素、大方，它不像黑色与白色那样会明显影响其他的色彩。因此，作为背景色彩非常理想。任何色彩都可以和灰色相混合，略有色相感的灰色能给人以高雅、细腻、含蓄、稳重、精致、文明而有素养的高档感觉。当然滥用灰色也易暴露其乏味、寂寞、忧郁、无激情、无兴趣的一面。

10.土褐色

含一定灰色的中、低明度各种色彩，如土红、土绿、熟褐、生褐、土黄、咖啡、咸菜、古铜、驼绒、茶褐等色，性格都显得不太强烈，其亲和性易与其他色彩配合，特别是和鲜色相伴，效果更佳。它也使人想起金秋的收获季节，故均有成熟、谦让、丰富、随和之感。

11.光泽色

除了金、银等贵金属色以外，所有色彩带上光泽后，都有其华美的特色。金色富丽堂皇，象征荣华富贵，名誉忠诚；银色雅致高贵、象征纯洁、信仰，比金色温和。它们与其他色彩都能配合。几乎达到"万能"的程度。小面积点缀，具有醒目、提神作用，大面积使用则会产生过于眩目的负面影响，显得浮华而失去稳重感。如若巧妙使用、装饰得当，不但能起到画龙点睛作用，还可产生强烈的高科技现代美感。

二、色彩与感觉

1.冷暖

色彩本身并无冷暖的温度差别，是视觉色彩引起人们对冷暖感觉的心理联想。

暖色：人们见到红、红橙、橙、黄橙、红紫等色后，马上联想到太阳、火焰、热血等物像，产生温暖、热烈、危险等感觉。

冷色：见到蓝、蓝紫、蓝绿等色后，则很容易联想到太空、冰雪、海洋等物像，产生寒冷、理智、平静等感觉。

色彩的冷暖感觉，不仅表现在固定的色相上，而且在比较中还会显示其相对的倾向性。如同样表现天空的霞光，用玫红画早霞那种清新而偏冷的色彩，感觉很恰当，而描绘晚霞则需要暖感强的大红了。但如与橙色对比，前面两色又都加强了寒感倾向。人们往往用不同的词汇表述色彩的冷暖感觉，暖色——阳光、不透明、刺激的、稠密、深的、近的、重的、男性的、强性的、干的、感情的、方角的、直线型、扩大、稳定、热烈、活泼、开放等；冷色——阴影、透明、镇静的、稀薄的、淡的、远的、轻的、女性的、微弱的、湿的、理智的、圆滑、曲线型、缩小、流动、冷静、文雅、保守等。

中性色：绿色和紫色是中性色。黄绿、蓝绿等色，使人联想到草、树等植物，产生青春、生命、和平等感觉。紫、蓝紫等色使人联想到花卉、水晶等稀贵物品，故易产生高贵、神秘等感觉。至于黄色，一般被认为是暖色，因为它使人联想起阳光、光明等，但也有人视它为中性色，当然，同属黄色相，柠檬黄显得偏冷，而中黄则感觉偏暖。

2.轻重

这主要与色彩的明度有关。明度高的色彩使人联想到蓝天、白云、彩霞及许多花卉，还有棉花、羊毛等，产生轻柔、飘浮、上升、敏捷、灵活等感觉。明度低的色彩易使人联想到钢铁、大理石等物品，产生沉重、稳定、降落等感觉。

3.软硬

其感觉主要也来自色彩的明度，但与纯度亦有一定的关系。明度越高感觉越软，明度越低则感觉越硬，但白色反而软感略硬。明度高、纯底低的色彩有软感，中纯度的色也呈柔感，因为它们易使人联想起骆驼、狐狸、猫、狗等许多动物的皮毛，还有毛呢，绒织物等。高纯度和低纯度的色彩都呈硬感，如它们明度又低则硬感更明显。色相与色彩的软、硬感几乎无关。

4.前后

由于各种不同波长的色彩在人眼视网膜上的成像有前后，红、橙等光波长的色在后面成像，感觉比较迫近，蓝、紫等光波短的色则在外侧成像，在同样距离内感觉就比较后退。实际上这是视错觉的一种现象，一般暖色、纯色、高明度色、强烈对比色、大面积色、集中色等有前进感觉，相反，冷色、浊色、低明度色、弱对比色、小面积色、分散色等有后退感觉。

5.大小

由于色彩有前后的感觉，因而暖色、高明度色等有扩大、膨胀感，冷色、低明度色等有显小、收缩感。

6.华丽与质朴

色彩的三要素对华丽及质朴感都有影响，其中纯度关系最大。明度高、纯度高的色彩，丰富、强对比色彩感觉华丽、辉煌。明度低、纯度低的色彩，单纯、弱对比的色彩感觉质朴、古雅。但无论何种色彩，如果带上光泽，都能获得华丽的效果。

7.活泼与庄重

暖色、高纯度色、丰富多彩色、强对比色感觉跳跃、活泼有朝气，冷色、低纯度色、低明度色感觉庄重、严肃。

8.兴奋与沉静

最明显的是色相，红、橙、黄等鲜艳而明亮的色彩给人以兴奋感，蓝、蓝绿、蓝紫等色使人感到沉着、平静。绿和紫为中性色，没有这种感觉。纯度的关系也很大，高纯度色呈兴奋感，低纯度色呈沉静感。最后是明度，中高明度、高纯度的色彩呈兴奋感，低明度、低纯度的色彩呈沉静感。

三、色彩的心理联想

色彩的联想带有情绪性的表现。受到观察者年龄、性别、性格、文化、教养、职业、民族、宗教、生活环境、时代背景、生活经历等各方面因素的影响。色彩的联想有具象和抽象两种：

1.具象联想

人们看到某种色彩后，会联想到自然界、生活中某些相关的事物。

2.抽象联想

人们看到某种色彩后，会联想到理智、高贵等某些抽象概念。一般来说，儿童多有具像联想，成年人较多有抽象联想。

四、色调变化及类型

变调即色调的转换，是艺术设计中色彩选择多方案考虑及同品种多花色系列设计的重要课题，变调的形式一般有定形变调、定色变调、定形定色变调等。

1.定形变调

实质为保持形态（图案、花形、款式等）不变的前提下，只变化色彩而达到改变色调倾向的目的，是纺织服装等多种实用美术中，经常采用的产品同品种、同花形、多色调的设计构思方法。

定形变调主要有两种形式。

同明度、同纯度、异色相变调：即根据原有设计色调，保持明度、纯度不变，只变化色相（原有色相对比距离不变）而改变色调的倾向。其色彩选择与组合的关键实质，在于要将原有整组色彩的结构保持不变，然后在色立体中围绕中心N轴，沿色相环作水平移动，基调色移到某一色相区，就形成某一色调。如移至红色相区组成红色调，移至蓝色相区组成蓝色调等。

异色相、异明度、异纯度变调：根据原有色调将色相、明度、纯度做全面改变，使其完全不同的色调类型。

2.定色变调

定色变调实质是保持色彩不变，变化图案、花形、款式等，即变化色彩的面积、形态、位置、肌理等因素，达到改变总体色调倾向之目的，是实用美术中产品、作品同色彩、多方案、多品种的系列设计构思方法。色调转变的关键主要在于大面积基调色的变化，其次是将色彩作小面积点、线、面形态的交叉、穿插、并置组合，利用色彩的空间混合效应，少色产生多色的效果，鲜色产生含灰色的感觉，使色彩之间互相呼应、取代、置换、反转与交织，做到你中有我，我中有你，使各色调既有变化又很统一，既有整体性又有独立性，从而增强系列配套之感。

3.定形定色变调

在各色调的花形与色彩都相同的前提下，可考虑大小、位置、布局进行适当变化的系列设计构思方法。

任务实施实训内容

实训一：冷暖色调练习

实训任务指导：冷暖色调两个画面服装尽量一致，变换色彩，在细微的变化中体会颜色冷暖感情(图6-2-1)。

图 6-2-1 冷暖对比

实训二：中性色调练习

实训任务指导：中性色调是指没有明显冷暖倾向的色之间的搭配关系，中性色调不仅适合男装，现在也适合女装，是服装配色中的重要色彩关系 (图6-2-2)。

图 6-2-2 中性色配色

实训三:以一个色相为主的配色

实训任务指导:在基本色相中任选两个色相,通过变化其冷暖、明度、纯度来进行搭配,最后形成主调明确、色相心理表达充分的服装色彩设计 (图6-2-3)。

图 6-2-3 以一个色相为主的配色

任务拓展

1.以春季为灵感进行服装配色。

2.利用定色变调的方法进行服装色彩设计。

3.配色一组有华丽感的服装色彩。

任务评价

表 6-2-1 任务评价表

<table>
<tr><td colspan="2">学习领域</td><td colspan="9">服装设计基础</td></tr>
<tr><td colspan="2">学习情境</td><td colspan="9">服装色彩构成设计</td></tr>
<tr><td colspan="2">任务名称</td><td colspan="5">应用服装视觉心理进行配色</td><td colspan="2">任务完成时间</td><td colspan="2"></td></tr>
<tr><td colspan="2">评价项目</td><td colspan="4">评价内容</td><td colspan="2">标准分值</td><td>实得分</td><td colspan="2">扣分原因</td></tr>
<tr><td rowspan="10">任务分解完成评价</td><td rowspan="7">任务实施能力评价</td><td colspan="4">色彩运用准确</td><td colspan="2">10</td><td></td><td colspan="2"></td></tr>
<tr><td colspan="4">符合色彩要求</td><td colspan="2">10</td><td></td><td colspan="2"></td></tr>
<tr><td colspan="4">配色美观和谐</td><td colspan="2">10</td><td></td><td colspan="2"></td></tr>
<tr><td colspan="4">服装比例美观</td><td colspan="2">10</td><td></td><td colspan="2"></td></tr>
<tr><td colspan="4">绘画细致认真</td><td colspan="2">10</td><td></td><td colspan="2"></td></tr>
<tr><td colspan="4">画面干净</td><td colspan="2">10</td><td></td><td colspan="2"></td></tr>
<tr><td colspan="4">画面构图美观合理</td><td colspan="2">10</td><td></td><td colspan="2"></td></tr>
<tr><td rowspan="3">任务实施态度评价</td><td colspan="4">任务完成数量</td><td colspan="2">10</td><td></td><td colspan="2"></td></tr>
<tr><td colspan="4">学习纪律与学习态度</td><td colspan="2">10</td><td></td><td colspan="2"></td></tr>
<tr><td colspan="4">团结合作与敬业精神</td><td colspan="2">10</td><td></td><td colspan="2"></td></tr>
<tr><td rowspan="3">评价结论</td><td>班级</td><td></td><td>姓名</td><td></td><td>学号</td><td></td><td>组别</td><td></td><td>合计分数</td><td></td></tr>
<tr><td>评语</td><td colspan="9"></td></tr>
<tr><td>评价等级</td><td colspan="2"></td><td colspan="2">教师评价人签字</td><td colspan="2"></td><td>评价日期</td><td colspan="2"></td></tr>
</table>

知识测试

1.什么是色性?

2.色的冷暖是指什么?

3.什么是具象联想和抽象联想?

4.色调的变化和类型有哪些?

任务三　服装配色规律实训

任务描述

在当今多元化,个性化的社会中,穿衣不仅仅是为了生理的需求,也是为了获得心理的满足感,服装服饰的搭配,是向外界展示自我的一种手段,是个人形象的塑造。服装的世界里,不仅要考虑上、下衣的色彩搭配，还要充分考虑服饰品乃至肤色发色的搭配，一不小心就很容易陷入混乱的状态。虽然色彩千变万化，但却也有规律可循。

任务目标

1.掌握服装色彩搭配的方法

2.了解服装服饰配色的原则

3.应用服装配色的规律

任务导入

了解服装配色的规律是学习服装色彩中最重要的一步，既要能够有整体的搭配协调，还要考虑到各类服饰品的零件搭配，需要深入学习掌握服装配色的规律，并能够应用到服装设计中。

任务准备

绘画工具：铅笔、橡皮、壁纸刀、水粉色、水粉纸、毛笔等绘画工具。

资料：教师搜集准备相关的图片、教学课件等。

必备知识

一、服装配色的基本规律

尽管有着流行色和常用色这些看起来很多又很复杂的颜色，服装的色彩搭配有其自身的搭配规律，基本的配色方法都是相同的。一般来说，可以分为同类色搭配、对比色搭配、中性色搭配这三种最常用的搭配方法。

1.同类色搭配

也称同种色或同一色，即同一个色系的颜色之间的搭配。用不同明度的颜色即深浅不同的颜色进行搭配；或在同一色相中，用不同纯度的颜色进行搭配，如用同一色相的不同面料具有的不同纯度进行搭配，从而呈现层次分明、和谐柔美的服装效果。这样的同类色的服装颜色搭配，感觉文雅、单纯、柔和、协调。这种搭配方法比较容易为初学者掌握，如红与浅红、深蓝与浅蓝等。这种配色方法的效果比较显著，但应该注意两种颜色的明度层次，否则服装色彩会显得平淡和单调。另外还可以利用同种色不同质地的面料进行搭配，如上衣为毛织物，裙子为皮革，虽然是用同种色的配置，但由于面料质感不同，也能产生较为丰富的同类色搭配的视觉效果。同类色搭配原则指深浅、明暗不同的两种同一类颜色相配，比如青色配天蓝，墨绿配浅绿，咖啡配米色，深红配浅红等。

2.对比色搭配

对比色也称补色，是指色相环上相距120°～180°之间的颜色。对比色搭配的难度较大，需要较高的配色技巧。搭得不好，会非常俗艳难看；搭得好，会相当惊艳。没有对比色，服装会显得平淡无奇，毫无张力，对比色使用得当能产生活泼、充满生命力的感觉。

对比色配置应注意以下几点：

（1）首先是对比色之间面积的比例关系。色彩面积的大与小、色彩量的多与少都能够改变对比色配置的对比效果。同样的两种对比色，当对比双方的面积是1∶1时，其对比的效果最为强烈；但对比面积为1∶10时，其对比效果就会减弱许多。

（2）其次是对比色之间的形状、位置和聚散关系。在两种对比色中，当改变色彩的形状或者拉远双方的距离时，都会增强或减弱其对比的程度。

（3）最后是两个相对比的颜色，在明度和纯度上要有区别。一般是面积大的颜色其纯度和明度低一些，而面积小的颜色其纯度和明度高一些。例如整套服装的色彩呈黑色，在其领子或袖口处配以白色，还可以利用手袋、围巾、首饰等来构成对比关系，这样的色彩配置会使服装的色彩产生既整体又富于变化、既统一又富有活力的视觉美感。

3.中性色搭配

中性色，又称为无彩色系，是由无色彩的黑、白及由黑白调和的各种深浅不同的灰色系列组成的颜色。中性色不属于冷色调也不属于暖色调。中性色都是很经典的颜色，不太受流行色的影响，永远不过时。其最大的特点是单独穿着时，有点不起眼，不注重搭配的话显得缺乏生气，但搭配得好，却能表现出低调的奢华。很多奢侈品品牌如阿玛尼、迪奥等高端服装都是以中性色的搭配来表现的。

中性色的搭配有以下几种：

（1）以黑、白及由黑白调和的各种深浅不同的灰色，或通过面料的变化，表现服装的层次感和变化性。

（2）搭配有色彩的颜色。中性色能包容很多的颜色，是很容易搭配的颜色，若搭配有色彩的颜色穿着，中性色也是很出彩的。日常生活中，我们常看到的是黑、白、灰与其他颜色的搭配。黑、白、灰为无彩色系，所以，无论它们与哪种颜色搭配，都不会出现大的问题。一般来说，如果同一个色与白色搭配时会显得明亮，与黑色搭配时就显得昏暗。因此在进行服饰色彩搭配时应先衡量一下，你是为了突出哪个部分的衣饰。不要把沉着色彩如深褐色、深紫色与黑色搭配，这样会和黑色呈现“抢色”的后果，令整套服装没有重点，而且服装的整体表现也会显得很沉重、昏暗无色。黑色与黄色是最亮眼的搭配。

二、服装成衣的配色

在这里是指单件的服装或者是上下装的搭配，主要应用于服装产品的设计，对于服装设计师来说是非常重要的。后面还会说到服饰品配色，以及其他因素的配色。仅就成衣的配色来说，通常我们完成到单件或是一套成衣的设计，就基本完成了设计工作，后面的配套考虑还有赖于店铺的销售人员以及消费者自己的考量。服装成衣的配色主要来说有以下三种方法：

1.单色构成

是指一件或者一套服装都采用一种色彩的构成，这样的构成方法，具有整体、单纯、简洁等特点。比如常见的大衣、套装、连衣裙等。通常来说，单色构成一般会选择纯净柔和的颜色，比较少使用纯度偏低的颜色。由于只使用一种颜色，我们通常要考虑的是选择哪一种颜色，色彩不仅要引人注目，还会使人产生联想，给人形成不同的印象，这就需要我们把握目标消费者的心态习惯来做出选择了。

2.两色组合

是指单件的服装或者是上下装是由两种色彩组合构成的。两色的组合一般来说要注意颜色使用的面积比例，主要是以一种颜色为主色，另一种颜色为搭配色，利用统一对比的原理选择配色，同时还要考虑色彩的明度以及色彩之间的穿插，达到两色组合的协调统一。比如上衣用浅色，而下身的裤装用深色，就会产生稳重感；连衣裙利用两种颜色拼接穿插，可能会产生明快清新感。

3.多色组合

是指单件的服装或是上下装由三种及三种以上的色彩组合构成。一般来说这样的配色会给人以活泼、丰富的感觉。多色的组合跟两色组合的规律一样，要根据色彩的视觉心理效应选定一个颜色为主色，其他颜色为搭配辅助，可以利用中性色在其中穿插调节。同时也要注意色相、明度、面积的使用。比如上衣由多种颜色构成，那么下装就选择单色构成等。

三、服饰的配色

服饰的配色，是指把身上的穿戴全部包括在内的整体形象的配色。除了成衣以外，我们还需要考虑的是服饰类的配色，比如鞋、包、饰品、扣子、拉链等组成全体的配色。通常有以下几种配色方法：

1.统一法

是指挑选与服装色彩完全相同的服饰品进行配色，这是最为简单的一种配色方法，常用于单色构成的服装上。这样可以扩大服装色彩的面积，服装的色彩会产生向外的扩张力，从而获得统一纯净的视觉效果。比如白色的裙子搭配白色的帽子、手套、鞋子等，通常见于西式婚礼的礼服装扮中。

2.套色法

是指选取花色服装中较为鲜明的色彩当作服饰品色进行配色。可以使用一套色或是双套色，多用于花色面料服装的整体搭配中，比较容易产生亲和感。比如穿着白底蓝色碎花的连衣裙，搭配蓝色的小包，蓝色的耳环，这样的配色效果会非常和谐。

3.呼应法

是指在服装中选取一种颜色作为服饰品色彩，并且间隔一种别的颜色进行搭配。呼应法多用于两色或两色以上服装色彩的组合，可以构成色彩之间的穿插和呼应感，让整体的配色效果更加丰富。比如服装是灰色的裙子、黑色上衣，在黑色上衣上再搭配灰色的围巾，就会形成呼应的色彩效果。

4.点缀法

是指选取一种鲜艳的服饰品颜色与纯度较低的服装色彩进行搭配。点缀法多用于单色构成或者是同类色搭配的服装中，这类服装往往需要服饰品色彩进行点缀，以便提升服饰的整体效果。比如浅灰色的套装中，搭配红色的帽子和手包，就会产生整体点缀调节的效果。总体来说，点缀法的原则就是深配浅、灰配艳、冷配暖。

5.衬托法

是指选取较为稳定或者单纯的服饰品色对服装色彩进行衬托。多用于色彩比较鲜艳的花色或者纯素色的面料服装，在服饰品色彩的衬托下，可以获得活泼又稳定的视觉效果。比如鲜艳的红色花色裙子，搭配深灰色的鞋子和包，就可以起到衬托的作用。衬托的一般原则是灰衬艳、素衬花、深衬浅。

四、其他因素的配色

1.服装色彩与肤色的搭配

在第一部分讲到，服装色彩的搭配要与年龄相适应，除此之外，还应与穿着者的肤色相适应。不同的肤色，对于服装色彩的选择也有一定的区别。要合理地根据自己的肤色来有效选择服装色彩。肤色较黑者，服装色彩的选择就会有些局限。当然最好不要选择深色系的服装，这样会把肤色衬得更黑。还有黑色的服装也最好不要尝试选择。肤色偏黄者，应该更多地考虑蓝色调的服装，这样可以令面容更加地白皙。通常在选择服装色彩时，最好选择能够把自己肤色衬得白皙的服装色彩。

2.服装色彩与体型的搭配

服装色彩不仅要与穿着者的年龄、肤色相适应，还要与穿着者的体型相适应。每个人的体型都有所不同，所以在服装色彩的选择上，也要考虑自身的体型是否符合这个颜色。体型偏瘦者穿着明亮色系的服装会有一种扩张感，可以让人看起来不会觉得瘦。但是体型偏胖者，若是再选择明亮色系的服装，只会显得更加肥胖，达不到视觉苗条的效果。所以，在选择服装时，一定要结合自身的体型来合理选择服装色彩。

3.服装色彩与环境的搭配

什么场合穿什么样的衣服。在不同的场合中，对着装的色彩是有一定的讲究的，也就是说服装色彩要与环境相适应。在家里，服装的色彩可以轻松活泼一些，样式宽大随便，如居家服或睡衣。这类服装色彩基本都属于浅色系、暖色调，给家里的人一种温馨幸福的感觉。在工作或参加会议时，应该选择庄重素雅的服装，给人一种干练、稳重成熟的感觉。而在户外旅行，或是参加体育运动的时候，则应选择明亮色系的服装，给人一种运动，热情奔放的感觉。在参加晚会或派对时，可以选择高级灰系列的服装，给人一种高贵典雅的感觉。总而言之，不同场合下，服装色彩的选择也是很重要的，因为色彩会给人一种强烈的视觉冲击，会留给人深刻的印象。

色彩本身不存在所谓的美与丑，只是色彩的搭配是否协调统一，是否在人们感官能接受的范围内。服装色彩搭配的协调统一，往往能产生一定的美感，会给人留下深刻的印象。服装色彩的搭配也是一门艺术，设计师们对各种时装色彩的大胆运用，是一种创新之举。当然设计师们对于色彩的选择，以及巧妙完美的搭配结合都是基于一定的服装色彩搭配基础原理之上的，而不是随意而为。

任务实施实训内容

实训一：同类色搭配练习

实训任务指导：利用同类色进行两套相同服装形象不同色彩的搭配，并带有一定的服饰品（图6-3-1）。

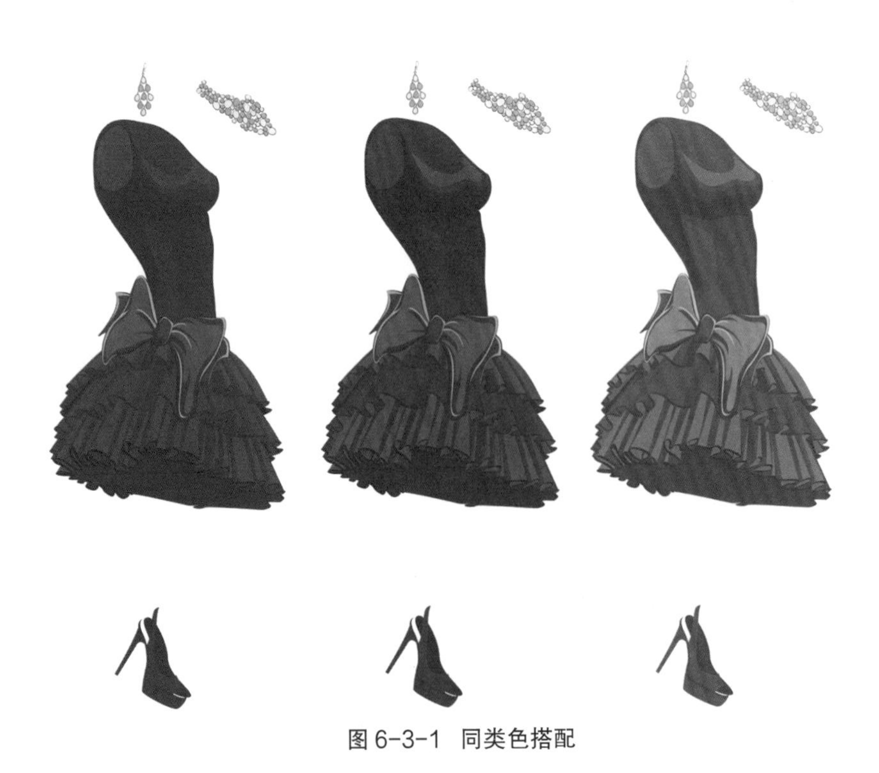

图 6-3-1 同类色搭配

实训二：对比色搭配练习

实训任务指导：采用对比色进行两套相同服装形象不同色彩的搭配，要充分考虑服饰品的配色和肤色的配色（图6-3-2）。

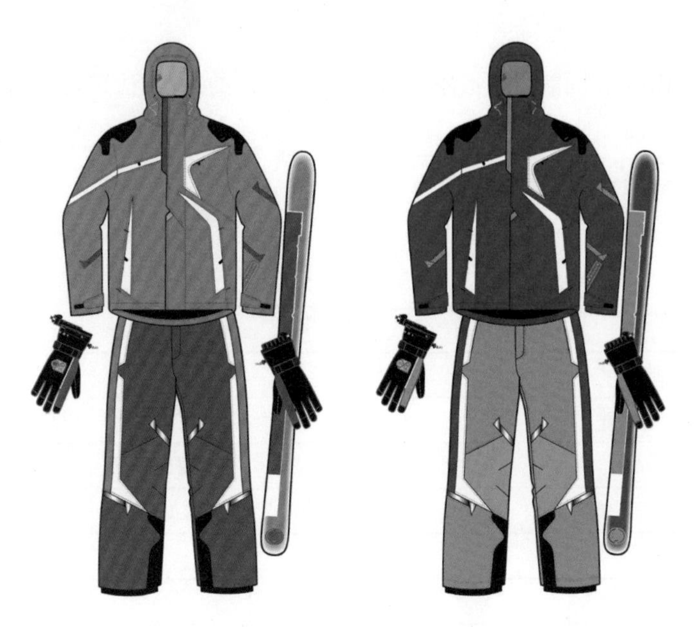

图 6-3-2　对比色搭配

实训三:中性色搭配练习

实训任务指导:在中性色中选择颜色,进行相同服装形象不同色彩的搭配,并考虑整体的点缀效果(图6-3-3)。

图 6-3-3　中性色搭配

任务拓展

1.服饰整体配色。画出5个相同的服装形象，再利用服饰配色的5种方法进行服饰整体配色。需要搭配各类服饰品，比如鞋包、帽子、围巾等。

2.利用多色组合做3套成衣的配色。

3.做2套家居服的配色。

任务评价

表 6-3-1　任务评价表

<table>
<tr><td colspan="2">学习领域</td><td colspan="6">服装设计基础</td></tr>
<tr><td colspan="2">学习情境</td><td colspan="6">服装色彩构成设计</td></tr>
<tr><td colspan="2">任务名称</td><td colspan="3">服装配色</td><td>任务完成时间</td><td colspan="2"></td></tr>
<tr><td colspan="2">评价项目</td><td colspan="2">评价内容</td><td>标准分值</td><td>实得分</td><td colspan="2">扣分原因</td></tr>
<tr><td rowspan="10">任务分解完成评价</td><td rowspan="7">任务实施能力评价</td><td colspan="2">色彩运用准确</td><td>10</td><td></td><td colspan="2"></td></tr>
<tr><td colspan="2">符合色彩要求</td><td>10</td><td></td><td colspan="2"></td></tr>
<tr><td colspan="2">配色美观和谐</td><td>10</td><td></td><td colspan="2"></td></tr>
<tr><td colspan="2">服装比例美观</td><td>10</td><td></td><td colspan="2"></td></tr>
<tr><td colspan="2">绘画细致认真</td><td>10</td><td></td><td colspan="2"></td></tr>
<tr><td colspan="2">画面干净</td><td>10</td><td></td><td colspan="2"></td></tr>
<tr><td colspan="2">画面构图美观合理</td><td>10</td><td></td><td colspan="2"></td></tr>
<tr><td rowspan="3">任务实施态度评价</td><td colspan="2">任务完成数量</td><td>10</td><td></td><td colspan="2"></td></tr>
<tr><td colspan="2">学习纪律与学习态度</td><td>10</td><td></td><td colspan="2"></td></tr>
<tr><td colspan="2">团结合作与敬业精神</td><td>10</td><td></td><td colspan="2"></td></tr>
<tr><td rowspan="3">评价结论</td><td>班级</td><td></td><td>姓名</td><td></td><td>学号</td><td></td><td>组别</td><td></td><td>合计分数</td><td></td></tr>
<tr><td>评语</td><td colspan="9"></td></tr>
<tr><td>评价等级</td><td colspan="2"></td><td colspan="2">教师评价人签字</td><td></td><td colspan="2">评价日期</td><td colspan="2"></td></tr>
</table>

知识测试

1.什么是同类色搭配？

2.中性色搭配是指哪些？

3.服饰整体配色有哪些方法？

4.服装成衣配色有哪些方法？

5.服装配色还需要考虑哪些因素？

任务四　服装流行色运用实训

任务描述

随着社会的发展和进步，服装的色彩不仅能够反映穿着者的喜好与品位，更是人们彰显个性、追逐流行的体现。单就服装色彩的流行而言，每年都成为人们关注的重点，它是服装流行趋势和服装消费者们的重要驱动力。那么，作为流行重要的一环，服装流行色该怎么定义呢？我们又应该如何在万万千千的色彩中抓住它，并且用好它呢？

任务目标

1.理解服装流行色的相关概念

2.了解流行色的变化、周期、规律、预测与发布等

3.掌握流行色在服装色彩设计中运用的方法

任务导入

学习服装流行色的相关知识，并了解色彩变化趋势，在服装设计中是非常重要的一个环节。色彩是流行的风向标，把握住了它，就等于先人一步把握住了流行的命脉。

任务准备

绘画工具：铅笔、橡皮、壁纸刀、水粉色、水粉纸、毛笔等绘画工具。

资料：教师搜集准备相关的图片、教学课件等。

必备知识

一、流行色的概念

流行色，英文为Fashion Color，是指时髦的、新鲜的、合乎时代风尚的色彩。流行色是一种趋势和走向，是一种与时俱变的颜色，是在一定的时期和地区内，产品中特别受到消费者普遍喜爱的几种或几组色彩和色调。它是一个时期、一定社会条件下人们心理活动的产物，同时，也受到社会政治、经济、文化等因素的冲击、推动与制约。它存在于纺织、轻工、食品、家具、城市建筑、室内装潢等各个方面的产品中，但是，反映最为敏感的首推纺织产品和服装，它们的流行周期最为短暂，变化也最快，常在一定期间演变。

流行色是与常用色相对而言的。各个国家和民族，都有自己喜爱的传统色彩，并且相对稳定。但这些常用色有时也会转变，上升为流行色，而某些流行色在一定时期内也有可能变为常用色。在每季度推出的流行色中，也常可见到一些常用色的身影。现在很多企业通过流行色来吸引消费者购买服装，流行色是服装设计中的一个重要的因素，也是时尚服装的一个重要标志，对于服装的生产、销售和消费起着重大的指导和引导的作用。

二、流行色的产生与变化

流行色的产生与变化，不由个别消费者主观愿望所决定，也绝非少数专家、设计师和商家能够凭空想象或是操纵出来的，它是在特定的环境与背景下产生的社会现象，它的变化动向受社会经济、科技进步、消费心理、文化差异、地域影响、特殊事件、色彩本身的规律等多种因素的影响与制约。

一般来说，服装色彩的流行周期变化包括四个阶段：始发期、上升期、高潮期、退潮期。整个周期过程大致经历五到七年，其中高潮期内的黄金销售期大约为一到两年。但流行色的周期往往也会随各国、各地区的经济发展、社会购买力的不同而改变。相比之下，发达国家流行周期短，贫困、落后地区流行周期长。一个时期的流行色从形成到衰退，具有历史的延续性，一种流行色到了衰退时期，并不表示他从此就销声匿迹，衰退只是表示它的势头减弱，不再是当季流行色。

在对流行色周期进行研究和分析时，应关注的基本要素包括色相趋势、明度趋势、纯度趋势、冷暖趋势。流行色的变化规律体现在其色相色调的变化上。

从色相方面来看，新流行的色彩往往会与原来的色彩在色相上有一定的变化，色彩常由暖色系向

冷色系转换，或者由冷色系向暖色系转换。流行色的色相周期变化规律，是建立在长期记录、积累每个时期的流行资料的基础上。对其进行综合分析，才能找到变化轨迹。它是我们准确预测各地区流行色的重要依据。色相变化、新出现的色相与原有色相在色相环上会产生一定的距离，它们总是各自向相反方向围绕中心点做转动，即出现暖色流行期和寒色流行期之间的相互转换。

从色调方面来看，新流行的色彩与原来的色彩存在着明暗、鲜浊的转换。在社会经济发展平稳的前提下，受人们视觉器官的感知和心理需求的影响，服装流行色的变化通常是遵循着“暖色调—中性色—无彩色—中性色—冷色调”这样呈现周期变化的规律。流行色除了色相转换之外，还存在着明度、纯度变化的基本规律。在流行色的明度、纯度高低的转化过程中，必然会出现中明度、中纯度的过渡期。两者综合即成色调趋势。

三、流行色的预测

怎样准确地预测流行色，以获得服装产品的销量，对于生产、经营者来说，是非常重要的问题。服装设计师们必须不断地去获知消费者行为变化的趋势和他们的需求。哪些颜色会受到欢迎？色彩预测是流行预测或趋势预测一系列过程中最基础部分之一。趋势预测过程中，研究人员或研究机构会提前约两年时间，尝试准确地预测消费者不久将会购买的时尚服饰的色彩、款式、面料等。色彩预测流程极其复杂，并且很大程度上依赖于直觉。这些研究人员都是常年参与流行色预测的色彩专业人员，他们对市场和艺术发展有丰富的感受，同时也掌握多种情报和信息数据，因此，他们的直觉往往很容易获得市场的认可。

流行色的预测通常会依据社会调查、生活体验和演变规律这几个方面进行。流行色预测基本分为三个阶段，包括流行色研究、流行色提案和流行色发布。

流行色季节性的流行周期是3至6个月。根据国际流行色的惯例，流行色预测的是未来12或18个月后将会出现的流行色彩。

随着流行色的发展和研究，产生了一些在全球范围内具有影响力和知名度的趋势预测机构。

国际流行色协会：是国际具有权威性的研究纺织品及服装流行色的专门机构，全称为International Commission For Color In Fashion And Textiles，简称 Inter Color，由法国、瑞士、日本发起，成立于1963年。协会主要成员是欧洲国家的流行色组织，亚洲有中国、日本，我国于1983年以中国丝绸流行色协会的名义正式加入。

国际色彩权威：全称为International Color Authority，简称ICA。该杂志由美国的《美国纺织》、英国的《英国纺织》、荷兰的《国际纺织》三家出版机构联合研究出版的，每年早于销售期21个月发布色彩预报，春夏及秋冬各一次，预报的色彩分成男装、女装、便服、家具色。流行色卡经过专家们的反复验证，其一贯的准确性为各地用户所公认。

国际棉业协会：International Institute For Cotton，简称IIC。该组织与国际流行色协会有关系，专门研究与发布适用于棉织物的流行色。

日本流行色协会：Japan Fashion Color Association 简称 JAFCA。

中国流行色协会：1982年成立，初名中国丝绸流行色协会，1985年改为现名，总部设在北京。最早几年致力于丝绸色彩的开发，1983年参加国际流行色协会，为成员国。现主要任务是调查国内外色彩的流行趋向，制订18个月后的国际流行色预测，发布中国的流行色预报，出版流行色色卡。

潘通公司：Pantone Inc.公司是世界上最早的色彩服务公司之一，它为不同行业领域提供标准色卡。该公司的色卡在全球的纺织、电子和工业设计领域广泛使用。

四、流行色的应用

在掌握了流行色的信息后，就可以将流行色运用到服装设计当中了。服装设计中流行色应用的重点在于把握主色调。所谓主色调，即是占统治地位的色彩倾向。这里有以色相为区分对象的不同主色调，也有以人们的心理感受为依据而形成的各种深浅不同、对比不同的主色调。同时，还要考虑到季节的变化，人们各自的个性与爱好。为满足多种穿着层次的消费需要，就要采用与之相适应的多种设计应用形式，主要有以下几种配色方法：

1.单色的选择和应用

是指在流行色色卡中的每一个颜色都可以单独使用，以此构成服装色调。这样的方法多数情况下使用于单色构成的服装，比如无论是秋冬的大衣风衣等，还是春夏的连衣裙、套装等，都能取得最佳的效果。

2.同色组各色的组合和应用

这是一种邻近色构成法，也是最能把握流行主色调的配色方法。在同一个色组的色卡内，选取两个或两个以上的颜色灵活组合，可以构成既统一协调又丰富多变化的色彩效果。除各色相配合外，还可以进一步变化各色相的明度关系，使两个以上的色与其变化出来的不同明度色的配合显得更加丰富多彩。

3.穿插组合与应用

是一种多色构成法，各色组色彩的穿插组合，跨越色组进行配色，是多色的对比统一，因而统一调和就成为我们考虑的主要内容。通常来说，先在某一色组中选定一种色为主调，其他各组色有选择地穿插应用，这是变化最丰富的一种方法。这种方法既可以有以一种色为主调，其他各组合色有选择地穿插应用，还可以有中差色的对比，又能出现对比色对比和补色对比，但各色间的面积比及形象的视觉中心位置要妥善安排，不能杂乱。

4.流行色与常用色的组合和应用

常用色是指人们常年喜欢使用的色彩，一般在色彩的应用中，常用色占七成，流行色占三成。流行色与常用色之间是互相依存的互补关系。这也是服装色彩设计中最常用的组合手法。这种设计方法，可以引起更多消费者的共鸣。这样既能体现一定的流行感，又能为相对保守的人们所接受，从而使流行色的穿着范围得以扩展。当然，流行色与常用色也不是固定不变的，它们之间没有绝对的分界线。如果流行色的某些颜色得到了普遍和长期的认同，便可以转变为常用色，同样如果常用色长时间地频频出现，也会使人产生厌倦而被排除在常用色之外。

5.流行色与点缀色的组合与应用

在服装设计中，任何一组流行色的应用都不排除点缀色的加入，因为，点缀色不仅不会影响大的服装色调变化，而且还会活跃气氛，增加层次以及具有画龙点睛的作用。点缀色的面积使用量少，但它能对流行色产生对比、补充的作用。尤其是在服饰品的运用中，从而使服装流行色更加醒目、清晰。点缀色可以是色卡上的，也包括流行色谱以外的任何色彩，这可以根据各地不同的具体情况灵活运用。

流行色是在不断发展不断变化的，在应用上始终要贯穿色彩的审美准则和审美习惯，这是用好流行色的基础。所以流行色和非流行色要统筹考虑，这样可以达到用色自然、协调适应的多种需要。平时多加练习实践，就能提高自己对于流行色运用的能力。

任务实施实训内容

实训一:自然色彩采集练习

实训任务指导:采集原始自然色彩的图片资料,可以运用相机、手机等数码设备,也可以利用网络资源下载(图6-4-1)。

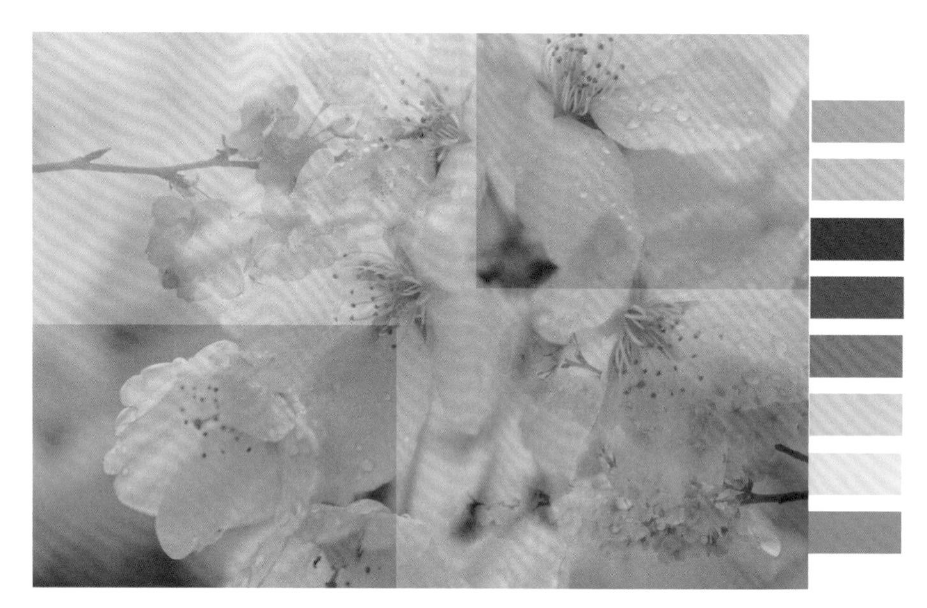

图 6-4-1 自然色彩

实训二:流行色信息收集练习

实训任务指导:通过网络或者杂志图书,收集本季流行色的有关资料信息,至少收集两组流行色信息(图6-4-2)。

图 6-4-2 流行信息搜集

实训三：流行色应用设计

实训任务指导：根据实训任务二中收集到的流行色信息，进行流行色应用设计，完成两套不同色彩搭配服装的流行色应用设计（图6-4-3、图6-4-4）。

图 6-4-3 流行色彩应用 1

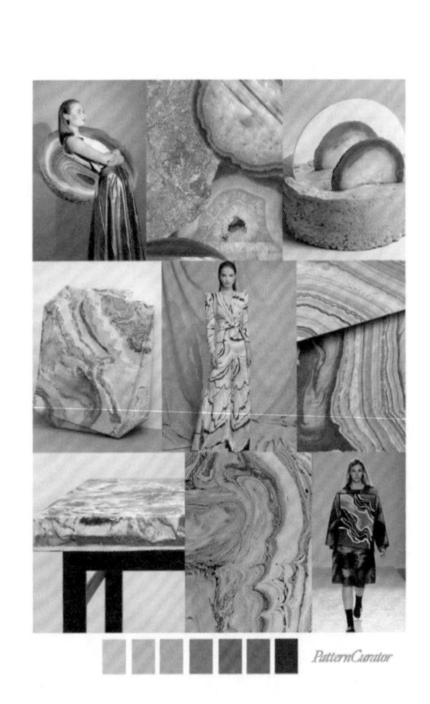

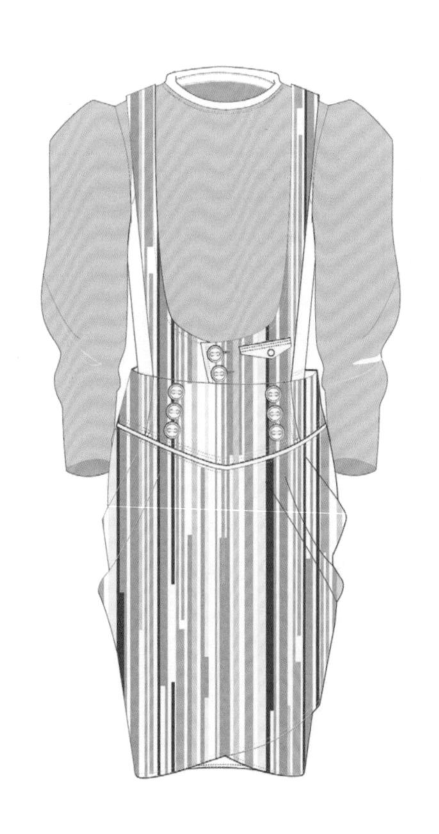

图 6-4-4 流行色彩应用 2

任务拓展

1.为下一个季节做色彩趋势预测，模拟国际色彩趋势走向，收集资料，整理出下一个季节的色彩趋势。

2.利用本季流行色来进行服装设计，完成一个系列5套服装的色彩设计。

任务评价

表 6-4-1　任务评价表

<table>
<tr><td colspan="2">学习领域</td><td colspan="4">服装设计基础</td></tr>
<tr><td colspan="2">学习情境</td><td colspan="4">服装色彩构成设计</td></tr>
<tr><td colspan="2">任务名称</td><td colspan="2">流行色的应用</td><td>任务完成时间</td><td></td></tr>
<tr><td colspan="2">评价项目</td><td>评价内容</td><td>标准分值</td><td>实得分</td><td>扣分原因</td></tr>
<tr><td rowspan="10">任务分解完成评价</td><td rowspan="7">任务实施能力评价</td><td>色彩运用准确</td><td>10</td><td></td><td></td></tr>
<tr><td>符合色彩要求</td><td>10</td><td></td><td></td></tr>
<tr><td>配色美观和谐</td><td>10</td><td></td><td></td></tr>
<tr><td>人物图案比例美观</td><td>10</td><td></td><td></td></tr>
<tr><td>绘画细致认真</td><td>10</td><td></td><td></td></tr>
<tr><td>画面干净</td><td>10</td><td></td><td></td></tr>
<tr><td>画面构图美观合理</td><td>10</td><td></td><td></td></tr>
<tr><td rowspan="3">任务实施态度评价</td><td>任务完成数量</td><td>10</td><td></td><td></td></tr>
<tr><td>学习纪律与学习态度</td><td>10</td><td></td><td></td></tr>
<tr><td>团结合作与敬业精神</td><td>10</td><td></td><td></td></tr>
<tr><td rowspan="3">评价结论</td><td>班级</td><td colspan="4"> 姓名 ｜ 学号 ｜ 组别 ｜ 合计分数 </td></tr>
<tr><td>评语</td><td colspan="4"></td></tr>
<tr><td>评价等级</td><td></td><td>教师评价人签字</td><td></td><td>评价日期</td></tr>
</table>

知识测试

1.什么是流行色？

2.流行色的变化周期有哪几个阶段？

3.流行色预测分为哪几个阶段？

4.流行色的配色方法有哪些？

项目七　服装款式造型设计

项目透视

服装款式是指服装的式样，通常是指形状要素中重要的一方面。服装造型是指服装造型要素构成的总体服装艺术效果。

服装造型的外轮廓是服装设计中的重要因素，能反映每个年代的流行体验，因此，服装款式造型在服装设计的学习中非常重要。

项目目标

技能目标：学生在认识多种款式与廓形的过程中熟练掌握绘制不同廓形服装的方法以及可独立进行服装款式部件的设计。

知识目标：学生在实训过程中，认识服装的多种廓形，了解服装款式造型的多样性。

项目导读

服装廓形变化 ⟹ 服装局部款式变化

项目开发总学时：9学时

任务一　服装廓形设计实训

任务描述

服装廓形是服装正面或侧面的外轮廓线条，体现了服装的基本造型风格，是设计服装首先要考虑的因素。

任务目标

1.学生认识、了解服装廓形；

2.学生熟练绘制各种廓形的服装。

任务导入

服装的多变造型除服装各部件外，更重要的是受服装廓形的影响，如果要设计多样的服装款式，就要掌握服装廓形的类别。

任务准备

工具准备：绘图铅笔、勾线墨笔、绘图橡皮、绘图纸、绘图尺。

绘图准备：在绘图纸张上绘制完成款式图模板N幅，方便绘制服装款式图。

必备知识

一、服装廓形

服装款式廓形是指服装正面或侧面的外观轮廓，即服装的逆光剪影。

二、服装廓形的表示方法及特点

常见的服装廓形表示方法有如下三种：

1.字母型表示法——指用英文字母形态表现服装廓形特征的方法，如A型、H型、X型、O型、S型等。特点是简单形象，易识易记。

2.物态形表示法——指用与某一形态相像的物体表现服装廓形特征的方法，如喇叭形、桶形、茧形、气球形等。特点是直观亲切、富于想象。

3.几何形表示法——指用特征鲜明的几何形态表现服装廓形特征的表示方法，如矩形、梯形、三角形、椭圆形等。特点是简洁明了、易于理解。

三、常见廓形

1. H型（又称箱型或矩形）

特点：平肩，矩形下摆，不强调胸和腰部的外形，整体廓形呈H型。

风格端庄，稳重、洒脱而干练，在男装、中年女装中应用较多（图7-1-1）。

2. A型（又称喇叭形或正梯形）

特点：从上至下像梯形逐渐展开的外形，整体廓形呈A字型。

风格富有活力，活泼而不失浪漫，流动感强，在女装与童装中应用较多（图7-1-2）。

3. V型（又称锥形）

特点：指从肩至下摆呈由大变小的服装廓形状态，服装造型呈倒梯形结构，犹如英文字母中的V字型。

具有铿锵有力的风格特征（图7-1-3）。

4. X型

特点：肩宽，腰细，下摆宽大，整体造型呈X型。

通过夸张的肩宽及突出的下摆呈现个性另类的风格特征（图7-1-4）。

5. S型

特点：服装贴合人体曲线，整体造型呈S型。

更加突出女性曲线线条之美（图7-1-5）。

图 7-1-1　H 型廓形服装款式

图 7-1-2　A 型廓形服装款式

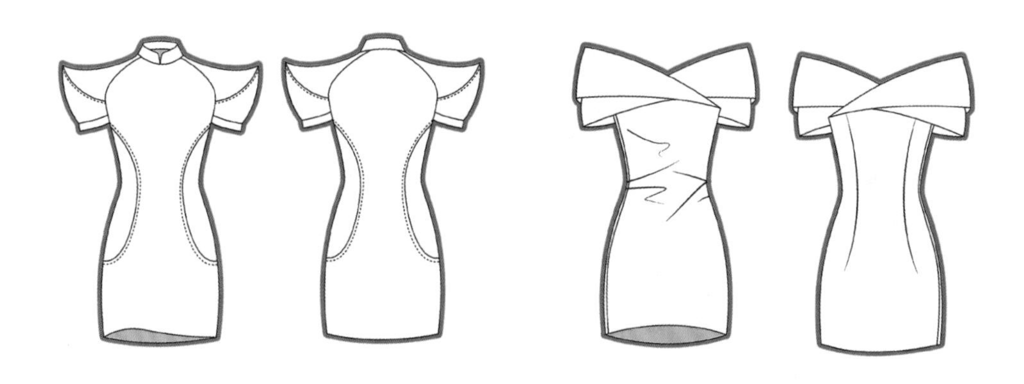

图 7-1-3　V 型廓形服装款式

图 7-1-4　X 型廓形服装款式

图 7-1-5　S 型廓形服装款式

任务实施实训内容

实训一：H型廓形服装款式的收集与拓展（图7-1-6）。

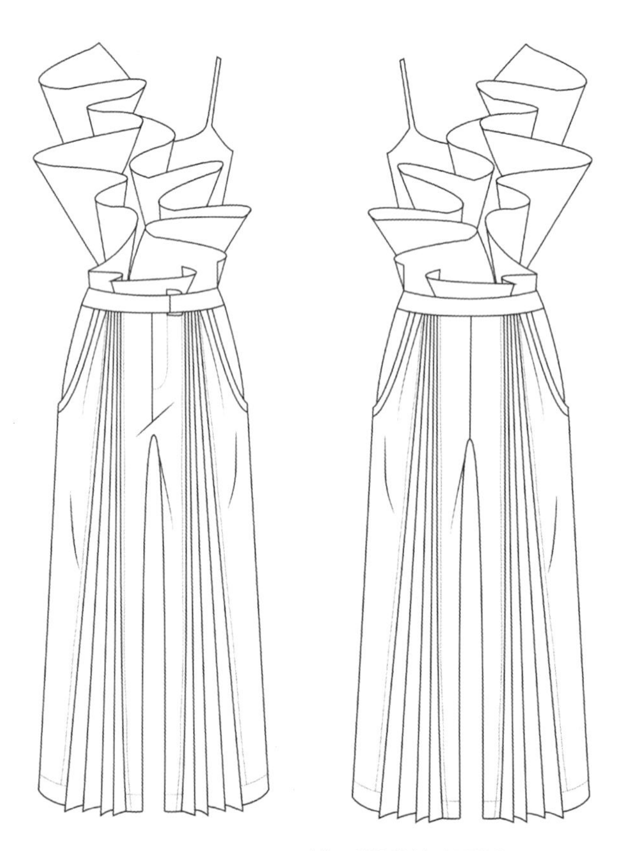

图 7-1-6　H 型廓形服装款式图例

绘制要点：

H型服装简约、朴素，不强调人体曲线，但绘制H型服装时，并不是简单的直上直下，也需要注意体现人体的形态和骨骼结构。

实训二：A型廓形服装款式的收集与拓展（图7-1-7）。

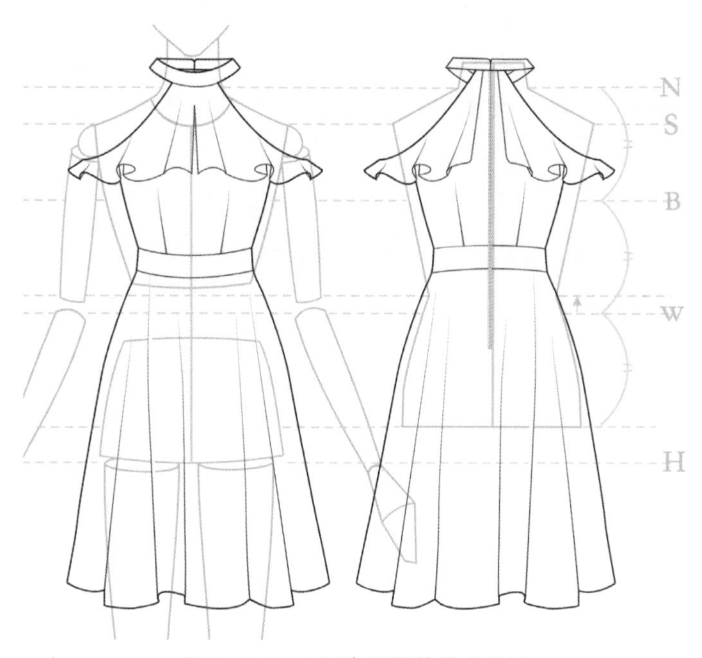

图 7-1-7 A 型廓形服装款式图例

绘制要点：

A型服装款式活泼，流动感强，绘制A型服装款式时强调腰部的曲线流动性，可以更好地衬托下装的展开状态。

实训三：X型廓形服装款式的收集与拓展（图7-1-8）

图 7-1-8 X 型廓形服装款式图例

绘制要点：

X型服装肩部有造型、腰细、下摆宽大做造型，绘制X型服装款式时要注意上半身与下半身款式的比例协调。

实训四：V型廓形服装款式的收集与拓展（图7-1-9）

绘制要点：

V型服装绘制时要注意肩部以及肩部到胸部着装褶纹的表现。V型服装廓形与T型、Y型服装廓形类似，都是突出肩部造型，但是区别在于收身部位不同，以及下装造型处理不同。

图 7-1-9　V 型廓形服装款式图例

任务拓展

除任务实训过程中的常见廓形外，服装款式廓形还可分为O型、郁金香型、钟型等，每个时代的代表性服装外形都有不同的特点。请选择不同的服装廓形进行服装款式拓展。

任务评价

表 7-1-1 任务评价表

<table>
<tr><td colspan="2">学习领域</td><td colspan="4">服装设计基础</td></tr>
<tr><td colspan="2">学习情境</td><td colspan="4">服装款式造型设计</td></tr>
<tr><td colspan="2">任务名称</td><td colspan="2">服装廓形设计</td><td>任务完成时间</td><td></td></tr>
<tr><td colspan="2">评价项目</td><td>评价内容</td><td>标准分值</td><td>实得分</td><td>扣分原因</td></tr>
<tr><td rowspan="10">任务分解完成评价</td><td rowspan="7">任务实施能力评价</td><td>绘画实训中款式图比例准确</td><td>10</td><td></td><td></td></tr>
<tr><td>款式图中廓形的设计与绘制准确</td><td>10</td><td></td><td></td></tr>
<tr><td>绘制的款式图适用于指导工艺制作</td><td>10</td><td></td><td></td></tr>
<tr><td>线条流畅，轮廓线、结构线清晰区分</td><td>10</td><td></td><td></td></tr>
<tr><td>细节刻画细致</td><td>10</td><td></td><td></td></tr>
<tr><td>画面干净</td><td>10</td><td></td><td></td></tr>
<tr><td>画面构图美观合理</td><td>10</td><td></td><td></td></tr>
<tr><td rowspan="3">任务实施态度评价</td><td>任务完成数量</td><td>10</td><td></td><td></td></tr>
<tr><td>学习纪律与学习态度</td><td>10</td><td></td><td></td></tr>
<tr><td>团结合作与敬业精神</td><td>10</td><td></td><td></td></tr>
</table>

<table>
<tr><td rowspan="3">评价结论</td><td>班级</td><td></td><td>姓名</td><td></td><td>学号</td><td></td><td>组别</td><td></td><td>合计分数</td><td></td></tr>
<tr><td>评语</td><td colspan="9"></td></tr>
<tr><td>评价等级</td><td colspan="2"></td><td colspan="2">教师评价人签字</td><td colspan="2"></td><td colspan="2">评价日期</td><td></td></tr>
</table>

知识测试

1.什么是服装廓形？

2.服装廓形的常见表示方法有哪些？分别有何特点？

3.简述几种常见的服装廓形及各自的特点。

4.简述常见廓形的绘制注意点。

任务二　服装部件款式设计实训

任务描述

本任务对服装局部款式，包括领、袖、腰、下摆、门襟等进行绘制与拓展。

任务目标

1. 学生认识、了解各种服装部件款式的特征；
2. 学生熟练绘制各种服装部件的结构并能够予以拓展。

任务导入

服装局部设计包括领、袖、腰部、下摆、门襟、口袋、装饰物等细节部件的设计。服装设计是一个系统设计,是各个部件相互连接呼应而形成的一个整体。

局部的表现,部件与部件之间的相互联系,是完成一款服装设计,达成服装风格和特点的重要组成部分。

任务准备

工具准备:铅笔、勾线笔、橡皮、绘图纸、绘图尺。

绘图准备:在绘图纸张上绘制完成款式图模板N幅,方便绘制服装款式图。

素材准备:收集多款服装局部款式细节作为资料素材。

必备知识

一、领部设计与表现

(一)衣领设计

在服装款式造型设计中,衣领是极其重要的,衣领的宽窄、形状、比例大小、造型等变化都可以改变服装的款式与风格(图7-2-1)。

图 7-2-1 衣领的设计与变化

衣领、门襟与袖子是相互搭配存在的,所以在进行款式设计时需要将衣领、门襟、衣袖的风格协调统一。

(二)衣领设计的分类

衣领在设计时,按形态、造型可分为立领、翻领、驳领、领口领、一字领、连衣领、创意领等。

二、衣袖设计与表现

（一）衣袖设计

衣袖通过袖山、袖身和袖口的设计来满足人体活动需要，袖山部位的设计是否合理，将会影响服装中袖子的造型及舒适程度（图7-2-2）。

在服装中，衣袖与衣领是最重要的两个部位，风格上应保持统一，领与袖的结合基本完成了服装款式的整体风格。

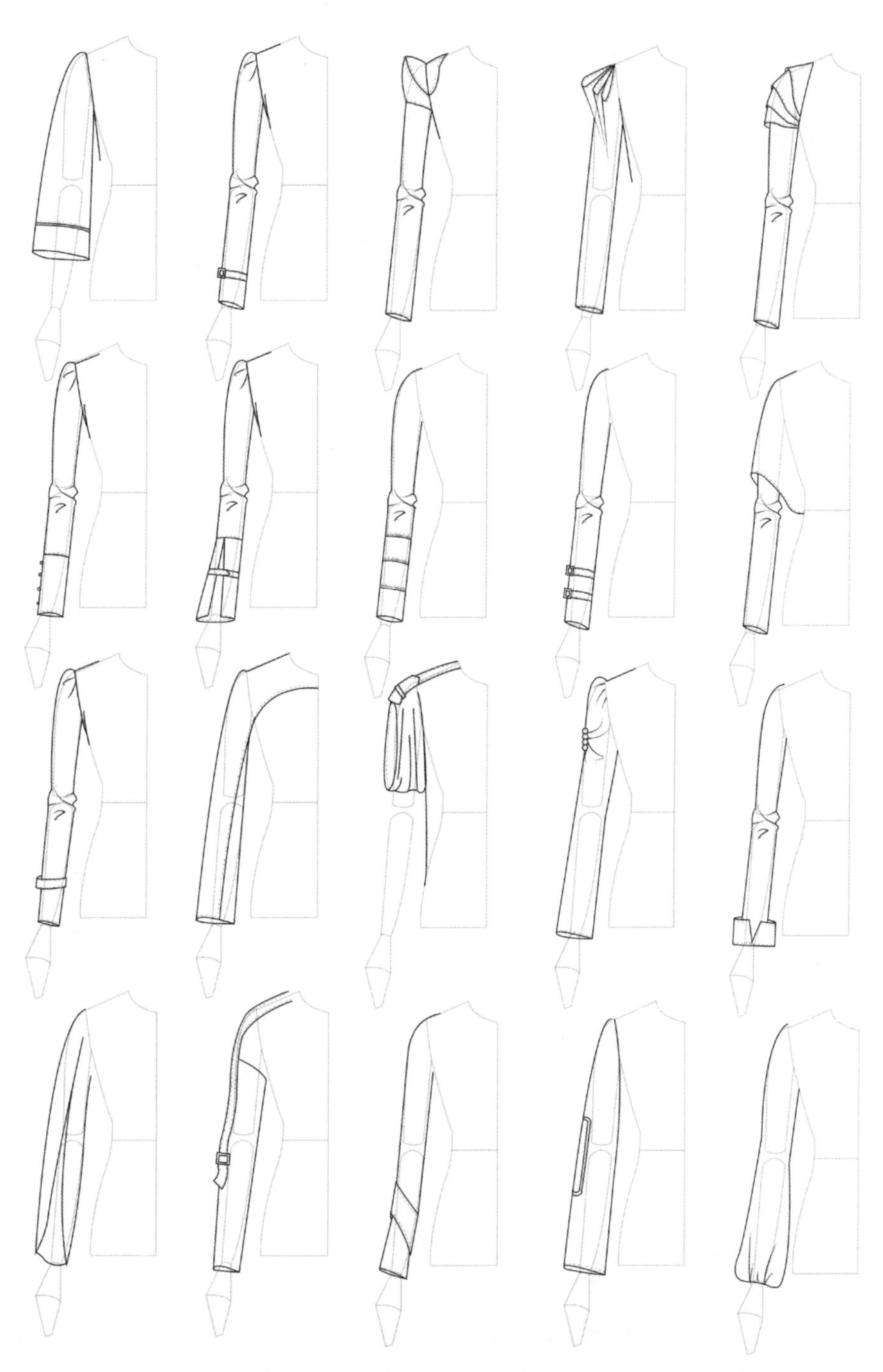

图 7-2-2　衣袖的设计与变化

（二）衣袖设计的分类

在衣袖设计时，常见的衣袖分类有平装袖、圆装袖、无袖、连衣袖及造型袖等。

三、腰部的设计及表现

（一）腰部设计

腰部设计也是女装设计中非常重要的环节之一，腰部的设计会影响服装的整体造型效果。例如收腰能够呈现人体S型线条，高腰会在视觉上拉升人体腿部比例，低腰尽显人体修长舒展。

腰部设计影响人的视线在服装上的平衡感，即腰部设计可以调节人体身材比例。

（二）腰部设计的分类

在腰部设计时，可根据收腰部位不同，分为高腰、中腰、低腰以及腰部收褶、系带等造型设计。

四、门襟的设计及表现

（一）门襟设计

门襟与领部相连接，是人体穿着服装的大门，方便穿脱衣物（图7-2-3）。

（二）门襟设计的分类

1.门襟按对搭的宽度可设计为单排扣门襟和双排扣门襟；

2.门襟按对接形状可设计为对襟与搭襟；

3.门襟按开口方式的不同可设计为半开襟与全开襟；

4.门襟按开口位置的不同可设计为正开襟、侧开襟与斜开襟。

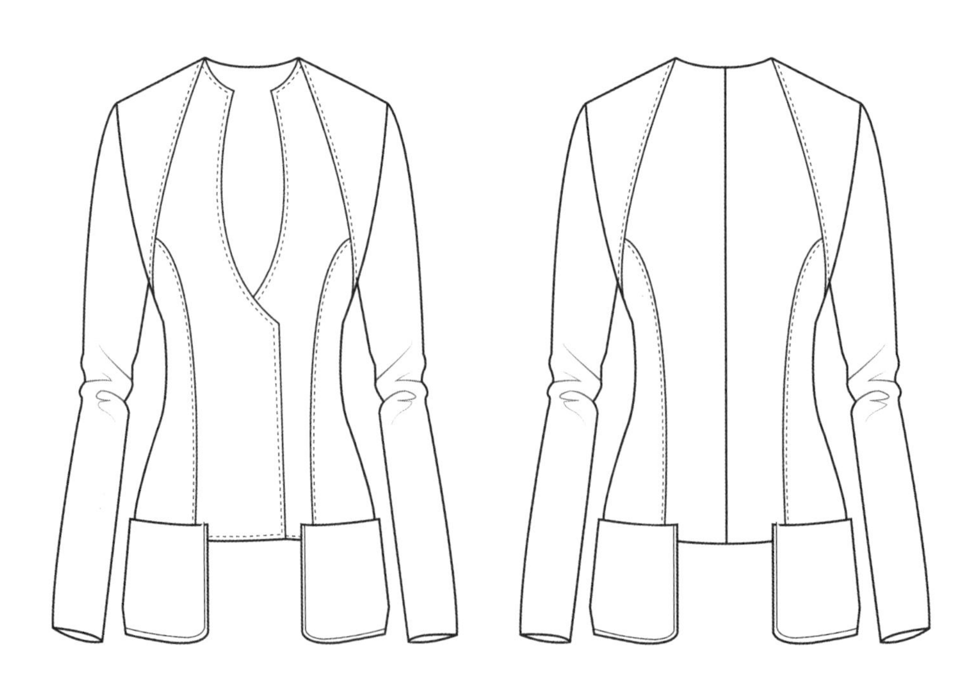

图 7-2-3 搭襟、全开襟

五、口袋的设计及表现

（一）口袋设计

口袋设计是服装款式设计中的局部功能性设计，同时也兼备非常强的装饰作用。在服装整体造型设计中，口袋的设计起到画龙点睛的作用（图7-2-4）。

图 7-2-4　口袋在服装款式图中的应用

（二）口袋设计的分类

口袋从工艺制作角度可以分为贴袋、缝内袋和挖袋（图7-2-5）。

图 7-2-5　口袋的设计

任务实施实训内容

实训一：领的收集与绘制（图7-2-6）

图 7-2-6 衣领的变化与设计

实训任务指导：本任务指导学生大量收集衣领局部款式图图例，并将领的款式拓展变化至整体款式中，使衣领局部款式与服装整体款式的设计元素、风格及内涵保持一致。

绘制要点：

1.绘制衣领时，领口开口深度的位置要准确，交叠结构要清晰；

2.绘制立领时，要注意把握领子与颈部的距离，千万不要直接贴附于颈部；

3.绘制翻领时，要注意翻折线的位置；

4.绘制驳领时，要注意左右领型大小的对称性；

5.绘制圆领、V型领、一字领等领口领时，需要注意领口形态的准确表达；

6.绘制非对称的造型领时，要注意左右领片与衣片的结构准确性。

实训二：袖的绘制

实训任务指导：本任务指导学生大量收集衣袖局部款式图图例，并将袖的款式拓展变化至整体款式中，使衣袖款式与服装整体款式的设计风格保持一致。

绘制要点：

1.衣袖在绘制时，应注意肩部造型的处理（图7-2-7）；

2.西服袖的绘制时，应注意起肩点与肩线结合处需要绘制为弧线；

3.衬衫袖因为袖身宽松，绘制时应注意袖身上的着装褶纹；

4.袖口的造型也是细节设计的重点（图7-2-8）。

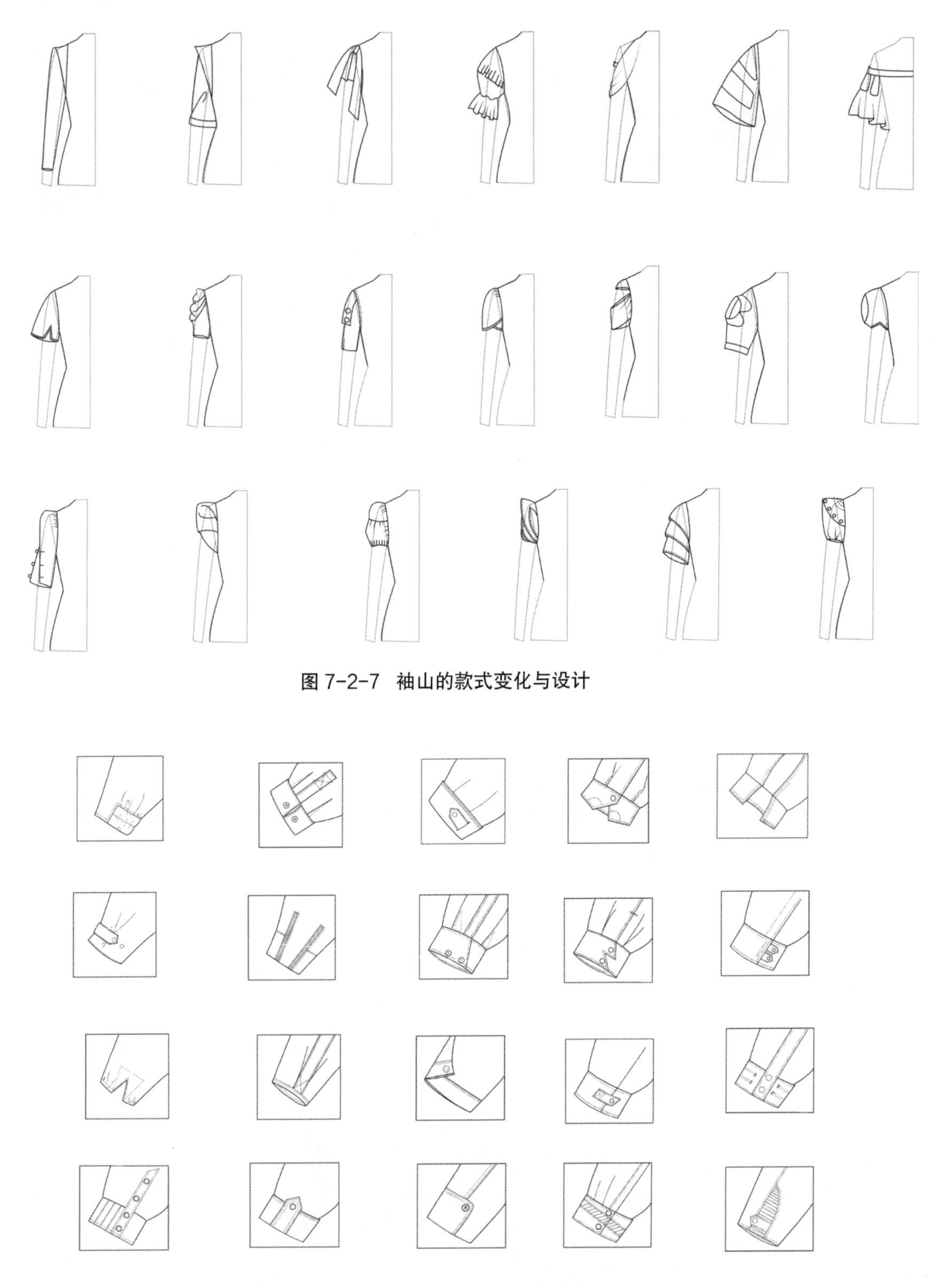

图 7-2-7　袖山的款式变化与设计

图 7-2-8　袖口的款式变化与设计

实训三：门襟的变化与绘制

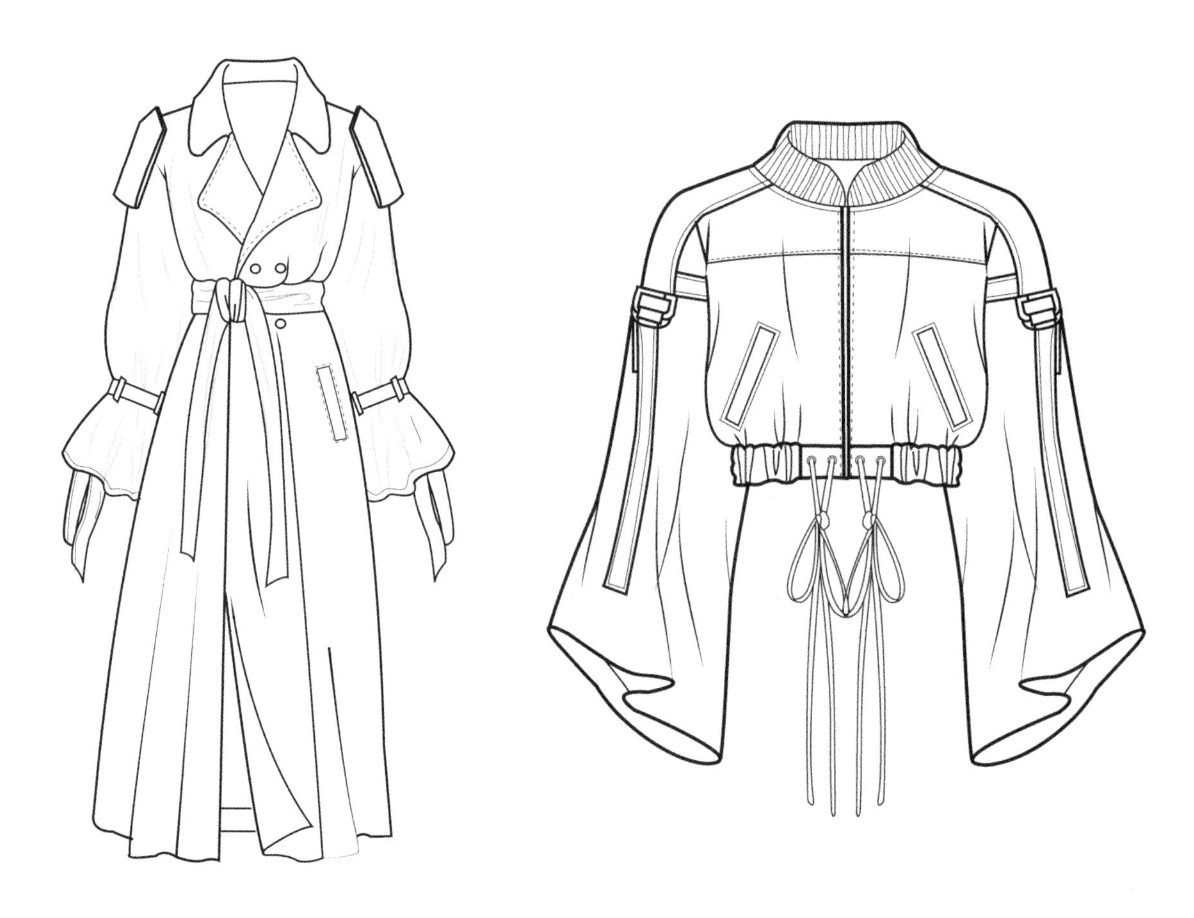

图 7-2-9　门襟的款式变化与设计 1　　图 7-2-10　门襟的款式变化与设计 2

实训任务指导：本任务指导学生大量收集门襟局部款式图图例，并将门襟的款式拓展变化至整体款式中，使门襟局部款式与服装整体款式的设计元素、风格内涵保持一致（图 7-2-9）。

绘制要点：

1. 绘制门襟时，应注意门襟的开口位置和前中心线的关系和距离；

2. 绘制门襟的对开款式时，应注意两衣片的对合方式及准确位置（图7-2-10）；

3. 如果服装款式中，门襟是唯一的穿脱开口，应注意开口位置至少要开到胸围处。

实训四：省道的变化与绘制

实训任务指导：本任务指导学生在充分了解服装结构的基础上大量收集省道转换图例，并将省道的转换设计拓展变化至整体款式中，使省位在服装整体款式中成为新颖的结构设计（图 7-2-11）。

绘制要点：

1.省位的设计一定立足于充分了解和理解服装结构之上；

2.省位也可以灵活地与服装结构线和造型线合二为一。

图 7-2-11　省道的款式变化与设计

实训五:款式拓展训练

以基本款式为基础,进行元素分析,并进行款式拓展训练(图7-2-12)。

实训任务指导:该实训任务是根据已给基本款式图,分析所运用的廓形、设计元素以及局部细节,将其综合运用,拓展为新的款式。此任务的目的是考察学生对服装的内结构、比例、元素等设计方法的掌握程度,控制好服装局部与整体、前与后的协调关系,以及服装款式图技法的表现能力。

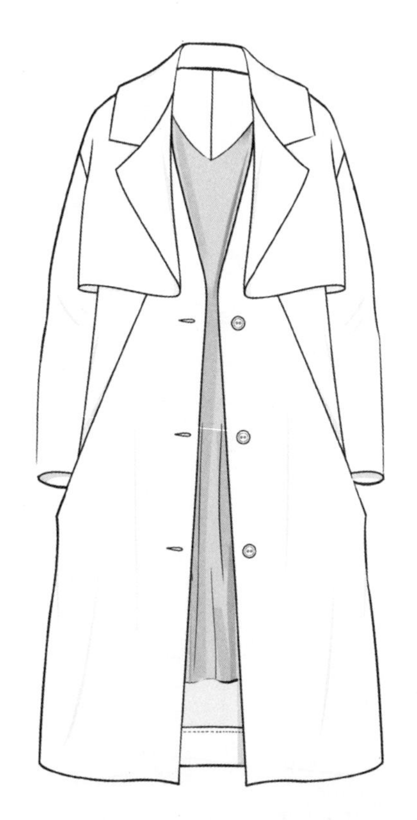

图 7-2-12　款式拓展——风衣基础款

绘制案例：

分析例图中所运用元素有H型造型、大衣领、风衣覆水、直线结构线，综合运用。

拓展要点（图7-2-13）：

1.保留大衣领稍加调整；

2.保留覆水结构做假两件设计；

3.将直线结构线与大衣口袋相结合；

4.保持H型造型；

5.增加细节设计。

图 7-2-13　款式拓展——风衣变化款

任务拓展

1.除分析款式图廓形、设计元素外，还可以根据风格特征、情感内涵进行拓展设计，例如设计一款文艺风格的衬衫（图7-2-14）。

图 7-2-14　款式拓展——衬衫

2.根据以下款式图基本款，进行款式拓展设计（可从元素分析及风格内涵两个方向进行拓展设计）（图7-2-15）。

图 7-2-15　根据基本款进行款式拓展

3.大量收集衣袖款式图例，并拓展设计袖型为连衣袖、西服袖、衬衫袖、泡泡袖、插肩袖、无袖、创意袖的款式图。

4.大量收集服装款式图图例，并拓展设计腰部为低腰、中腰、高腰的款式图。

5.大量收集门襟款式图例，并拓展设计门襟款式为单排扣门襟、双排扣门襟、对襟、搭襟、半开襟、全开襟、正开襟、侧开襟、斜开襟的款式图。

6.大量收集口袋图例，并拓展设计袋型为贴袋、缝内袋和挖袋的款式图。

任务评价

表 7-2-1 任务评价表

<table>
<tr><td colspan="2">学习领域</td><td colspan="4">服装设计基础</td></tr>
<tr><td colspan="2">学习情境</td><td colspan="4">服装款式造型设计</td></tr>
<tr><td colspan="2">任务名称</td><td colspan="2">服装款式拓展设计</td><td>任务完成时间</td><td></td></tr>
<tr><td colspan="2">评价项目</td><td>评价内容</td><td>标准分值</td><td>实得分</td><td>扣分原因</td></tr>
<tr><td rowspan="10">任务分解完成评价</td><td rowspan="7">任务实施能力评价</td><td>绘画实训中款式图比例准确</td><td>10</td><td></td><td></td></tr>
<tr><td>款式图中局部款式的设计与绘制准确</td><td>10</td><td></td><td></td></tr>
<tr><td>绘制的款式图适用于指导工艺制作</td><td>10</td><td></td><td></td></tr>
<tr><td>线条流畅，轮廓线、结构线清晰区分</td><td>10</td><td></td><td></td></tr>
<tr><td>细节刻画细致</td><td>10</td><td></td><td></td></tr>
<tr><td>画面干净</td><td>10</td><td></td><td></td></tr>
<tr><td>画面构图美观合理</td><td>10</td><td></td><td></td></tr>
<tr><td rowspan="3">任务实施态度评价</td><td>任务完成数量</td><td>10</td><td></td><td></td></tr>
<tr><td>学习纪律与学习态度</td><td>10</td><td></td><td></td></tr>
<tr><td>团结合作与敬业精神</td><td>10</td><td></td><td></td></tr>
</table>

<table>
<tr><td rowspan="3">评价结论</td><td>班级</td><td></td><td>姓名</td><td></td><td>学号</td><td></td><td>组别</td><td></td><td>合计分数</td><td></td></tr>
<tr><td>评语</td><td colspan="9"></td></tr>
<tr><td>评价等级</td><td colspan="2"></td><td colspan="2">教师评价人签字</td><td colspan="2"></td><td colspan="2">评价日期</td><td></td></tr>
</table>

知识测试

1.服装局部款式设计中,衣领有哪些分类？简述衣领设计的特点。

2.服装局部款式设计中,衣袖有哪些分类？简述衣袖设计的特点。

3.服装局部款式设计中,腰部设计有哪些分类？简述腰部设计的特点。

4.服装局部款式设计中,门襟有哪些分类？简述门襟设计的特点。

项目八　服饰图案设计

项目透视

服饰图案即针对于服饰的装饰设计及装饰纹样，是图案与服装的完美结合。本项目包括图案纹样及造型实训、图案的组织形式实训、服装纹样设计实训三个任务，从理论讲述到实践训练，培养学生运用图案知识进行服饰纹样设计的能力。

项目目标

知识目标：了解图案的造型方法、组织形式及服饰图案装饰的部位。

能力目标：初步具备把写生图案转变成装饰纹样的能力，并能够针对服装的不同部位进行纹样的设计及表现。

项目导读

图案的纹样与造型实训 ⟹ 图案的组织形式实训 ⟹ 服装图案设计实训

项目开发总学时：15学时

任务一　图案的纹样与造型实训

任务描述

图案的纹样与造型实训是进行服装图案设计的基础，图案来源于生活又高于生活，是一种艺术创作。如何把写实的物象转化为具有装饰特征的图案，是本任务要解决的问题。

任务目标

1.通过讲解，了解图案素材如何搜集。

2.对写实图案如何进行艺术加工的造型方法。

3.对动物形象和人物形象以及其他素材进行图案造型设计。

任务导入

生活中的各种物象都可以成为图案的素材，我们如何把它们记录下来，用艺术生动的方法呈现出来，这不仅需要我们有一双发现美的眼睛，更需要有对图案素材加工的艺术方法。

任务准备

速写本、铅笔、橡皮、格尺、照片资料、画报资料等。

必备知识

一、图案素材的搜集

生活中的各种景物自身充满了各种各样的美感，如自然界的植物花卉、动物、山川湖泊、日月星辰、四季风景等，如建筑造型、舞蹈、运动中的美感等，如显微镜下放大的组织、肌理等形成的美感等……每个人都应具有一双发现美的眼睛，在生活中寻找图案设计的灵感。

1.写生

写生包括线描法、影绘法、明暗法及色彩写生等。写生时要注意观察对象的主次、虚实、动态、结构、外形特征、色彩特点等，记录对象的显著特点，同时对次要的或繁琐细致的地方进行概括删减，作为图案设计的第一手资料（图8-1-1~图8-1-4）。

图 8-1-1 影绘写生

图 8-1-2 线描写生

图 8-1-3 明暗写生

图 8-1-4 色彩写生

2.拍摄法

运用照相机把对象拍摄下来，作为图案搜集的方法。在拍摄时要注意物象的整体与局部的关系，要全面地记录下物象的结构、比例关系。既要拍整体，也要拍局部，还要拍细节。要从多个角度进行拍摄，便于全面记录对象的特征（图8-1-5~图8-1-7）。

图 8-1-5 花卉拍摄素材

图 8-1-6 动物拍摄素材 1

图 8-1-7 动物拍摄素材 2

3.图片资料搜集

利用纸媒或网络媒体搜集素材可以获得非常多的资料。

二、图案的造型方法

图案设计不仅仅是物象的真实反映，同时也是对写实物象的艺术加工创造，使其具有审美性和装饰性，一般采用以下几种造型方法。

1.加减法。加法就是在造型对象上添加原有特征以外的具有相关联的元素造型。可以是整体添加、局部添加等。减法即简化的方法，也就是把写生对象的外形、结构等繁琐的细节进行省略和归纳整理，保留其明显特征进行造型表现的方法 (图8-1-8、图8-1-9)。

图 8-1-8 加法造型法

图 8-1-9 减法造型法

2.夸张法。是针对物象的外形、神态、习性等特征加以强调和突出表现的手法，使物象的主要特征更加明显、形象更加完美。在表现手法上可以使圆的更圆、方的更方，但是无论如何夸张都不能完全脱离物象，夸张不足会弱化图案的艺术感染力，夸张过度又会失去物象的固有特征，要做到夸张适度。在动物图案中经常运用夸张的手法，如夸张马的筋骨肌肉之力、夸张猪的圆滚憨态的身体、夸张熊的缓慢笨拙之感、夸张孔雀的羽毛、夸张长颈鹿细长的脖子等 (图8-1-10)。

3.求全法。这种手法在民间图案中比较常见，为了追求吉祥和谐、幸福圆满的美好愿望，往往把多种不同形象组合在一起，以实现形式上和意义上的完整。如清朝盛行的龙是将驼头、鹿角、鬼眼、蛇项、鹰爪、虎掌、牛耳、鲤鳞等各种不同动物元素最美的地方组织在一起的象征权威的图案造型，常给人以权威、富丽、高贵之感 (图8-1-11)。

图 8-1-10　夸张造型法　　图 8-1-11　求全造型法

4.几何法。在图案结构形态不变的情况下，将细节部分归纳为点、线、面等几何形态的表现方法，这种图案具有抽象的效果 (图8-1-12)。

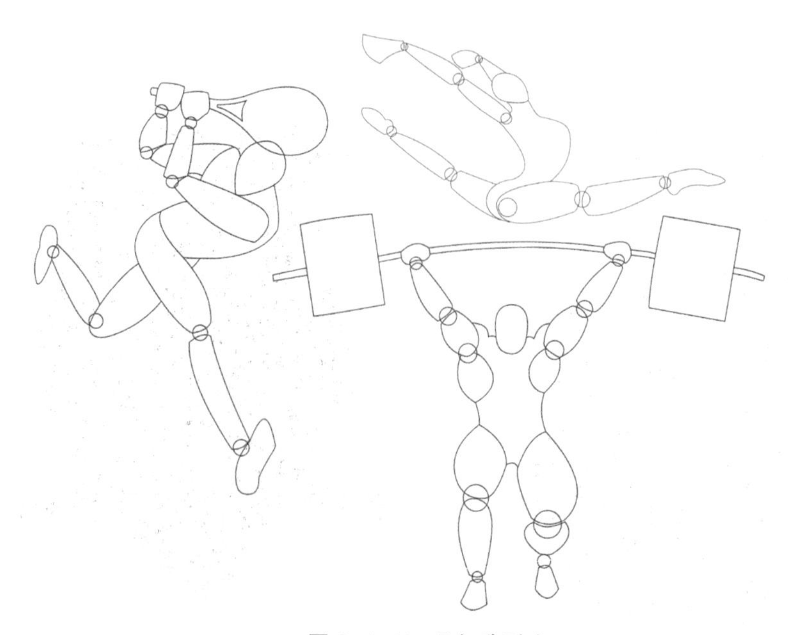

图 8-1-12　几何造型法

任务实施实训内容

实训一：动植物图案造型设计

实训任务指导：

1.动物、植物是我们身边有生命的个体，也是服装图案中最常用的物象，在表现形式上有抽象和具象之分。

2.设计动物图案时，要抓住动物的性格特征，如兔子的温顺可爱、狮子老虎的凶猛、松鼠猴子的机智灵活等。动物图案在儿童服装运用中设计常用拟人法，如给动物添加上手和脚，穿上人类的服装，设计成站立行走的姿态等（图8-1-13）。

3.花卉的结构有花苞、花头、花茎、花根、花叶等几个主要部分组成。花头由花瓣、花蕊、花托、花萼几部分构成。另外，花叶的形态也不尽相同，有针形、圆形、椭圆形等多种形态，要仔细观察其结构特征再进行绘画。花卉的设计常常采用几何法进行归纳设计（图8-1-14）。

实训二：人物图案造型设计

实训任务指导：人类有着悠久的历史及文化，也常常用作图案纹样的内容。人类丰富的感情和面部表情，丰富的形体语言，不同地域的风俗习惯都是图案的表现内容。人类的形体比例之美、运动之美、劳动之美等都是图案设计创作的源泉。

1.在人物图案创作中要注意人的形体比例，适当夸张人体的高度比例有助于表现人体美。

2.表现女性的曲线美、男性的阳刚美、儿童的圆润美要注意线条的运用。

打破焦点透视，充分发挥想象，可以把不同时间、空间的物象自由组织在一个画面上，形象之间、景物之间、主次前后、大小疏密等都可以利用自由手段表现，这样更能增强艺术性，达到更强烈的视觉效果（图8-1-15）。

图 8-1-13 动物图案造型

图 8-1-14　花卉图案造型

图 8-1-15　人物图案造型

实训三 :其他图案造型设计

实训任务指导:除了动植物和花卉造型以外,风景、建筑、文字、器皿、抽象图形等都能作为图案的素材。如古香缎的图案一般以亭台楼阁为主,少数民族服装一般以抽象的几何形作为边饰,在古代服饰中常有云、火、水等图形出现。在生活中有更多更好的题材需要我们去探索发现和利用(图8-1-16)。

图 8-1-16 云纹图案造型

任务拓展

1.运用图案的造型方法设计一幅图案,表现内容和手法不限,要求绘制完整并装裱成装饰画。

2.搜集成功的图案范例10款,搜集方法不限(图8-1-17、图8-1-18)。

案例:

图 8-1-17 鸟类图案造型搜集

图 8-1-18　蝴蝶图案造型搜集

任务评价

表 8-1-1　任务评价表

<table>
<tr><td colspan="2">学习领域</td><td colspan="4">服装设计基础</td></tr>
<tr><td colspan="2">学习情境</td><td colspan="4">服饰图案设计</td></tr>
<tr><td colspan="2">任务名称</td><td colspan="2">纹样与造型变化</td><td>任务完成时间</td><td></td></tr>
<tr><td colspan="2">评价项目</td><td>评价内容</td><td>标准分值</td><td>实得分</td><td>扣分原因</td></tr>
<tr><td rowspan="10">任务分解完成评价</td><td rowspan="7">任务实施能力评价</td><td>图案造型设计优美</td><td>10</td><td></td><td></td></tr>
<tr><td>图案造型设计手法运用恰当</td><td>10</td><td></td><td></td></tr>
<tr><td>图案表现技法准确生动</td><td>10</td><td></td><td></td></tr>
<tr><td>图案配色协调美观</td><td>10</td><td></td><td></td></tr>
<tr><td>纹样整体风格变化统一</td><td>10</td><td></td><td></td></tr>
<tr><td>画面干净</td><td>10</td><td></td><td></td></tr>
<tr><td>画面构图美观合理</td><td>10</td><td></td><td></td></tr>
<tr><td rowspan="3">任务实施态度评价</td><td>任务完成数量</td><td>10</td><td></td><td></td></tr>
<tr><td>学习纪律与学习态度</td><td>10</td><td></td><td></td></tr>
<tr><td>团结合作与敬业精神</td><td>10</td><td></td><td></td></tr>
</table>

<table>
<tr><td rowspan="3">评价结论</td><td>班级</td><td></td><td>姓名</td><td></td><td>学号</td><td></td><td>组别</td><td></td><td>合计分数</td><td></td></tr>
<tr><td>评语</td><td colspan="9"></td></tr>
<tr><td>评价等级</td><td colspan="2"></td><td colspan="2">教师评价人签字</td><td colspan="2"></td><td colspan="2">评价日期</td><td colspan="2"></td></tr>
</table>

知识测试

1.图案素材的搜集方法有哪几种?

2.图案的造型方法有哪几种?

3.在进行花卉图案造型设计时要注意哪些问题?

任务二　图案的组织形式实训

任务描述

图案有其特定的结构组织,是线条、形态、色彩等按照审美特点进行的合理配置,具有一定的视觉导向性和冲击力。本任务从自由纹样、适合纹样、二方连续纹样、四方连续纹样四个方面进行学习和训练。

任务目标

1.单独纹样中自由纹样和适合纹样的组织特征和设计方法。

2.二方连续纹样和四方连续纹样的组织形式和设计方法。

3.能够设计创作出单独纹样和连续纹样。

任务导入

服饰图案属于平面图案的范畴,与其他各类应用图案的设计技巧与法则都是一致的,区别在于应用于不同的用途和对象以及工艺手段。学习服饰图案的设计就必须了解各类图案的组织形式,掌握它的构成规律、法则、方法和编辑技巧并与服装巧妙结合。

任务准备:铅笔、橡皮、拷贝纸、水粉色、水粉笔、直线笔、卡纸、传统图案资料、服装图案资料。

必备知识

图案的组织形式可以分为单独纹样和连续纹样,单独纹样可分为自由纹样和适合纹样,连续纹样又可以分为二方连续纹样和四方连续纹样。不同形式的纹样适用于不同年龄、风格的服装及不同的服装部位,它们具有各自的骨骼形式和组织特征。

一、单独纹样

单独纹样即独立的单个完整的图案样式。这种纹样一般独立装饰在服装的某个部位,如服装的前胸、后背等。单独纹样分为自由纹样和适合纹样。

(一)自由纹样

自由纹样的组织结构分为对称式和均衡式两种形式。

对称式纹样是按照对称轴等量等形进行纹样配置的形式,它的特点是稳定、整齐,但是略显呆板(图8-2-1)。

均衡式纹样是按照中轴线或中心点四周等量不等形的纹样配置。这种图案在不失重心的前提下显得生动活泼(图8-2-2)。

(二)适合纹样

适合纹样是指适合于某种外形轮廓的图案形式,如圆形适合纹样、三角形适合纹样、正方形适合纹样等。框内纹样可以是一个纹样也可以是多个纹样的组合,纹样的配置既可以是对称式,也可以是均衡式;既可以是直立式,也可以是漩涡式、辐射式等。这就要求对纹样进行归纳和整理,使形态符合外轮廓的要求。适合纹样在服装中应用的部位有领角、下摆、贴袋等(图8-2-3、图8-2-4)。

图 8-2-1　对称式自由纹样

图 8-2-2　造型和色彩均衡式自由纹样

图 8-2-3　适合纹样 1

图 8-2-4　适合纹样 2

二、连续纹样

（一）二方连续纹样

二方连续纹样是将单位纹样向上下或左右两个方向进行连续排列的图案形式。二方连续的骨式有散点式、折线式、倾斜式等。二方连续纹样多用于服装的边缘装饰中，如领口、裙子的底边等，在少数民族服装中应用更为广泛（图8-2-5、图8-2-6）。

（二）四方连续纹样

四方连续纹样是将单位纹样按照上下左右四个方向连续排列，并且可以无限扩展的图案形式。四方连续的骨骼形式有散点式和连缀式，连缀式又可以分为阶梯式、菱形式等。四方连续纹样多用于花色面料的图案设计。

图 8-2-5　二方连续纹样 1

图 8-2-6　二方连续纹样 2

四方连续根据连接方式分为散点式和连缀式。散点式一般采用开刀法，具体剪开常见的方法分为错接和平接。错接方法见图8-2-7~图8-2-15。平接方法见图8-2-16、图8-2-17。

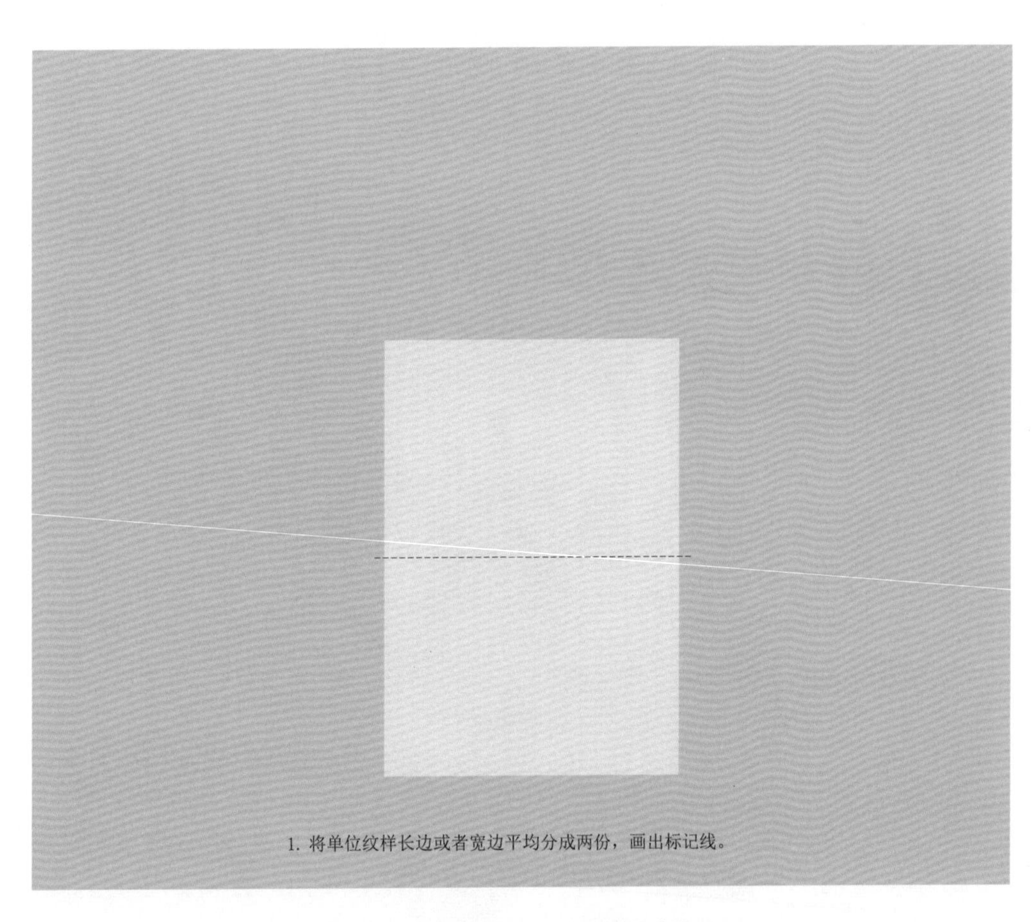

图 8-2-7　散点式四方连续错接步骤 1

图 8-2-8　散点式四方连续错接步骤 2

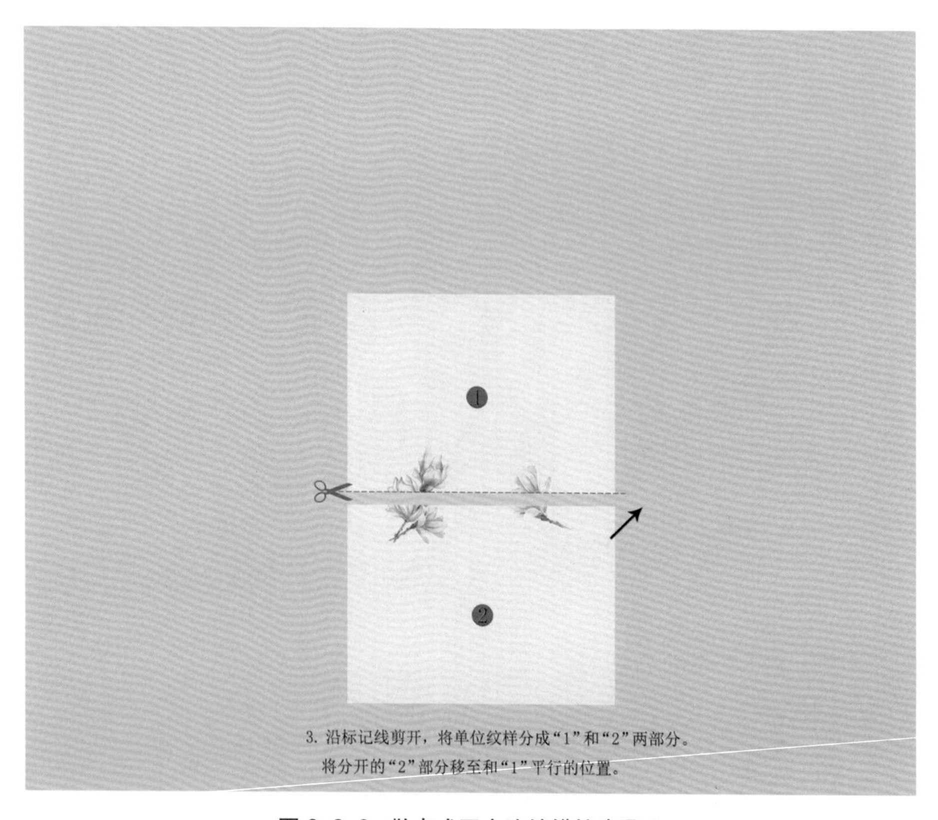

图 8-2-9　散点式四方连续错接步骤 3

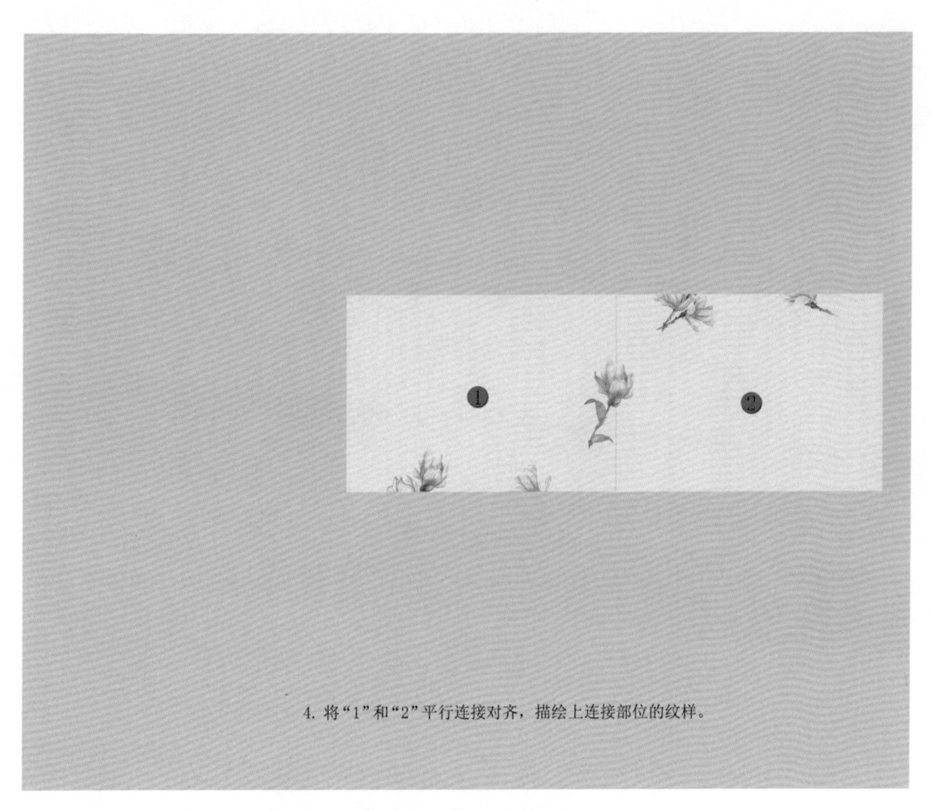

图 8-2-10 散点式四方连续错接步骤 4

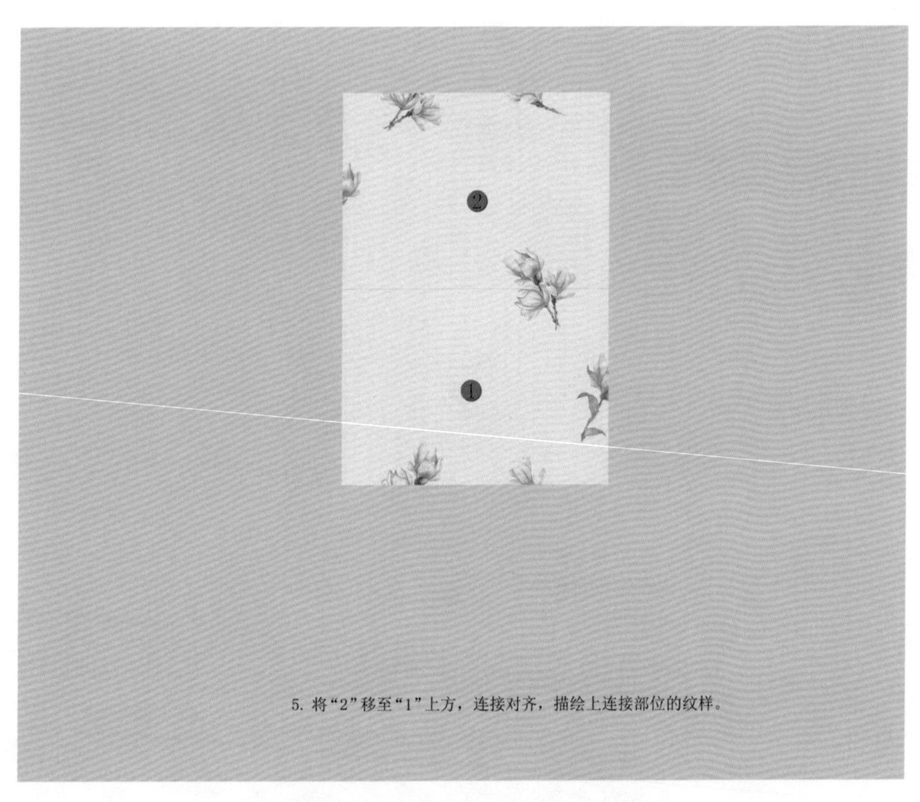

图 8-2-11 散点式四方连续错接步骤 5

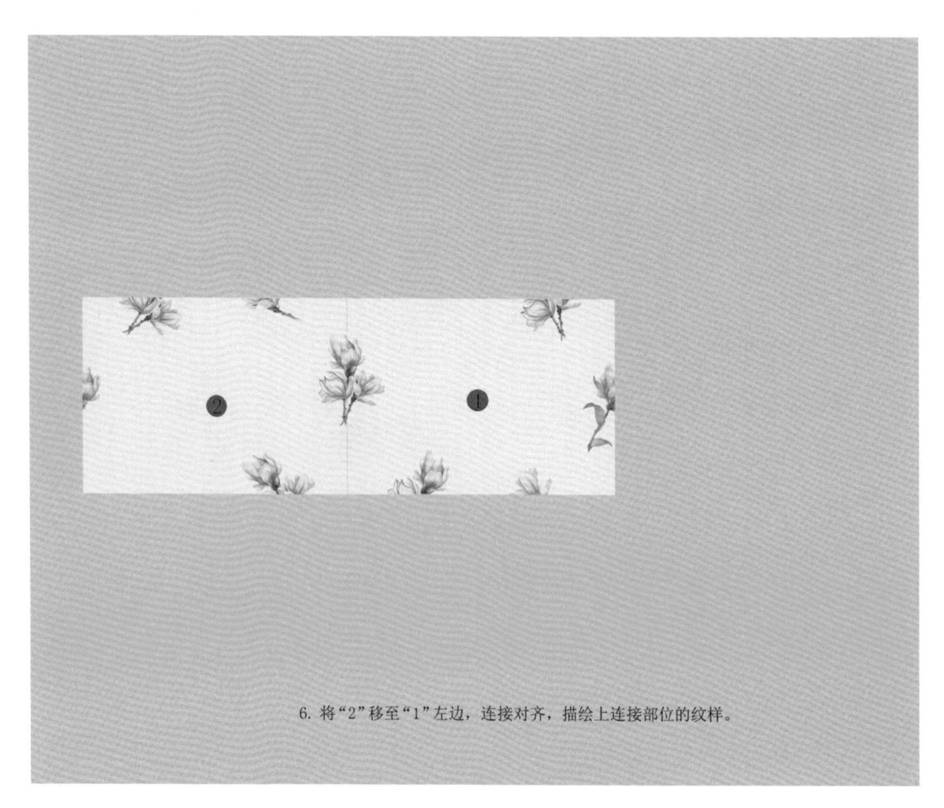

图 8-2-12　散点式四方连续错接步骤 6

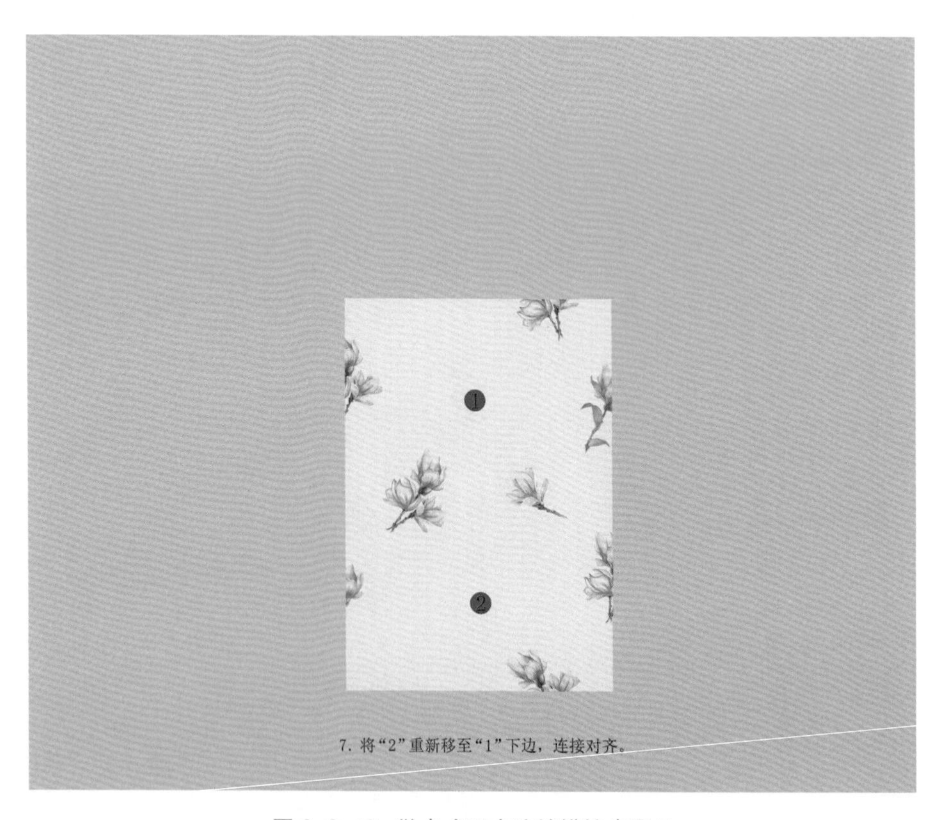

图 8-2-13　散点式四方连续错接步骤 7

图 8-2-14　散点式四方连续错接步骤 8

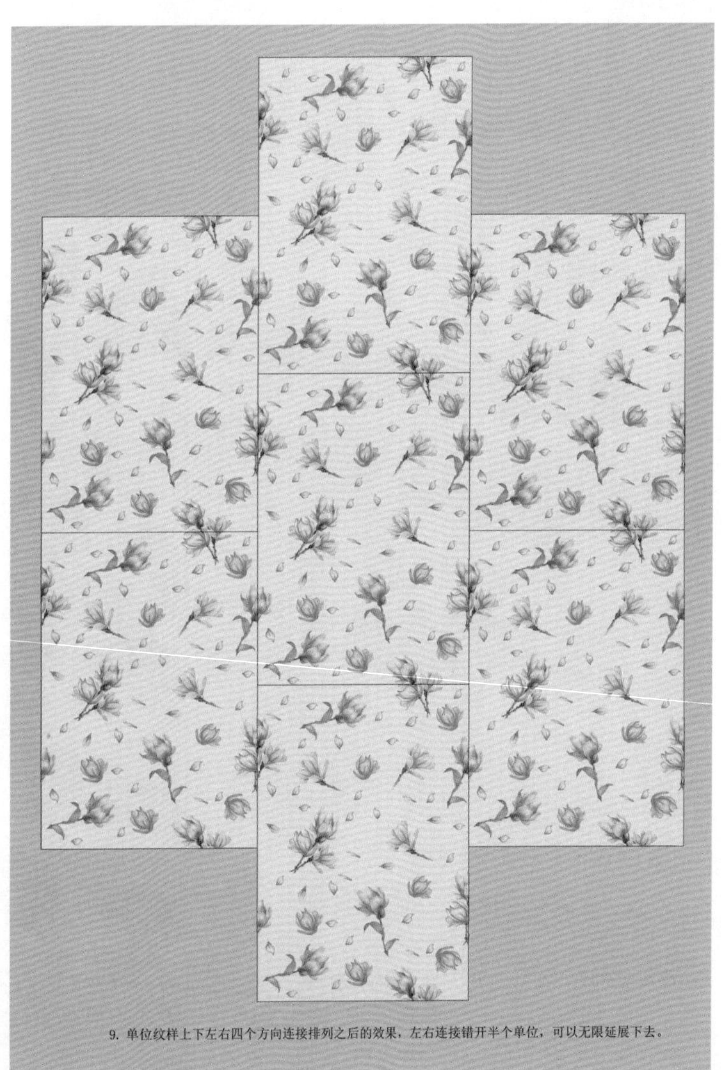

图 8-2-15　散点式四方连续错接步骤 9

图 8-2-16　散点式四方连续平接步骤

图 8-2-17　散点式四方连续平接步骤

四方连续连缀式分为波线式、阶梯式、菱形式等(图8-2-18、图8-2-19)。将两种以上连接方式重叠应用叫做重叠式四方连续,可以是散点加散点,连缀加连缀,或者散点加连缀。上下层次,上面一层叫浮纹,下面一层叫底纹,浮纹为主,底纹为辅(图8-2-20)。

图 8-2-18 连缀式四方连续 1

图 8-2-19　连缀式四方连续 2

图 8-2-20 重叠式四方连续

任务实施实训内容

实训一：自由纹样设计

实训任务指导：以对称式自由纹样设计为例。

1.确定对称轴及中心点。

2.在对称轴两侧配置相同形状的纹样。

3.上色及调整纹样。

自由纹样案例欣赏见图8-2-21。

图 8-2-21　自由纹样

实训二：适合纹样设计

实训任务指导：适合纹样常用于服装的领角部位、口袋部位等。下面以领角部位为例，设计一款角隅纹样。

1.确定角隅纹样的外轮廓。

2.确定纹样的基本形。

3.确定纹样的骨骼，对称式还是均衡式，画出骨骼线。

4.按照骨骼线配置纹样，注意纹样之间的穿插和连接，疏密得当。

5.上色及调整。

角隅纹样欣赏见图8-2-22。

图 8-2-22 角隅纹样

实训三:二方连续纹样设计

实训任务指导:二方连续纹样在服装中的运用比较普遍,常见于服装的边缘装饰部位,特别是在我国少数民族服装中更为多见,不同的民族服装在图案装饰中也各有特点。

1.确定基本单位纹样。

2.以折线式为例确定二方连续纹样的骨骼形式,画出骨骼线。

3.把单位纹样配置到骨骼线当中,注意纹样的疏密排列及连缀关系。

4.上色及整理。

二方连续纹样在服装中的设计实例见图8-2-23。

图 8-2-23 折线式二方连续纹样

实训四：四方连续纹样设计

实训任务指导：四方连续纹样在花色面料图案的运用比较普遍，常见于服装的整体和局部图案设计，它可以四面八方无限扩展，因此可以应用于不同大小的面料设计。

1.确定基本单位纹样。

2.确定骨式连接方法。

3.把单位纹样配置到骨骼线当中，注意纹样的疏密排列及连接关系。

4.上色及整理。

四方连续纹样在服装中的设计实例见图8-2-24。

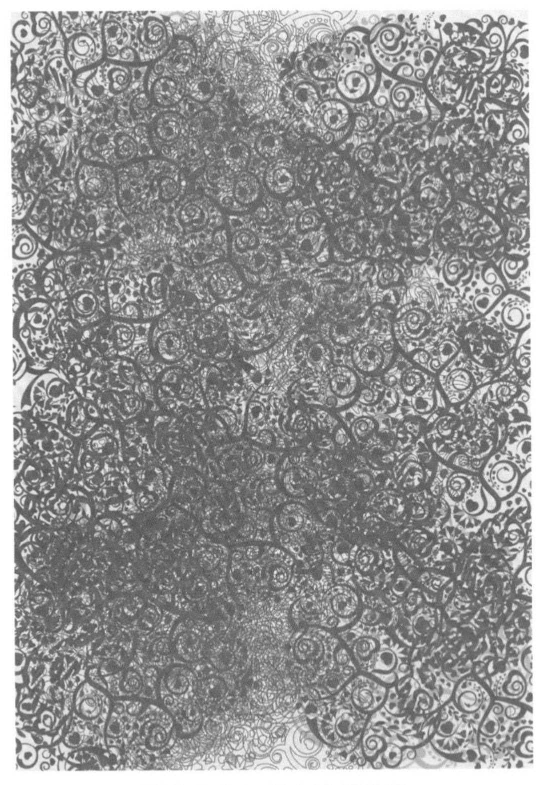

图 8-2-24 四方连续纹样

任务拓展

1.设计两款口罩图案，其中一款为自由纹样，另一款为适合纹样。例图见图8-2-25。

案例：

图 8-2-25 口罩图案设计

2.设计两款蕾丝花边图案。例图见图8-2-26。

案例：

图 8-2-26　蕾丝花边设计

任务评价

表 8-2-1　任务评价表

<table>
<tr><td colspan="2">学习领域</td><td colspan="4">服装设计基础</td></tr>
<tr><td colspan="2">学习情境</td><td colspan="4">服饰图案设计</td></tr>
<tr><td colspan="2">任务名称</td><td colspan="2">图案的组织形式</td><td>任务完成时间</td><td></td></tr>
<tr><td colspan="2">评价项目</td><td>评价内容</td><td>标准分值</td><td>实得分</td><td>扣分原因</td></tr>
<tr><td rowspan="10">任务分解完成评价</td><td rowspan="7">任务实施能力评价</td><td>图案骨式设计合理准确</td><td>10</td><td></td><td></td></tr>
<tr><td>单位纹样变化符合整体图案的要求</td><td>10</td><td></td><td></td></tr>
<tr><td>图案表现技法准确生动</td><td>10</td><td></td><td></td></tr>
<tr><td>图案配色协调美观</td><td>10</td><td></td><td></td></tr>
<tr><td>单位纹样配置合理</td><td>10</td><td></td><td></td></tr>
<tr><td>画面干净</td><td>10</td><td></td><td></td></tr>
<tr><td>画面构图美观合理</td><td>10</td><td></td><td></td></tr>
<tr><td rowspan="3">任务实施态度评价</td><td>任务完成数量</td><td>10</td><td></td><td></td></tr>
<tr><td>学习纪律与学习态度</td><td>10</td><td></td><td></td></tr>
<tr><td>团结合作与敬业精神</td><td>10</td><td></td><td></td></tr>
</table>

<table>
<tr><td rowspan="3">评价结论</td><td>班级</td><td></td><td>姓名</td><td></td><td>学号</td><td></td><td>组别</td><td></td><td>合计分数</td><td></td></tr>
<tr><td>评语</td><td colspan="9"></td></tr>
<tr><td>评价等级</td><td colspan="2"></td><td colspan="2">教师评价人签字</td><td colspan="2"></td><td colspan="2">评价日期</td><td></td></tr>
</table>

知识测试

1.说出图案的概念,并举出三个生活中运用图案的实例。

2.什么是单独纹样,举例说明单独纹样在服装中的装饰部位。

3.举例说明什么是二方连续纹样。

4.什么是四方连续纹样?

任务三　服装纹样设计实训

任务描述

图案作为构成服装的一部分,具有重要的审美价值。通过本任务的训练,掌握服装图案装饰的部位、设计的方法及表现形式,拓宽服装设计思维,从而加深对服装设计的理解。

任务目标

1.掌握服饰图案装饰的部位。

2.掌握服饰图案的表现形式和装饰方法。

3.能够设计合理美观的服饰图案并运用恰当的工艺方法,使图案与服装融为一体。

任务导入

服装图案依附于服装、美化于人体,图案的设计与使用必须充分考虑服装的风格、质地,考虑穿着者的特征,考虑图案的工艺呈现形式等,使图案与服装及人体形成和谐的整体,起到画龙点睛的效果。

任务准备

成品服装图片若干、面料小样若干、画纸、画笔、针线等。

必备知识

一、服装图案装饰的部位

服装的所有部位都可以装饰服饰图案,而且装饰手段和格局越发新颖多样。服装图案的装饰应用部位与服装整体密不可分,如果应用得当,可以显著提升服装的设计感和个性化。

1.服装边缘部位的图案设计

服装可进行边缘图案设计的部位主要有衣襟、领口、袖口边、底边、裤脚边、侧缝、下摆等。这些部位一般采用适合纹样或者二方连续纹样进行装饰,使服装具有轮廓感和线条感。

2.服装中间部位的图案设计

即排除边缘以外的其他部位,如服装前胸、后背、袖子、裙装或者裤装的前后片部位等。这些部位一般不受边缘轮廓的限制,所以采用自由纹样或适合纹样进行装饰。服装中间部位的图案一般处于人们视线的中心,所以其起到的装饰作用更加显著。

二、服装图案的表现形式

1.面料图案表现

用面料现有的图案是图案在服装中运用的最普遍形式。面料中的图案风格,往往会左右着服装的整体风格,或动或静、或清新典雅、或活泼艳丽,均可通过不同图案的面料直接表现出来。不同图案的面料有不同的风格倾向,可以更加有力地把着装者的兴趣、爱好、性格等展现出来,还可以表现时代、民族、地域性等的差异性,而且随性别、年龄和着装场所不同而有所不同。图案布料不仅在其主调上,而且也在配色、材质、纹样的大小、纹样表现的技术等方面影响着装场合。

印花是使染料或者涂料在服装上形成图案的过程，它要求有一定的染色牢度，分为手工印花和机械印花等（图8-3-1、图8-3-2）。

图 8-3-1 印花面料 1

图 8-3-2 印花面料 2

2.用工艺手法表现

常用的工艺手法包括印花、刺绣、编结、缝合线迹、滚边、拼贴等方法 (图8-3-3)。

图 8-3-3 刺绣工艺手法

刺绣是中国的传统工艺之一，苏绣、湘绣、粤绣、蜀绣是我国四大名绣。刺绣，就是在已经加工好的织物上，以针引线，按照纹样的要求进行穿刺，通过运针将绣线和其他物品组织成各种图案和色彩的一种技艺。随着社会的发展，电脑刺绣技术的日渐成熟，使刺绣进入了机械化、数字化时代，并得到了广泛的推广。刺绣的针法多样，刺绣工艺分为很多种，图案会随着针法的变化产生丰富的效果 (图8-3-4)。

图 8-3-4 古代刺绣锦衣

编结是指使用绳线等材料通过手工或者机械设备编织的技术。通过编结手法形成的图案具有一种构成美感（图8-3-5）。

图 8-3-5 编结工艺手法

缝合线迹图案装饰就是利用手工线迹或机械缝纫线迹对服装进行装饰的工艺方法（图8-3-6）。

图 8-3-6 缝合线迹工艺手法

拼贴图案就是将不同的面料图案剪贴拼接，形成具有美感图案的工艺方法。在选择拼贴面料时要充分考虑质地、颜色以及拼贴工艺等，有时也用双层面料在中间加少许弹力棉等填料，形成浮雕效果的装饰图案（图8-3-7）。

图 8-3-7　拼贴工艺手法

3.手绘法

手绘法是指运用一定的工具和染料以手工描绘的方式在服装上进行绘画图案的方法。这种图案操作方便灵活，具有个性化和独特的装饰性 (图8-3-8)。

图 8-3-8　手绘工艺手法

4.扎染蜡染法

扎染蜡染是利用捆扎、防染等技术对服装进行图案设计的方法。扎染和蜡染都是我国传统的染色工艺，具有独特的装饰效果 (图8-3-9)。

图 8-3-9 扎染蜡染工艺手法

服装图案的设计必须以服从服装的统一性为前提,以遵循形式美的法则为前提,以注重服装的舒适性和功能性为前提,这样才能真正发挥图案的装饰作用。

任务实施实训内容

实训一:根据服装款式设计符合服装风格的四方连续纹样

四方连续纹样图案的色彩、纹样风格、组织形式和装饰部位都应与服装的风格相匹配(图8-3-10)。

图 8-3-10 四方连续纹样在服装设计中的应用

实训二：根据服装的风格设计一个二方连续纹样

二方连续图案色彩和单位纹样要考虑服装的风格，装饰部位也应恰到好处。相邻纹样之间连接要巧妙，要注意纹样排列的起伏变化、聚散疏密关系、穿插关系（图8-3-11）。

图 8-3-11　二方连续纹样在服装设计中的应用

实训三：根据服装的风格和装饰部位空间设计一个单独纹样

图案的组织可以是自由纹样也可以是适合纹样，装饰的部位一般放在服装的醒目位置，图案的色调可以是类似色调和的关系，也可以是醒目和对比强烈的撞色。图案的风格应与服装相匹配（图8-3-12）。

图 8-3-12　单独纹样在服装设计中的应用

任务拓展

1.给少女装的连衣裙设计一个田园风格的四方连续纹样。

2.给中式风格的旗袍设计一个二方连续纹样。

3.给街头时尚风格的T恤设计一个单独纹样。

任务评价

表 8-3-1 任务评价表

<table>
<tr><td colspan="2">学习领域</td><td colspan="4">服装设计基础</td></tr>
<tr><td colspan="2">学习情境</td><td colspan="4">服饰图案设计</td></tr>
<tr><td colspan="2">任务名称</td><td colspan="2">服装纹样设计</td><td>任务完成时间</td><td></td></tr>
<tr><td colspan="2">评价项目</td><td>评价内容</td><td>标准分值</td><td>实得分</td><td>扣分原因</td></tr>
<tr><td rowspan="10">任务分解完成评价</td><td rowspan="7">任务实施能力评价</td><td>图案骨式设计合理准确</td><td>10</td><td></td><td></td></tr>
<tr><td>图案风格与服装搭配协调</td><td>10</td><td></td><td></td></tr>
<tr><td>图案表现技法准确生动</td><td>10</td><td></td><td></td></tr>
<tr><td>图案配色协调美观</td><td>10</td><td></td><td></td></tr>
<tr><td>服装表现准确生动</td><td>10</td><td></td><td></td></tr>
<tr><td>画面干净</td><td>10</td><td></td><td></td></tr>
<tr><td>画面构图美观合理</td><td>10</td><td></td><td></td></tr>
<tr><td rowspan="3">任务实施态度评价</td><td>任务完成数量</td><td>10</td><td></td><td></td></tr>
<tr><td>学习纪律与学习态度</td><td>10</td><td></td><td></td></tr>
<tr><td>团结合作与敬业精神</td><td>10</td><td></td><td></td></tr>
<tr><td rowspan="3">评价结论</td><td>班级</td><td colspan="4"> 姓名   学号   组别   合计分数 </td></tr>
<tr><td>评语</td><td colspan="4"></td></tr>
<tr><td>评价等级</td><td></td><td>教师评价人签字</td><td></td><td>评价日期</td></tr>
</table>

知识测试

1.说一说图案在服装中可装饰的部位。

2.服装装饰图案的表现形式有哪几种?

参考文献

[1] 浙江省教育厅职成教教研室.服装设计基础[M].北京:高等教育出版社,2009.
[2] 耶诺·布尔乔伊.艺用人体解剖[M].北京:中国青年出版社,2003.
[3] 乔治·伯里曼.伯里曼人体结构绘画教学[M].广西:广西美术出版社,2002.